Dampfspeicheranlagen

Dampfspeicheranlagen

Bau, Berechnung und Betrieb industrieller
Wärmespeicher

Von

Dipl.-Ing. Walter Goldstern
V.D.I., F. Inst. F., M. I. Mech. E.

Zweite verbesserte und erweiterte Auflage

Mit 154 Abbildungen

Springer-Verlag Berlin Heidelberg GmbH

1963

ISBN 978-3-642-51163-9   ISBN 978-3-642-51162-2 (eBook)
DOI 10.1007/978-3-642-51162-2

Alle Rechte, insbesondere das der Übersetzung in fremde Sprachen, vorbehalten
Ohne ausdrückliche Genehmigung des Verlages ist es auch nicht gestattet,
dieses Buch oder Teile daraus auf photomechanischem Wege
(Photokopie, Mikrokopie) oder auf andere Art zu vervielfältigen
Copyright 1933 by Springer-Verlag OHG, Berlin/Göttingen/Heidelberg
© by Springer-Verlag Berlin Heidelberg 1963
Ursprünglich erschienen bei Springer-Verlag OHG, Berlin/Göttingen/Heidelberg 1963
Softcover reprint of the hardcover 2nd edition 1963
Library of Congress Catalog Card Number: 63-15 718

Die Wiedergabe von Gebrauchsnamen, Handelsnamen, Warenbezeichnungen usw. in diesem
Buche berechtigt auch ohne besondere Kennzeichnung nicht zu der Annahme, daß solche
Namen im Sinne der Warenzeichen- und Markenschutz-Gesetzgebung als frei zu betrachten
wären und daher von jedermann benutzt werden dürften

Vorwort zur zweiten Auflage

Der Einladung von Herrn Dr. JULIUS SPRINGER, eine neue Auflage meines Buches zu übernehmen, bin ich gern gefolgt, da ich mich in den 30 Jahren seit dem Erscheinen der 1. Auflage fast ausschließlich mit dem Entwurf und Bau industrieller Wärmespeicher beschäftigt habe. Bei der Bearbeitung sind mir mancherlei Schwierigkeiten einer Neubearbeitung nach einem so langen Zeitraum und Beschränkungen infolge meiner überwiegend praktischen Tätigkeit bewußt geworden.

Neben der Anpassung an den heutigen Stand der Speichertechnik hoffe ich das Buch vor allem durch zwei ganz neue Kapitel über die Höchstdruckspeicher und die Heißwasserspeicher, sowie durch die zum Schluß angefügte Beschreibung von 10 typischen ausgeführten Speicheranlagen bereichert zu haben. Ein neues Namen- und Sachverzeichnis wird sich wohl auch als nützlich erweisen.

Im übrigen kann ich auf das Vorwort zur 1. Auflage hinweisen, das nachfolgend wieder abgedruckt ist.

Leeds (England), im Januar 1963

Walter Goldstern

Vorwort zur ersten Auflage

In den letzten Jahren hat die Dampfspeicherung erhöhtes Interesse gefunden, da sie in mannigfaltigster Weise die Wärme- und Betriebswirtschaft verbessern kann. Der Dampfspeicher ist ein Betriebsmittel geworden, das in zahlreichen Fällen technisch notwendig, in anderen aber immer noch wirtschaftlich gerechtfertigt ist. Jeder Ingenieur der Wärmetechnik muß daher diese Möglichkeiten kennen, um sie am zweckmäßigsten für die von ihm projektierte oder betriebene Anlage auszunutzen.

Im Laufe der Zeit ist umfangreiches Material über die verschiedensten Einzelfragen veröffentlicht worden, das sowohl wissenschaftliche und wirtschaftliche Untersuchungen als auch Betriebserfahrungen enthält. Doch sind die Angaben sehr verstreut, oft auch einander widersprechend, so daß es schwer ist, sich über die technischen Gegebenheiten objektiv zu informieren. Das vorliegende Buch will diese Lücke ausfüllen, indem es geschlossen und systematisch das Gebiet der Dampfspeicherung darstellt.

Da sich die grundsätzlich möglichen Arten der Dampfspeicherung — nach dem Gefälle- oder Gleichdruckprinzip ebenso wie die unmittelbare Speicherung — auch ohne besondere Betriebsmittel bei der Anwendung am Kessel wiederfinden, ist dieser Teil vorweggenommen. Auf die Darstellung der im wesentlichen gleichbleibenden Elemente (Speicherbehälter, Lade- und Entladevorrichtung, Hilfsmittel des Speicherbetriebs sowie Regeleinrichtung) baut sich die Behandlung der einzelnen Systeme und Ausführungsarten auf, indem gezeigt wird, wie die besondere Wirkung durch die Zusammenschaltung dieser Elemente errreicht wird. Aus den physikalischen Zusammenhängen beim Speichervorgang werden die Grundlagen für die Berechnung der Speicherwirkung abgeleitet. Schließlich wird die Anwendung in den verschiedenen Industriezweigen, soweit sich besondere Bedingungen ergeben, beschrieben, und die Grundlinien für die Bestimmung der Wirtschaftlichkeit aufgezeigt, so daß der Ingenieur die Wahl des Speichersystems, die wirtschaftlichste Bemessung und günstigste Anordnung selbst treffen kann.

In der Bearbeitung des Buches wurde ich von den herstellenden Firmen durch Bereitstellung von Bildermaterial dankenswert unterstützt.

Berlin-Zehlendorf, im März 1933

Walter Goldstern

Inhaltsverzeichnis

Inhaltsverzeichnis

I. Einführung

1. Über die Bedeutung der industriellen Wärmespeieherung

Dieses Kapitel wendet sich im besonderen an Leser, welche noch
keine Gelegenheit hatten, Wärmespeicher kennenzulernen oder deren
Kenntnisse auf diesem Gebiet auf die kurzen Hinweise beschränkt sind.
die in allgemeinen Nachschlagwerken zu finden sind. Es ist unzweifelhaft
nicht einfach. die Bedeutung der Wärmespeicherung in einigen ein-
leitenden Worten darzulegen, jedoch werden die folgenden Bemerkungen
für das Studium des Buches von großem Wert sein können. wenn sie
ein gewisses Interesse für dieses Spezialgebiet der Wärmetechnik erwek-
ken können.

Zunächst soll zur Vereinfachung der *Begriff* „*Dampfspeicher*"
erläutert und eingeführt werden. Obwohl strenggenommen in den meisten
Fällen nicht der Dampf selbst. sondern Wärme in Form von Heißwasser
gespeichert wird. handelt es sich in der Mehrzahl der industriellen
Anlagen um Dampfbetriebe. Es dürfte daher einfacher und deutlicher
sein, von Dampfspeichern zu sprechen als den allgemeineren Begriff
„Wärmespeicher" zu benützen. Das viel weitere Gebiet der allgemeinen
Wärmespeicherung. das u. a. auch die Anwendung in der Raumheizung
und in industriellen Feuerungen einschließt. kann und soll hier nicht
behandelt werden.

Die Tatsache, daß in Tausenden von Industriebetrieben vieler Länder
heute Dampfspeicheranlagen erfolgreich im Betrieb sind. führt bei nähe-
rer Untersuchung zur Erkenntnis einer außerordentlich *großen Mannigfaltigkeit*. Kaum zwei dieser Anlagen werden vollständig gleich sein,
da außer den Dimensionen und der Methode der Speicherung auch der
Druck- bzw. Temperaturbereich und die Einordnung in die Dampfanlage verschieden sein können. ebenso wie die Betriebsweise und schließlich auch der Zweck des Dampfspeichers. Um trotz dieser Mannigfaltigkeit dem Leser vom Anfang an eine klare Linie an die Hand zu geben
(gewissermaßen den gemeinsamen Nenner aufzuzeigen). soll die Bedeutung der Dampfspeicherung zunächst an der Art der *Anwendung und
Auswirkung* illustriert und dann die *Grundbegriffe* der Funktion
und Definition geklärt werden.

1   Goldstern, Dampfspeicheranlagen. 2. Aufl.

Grundsätzlich lassen sich folgende Möglichkeiten der Dampfspeicherung unterscheiden:

a) Die Anpassung der Dampferzeugung der Kesselanlage an den Dampfbedarf der Verbraucher

Der Zweck des Speichers ist es, Schwankungen des Belastungsverlaufs auszugleichen, so daß die Kesselleistung — dauernd oder für längere Zeiträume — gleichmäßig auf einem Mittelwert gehalten werden kann. Der Wert einer *konstanten Feuerführung* im Kesselbetrieb ist, infolge der Entwicklung elastischer Feuerungen und automatischer Kesselregelung, unzweifelhaft geringer geworden. Trotzdem wird immer das Bestreben bleiben, die Belastung einer Kesselanlage soweit als möglich konstant zu halten und die Feuerung, wenn nötig, allmählich zu verändern. Nur dadurch kann der beste Wirkungsgrad einer Kesselanlage gesichert werden. Dies gilt vor allem für die große Zahl der industriellen Betriebe, deren Kessel nicht mit den modernsten Hilfsmitteln ausgerüstet sind.

Die wichtigste Auswirkung des Ausgleichs liegt jedoch in der Entlastung der Kesselanlage. Nach Einbau eines Speichers hat sie nicht mehr den Spitzenbedarf zu decken, sondern nur noch die mittlere Belastung. In vielen Fällen besteht ausgesprochener *Dampfmangel* während der Spitzenzeit, der zu Schädigungen der Produktion und zu Brennstoffverlusten führen kann. In der Lösung dieses Problems, in der ausreichenden Dampfversorgung während der Spitzen, haben Dampfspeicher die weitaus größten Erfolge erzielt; besonders dort, wo aus örtlichen oder ähnlichen Gründen (z. B. unzureichender Schornsteinzug) eine Erweiterung der Kesselanlage ausgeschlossen war. Im allgemeinen wird die Dauer der Belastungsspitze der entscheidende Faktor sein, ob der Einbau eines Dampfspeichers oder die Vergrößerung der Dampferzeugung wirtschaftlicher ist.

b) Die Anpassung des anfallenden Dampfes an den Bedarf der Wärmeverbraucher

Ein typisches Beispiel ist der Gegendruckbetrieb, wo der zeitliche Verlauf des Kraftverbrauches, und damit der anfallenden Dampfmengen, meist nicht mit dem des Wärmeverbrauchs übereinstimmt. Hier übernimmt der Dampfspeicher die *Aufgabe der Angleichung* beider Belastungsdiagramme, wodurch oft die Einführung des verbundenen Betriebs erst möglich wird.

In ähnlicher Weise kann durch Dampfspeicherung die Ausnutzung anderer anfallender Überschußenergien gefördert werden. Hier soll nur auf die Abhitzeverwertung, z. B. im Hochofenbetrieb, und die Benutzung von billigem Nachtstrom hingewiesen werden.

c) Die sofort verfügbare Dampfreserve

Ganz allgemein kann die sofortige Versorgung hoher und oft unvorhergesehener Dampfverbrauchsspitzen beim Belastungsausgleich als Einsatz eines Speichers zur Dampfreserve angesehen werden. Darüber hinaus gibt es aber Anwendungsfälle, wo die Speicherung ausschließlich die Aufgabe einer *Momentanreserve* übernimmt. Hier wird der vollgeladene Speicher dauernd bereitgehalten, um im Falle einer Unterbrechung der normalen Dampflieferung die Versorgung wichtiger Verbraucher so lange zu übernehmen, bis Reservekessel eingesetzt werden können.

Damit sind nur die typischen Anwendungsarten der Dampfspeicherung genannt, die im Kap. IX noch eingehender behandelt werden. In jedem einzelnen Fall wirkt sich die erzielte Anpassung verschiedenartig aus, wobei meist für den gesamten Betrieb merkliche *Erleichterungen und Ersparnisse* erzielt werden. Fast in allen wärmeverbrauchenden Industrien, besonders aber in Textil-, Papier- und Zuckerfabriken, in Brauereien, Molkereien, Wäschereien, Stahlwerken, Bergwerken, Gaswerken und vielerlei chemischen Betrieben sind Dampfspeicheranlagen erfolgreich in Betrieb; auch in Kraft- und Heizkraftwerken haben sie sich unter besonderen Umständen sehr gut bewährt. Die vielseitigen Vorteile der Dampfspeicherung verleiten jedoch leicht zu einer *Überbewertung*; da ohne genaue Kenntnis der technischen Voraussetzungen und wirtschaftlichen Grenzen oft phantastische Leistungen und die Lösung unlösbarer Probleme erwartet werden. Solche übertriebenen Vorstellungen können meist infolge unwirtschaftlicher Speicherdimensionen nicht verwirklicht werden. Dadurch entstandene Enttäuschungen haben dazu beigetragen, die Idee der Dampfspeicherung zeitweise stark in den Hintergrund zu drängen.

Die unvoreingenommene Betrachtung der *Hauptfunktionen einer Dampfanlage* führt jedoch dazu, der Speicherung eine wesentliche Rolle einzuräumen. Im Grunde genommen dient jede Dampfanlage nur folgenden Funktionen:

1. *Dampferzeugung* — durch Wärmeerzeugung (z. B. Verbrennung) oder Wärmeaustausch.

2. *Dampfverbrauch* — zur Deckung des Wärmeverbrauchs (z. B. für industrielle Produktion) oder zur Krafterzeugung.

3. *Dampftransport* — zwischen Erzeugung und Verbrauch.

4. *Dampfspeicherung* — um Erzeugung und Verbrauch zeitlich in Übereinstimmung zu bringen.

Schließlich wird es nützlich sein, in diesem Zusammenhang eine Übersicht der *Grundgrößen* auf dem Gebiet der Wärmespeicherung zu geben:

1*

1. *Wärmeinhalt einer Anlage* ist die gesamte in der Anlage enthaltene Wärmemenge (in kcal).

2. *Wärmespeicherung* ist der Unterschied des Wärmeinhalts zwischen zwei bestimmten Betriebszuständen (in kcal).

3. *Speicherkapazität* ist die maximale Wärmespeicherung zwischen den Zuständen der vollen Ladung und Entladung (in kcal oder kg Dampf).

4. *Spezifische Speicherkapazität* ist die Speicherkapazität bezogen auf das Volumen oder Gewicht des Speicherinhalts (kcal/m^3 oder kcal/kg, bzw. kg Dampf/m^3 oder kg Dampf/kg).

5. *Lade-* bzw. *Entladeleistung* ist die zeitliche Zunahme bzw. Abnahme der Wärmespeicherung (in kcal/h oder kg Dampf/h).

2. Entwicklungsrichtungen der Dampfspeicherung

Die Anfänge der Dampfspeicherung, also die grundlegenden Entdeckungen und bahnbrechenden Erfindungen auf diesem Gebiet, fallen schon in das Ende des vorigen Jahrhunderts. Wie auch auf anderen Gebieten der Technik, finden sich die ersten Angaben und Patente über die Möglichkeit, Dampf zu speichern, lange bevor versucht wurde, diese Ideen auch praktisch durchzuführen. Es erfordert lange Entwicklungsarbeit, bis praktisch betriebfähige Anlagen gebaut werden konnten. Das Vorhandensein von Dampf in Rohrleitungen und Sammelbehältern führt zu beabsichtigter oder unbeabsichtigter Speicherung in den verschiedensten Teilen einer Dampfanlage, kann aber hier außer acht gelassen werden, da dies nicht als wirkliche Dampfspeicherung angesehen werden kann.

Das *erste* bekannte *Patent* auf einen Dampfspeicher wurde im Jahre 1873 in Amerika an MacMahon erteilt [*86*][1]. Es zeigt bereits grundsätzlich die Möglichkeiten der mittelbaren Speicherung von Dampf als Heißwasser (Abb. 1). Der gesamte vom Kessel A erzeugte Dampf wird durch die Leitung I in den Speicher D geleitet, niedergeschlagen und, abhängig vom jeweiligen Bedarf, wieder ausgedampft. Mit dem im Speicher erwärmten Wasser wird der Kessel mittels Pumpe O gespeist, wodurch die Kesselleistung erhöht wird. Da die Druckänderungen bei wechselnder Belastung im Speicher und im Kessel übereinstimmen, handelt es sich um eine einfache Erweiterung des Kesselwasserraums nach dem Gefälleprinzip. Ein deutsches Patent aus dem Jahre 1880 (Jurisch, Lewis, Proll, Scharowsky) zeigt auch bereits das Prinzip der Dampfspeicherung, ohne jedoch der praktischen Ausführbarkeit näherzukommen.

---

[1] Die in eckigen Klammern angegebenen kursiven Zahlen verweisen auf im Literaturverzeichnis aufgeführte Veröffentlichungen.

Erst um die Jahrhundertwende erscheinen die ersten ausführbaren *Vorschläge* für Dampfspeicher, und zwar sowohl nach dem Gefälle- als auch nach dem Gleichdruckprinzip. Um 1900 erhält Prof. RATEAU ein deutsches Patent (125117) auf den nach ihm benannten Gefälle-

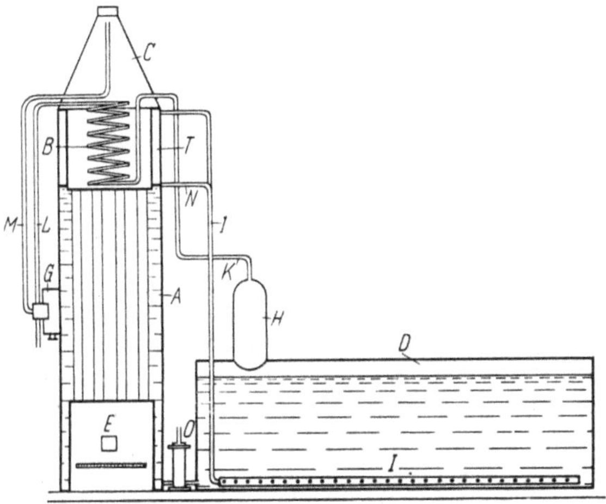

Abb. 1. Erster Dampfspeicher von MACMAHON

speicher [24]. Das Speicherprinzip wird hier im beschränkten Anwendungs-bereich der Abdampfspeicherung ausgenutzt für Drücke bis zu 2 at; auch fehlt noch eine automatische Regelung. Aber mit den gründlich entwickelten Armaturen bildet der RATEAU-Gefällespeicher bereits ein einwandfrei arbeitendes Betriebsmittel.

Um 1893 fällt die Erfindung des Gleich-druckspeichers durch DRUITT-HALPIN, die aber erst 10 Jahre später zum ersten Male praktische Anwendung findet [87]. Wie in Abb. 2 gezeigt, strömt der gesamte Dampf in den über dem Kessel *a* gelegenen Speicher *b*, wo er das Speisewasser vor-wärmt, das durch Schwerkraft dem Kessel zufließt. In der Folgezeit wird vor allem versucht, den Gleichdruckspeicher durch selbsttätige Regelung und Umwälzung zu verbessern. Hier sind die Patente von KOUZNEZOFF (1896) zu nennen, die den Zufluß des vorgewärmten Speisewassers

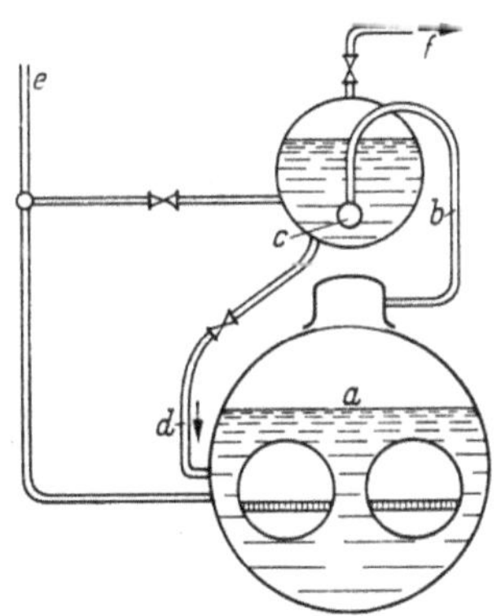

Abb. 2. Gleichdruckspeicher von DRUITT-HALPIN

dadurch regeln, daß die Druckausgleichleitung im Kessel unter Wasser-spiegel liegt, bis bei erhöhter Dampfleistung der Wasserstand gesun-ken ist.

Auch die unmittelbare Dampfspeicherung wurde wesentlich verbessert, besonders in Anlehnung an die Gasometer-Speicherung durch HARLÉ. Gewaltige Raumspeicher von einigen 1000 m³ wurden durch ESTNER-LADEWIG (1921) entwickelt.

Die Ausbildung der heute *gebräuchlichen Ausführungsarten* beginnt zwischen 1910 und 1920. Es ist das Verdienst von Dr. RUTHS, die Anwendung des Gefällespeichers zum Ausgleich der Kesselbelastung erfolgreich durchgeführt zu haben, indem er einen Überströmregler zwischen Kessel und Speicher einschaltete [65]. Damit wurde der Weg in die verschiedensten Zweige der Industrie, zuallererst in die Zellstoffindustrie in Schweden, geöffnet. Dem ersten Patent von Dr. RUTHS (301833) im Jahr 1913, das auch bereits die Ausnutzung des Dampfspeichers in der Stromerzeugung zeigt, folgten eine sehr große Anzahl weiterer Patente, die sich auf spezielle Anordnungsmöglichkeiten und Einzelheiten der Ausführung beziehen. Die Zusammenarbeit mit besonderen Speicherturbinen wird nach der ersten Anlage im Kraftwerk Malmö (1920) stark entwickelt und führt bis zur Errichtung der größten Speicheranlage im Kraftwerk Berlin-Charlottenburg (1929), die in 16 vertikalen Speichern insgesamt eine Kapazität von 600 Tonnen Dampf hat und noch heute (1961) erfolgreich in Betrieb ist. Trotz interessanter Weiterentwicklung blieb jedoch die Dampfspeicherung in Kraftwerken auf eine kleine Anzahl spezieller Anlagen beschränkt, da ihr sowohl der Übergang zu immer höheren Drücken, als auch die stets weitergreifende Verbundwirtschaft und der Einschluß von Pumpspeichern in Wasserkraftwerken entgegenwirkten. Das Hauptgewicht der Anwendung verlegte sich daher immer mehr auf die wärmeverbrauchende Industrie.

Auch der *Gleichdruckspeicher* wurde den Ansprüchen der neuzeitlichen Dampftechnik angepaßt, besonders durch Verbesserungen von CHRISTIANS (295 423) und Dr. KIESSELBACH, die die praktische Durchführung der Vorwärmung des Speicherwassers im Kessel mit Überlauf und Umwälzung des Speicherinhaltes ermöglichen. Der Verdrängungsspeicher bildet gewissermaßen den Abschluß dieser Entwicklung, wozu besonders H. P. MÜLLER und Dr. MAGUERRE beigetragen haben [40]. In Verbindung mit dem Regenerativverfahren, wie z. B. im Großkraftwerk Mannheim ausgeführt, hat sich diese Bauart zur Deckung nicht zu hoher Leistungsspitzen in Kraftwerken bewährt, da sie gegenüber dem Gefällespeicher den Vorteil hat, keine Spezialturbinen zu benötigen.

Eine interessante Weiterentwicklung des Gefällespeichers in das *Höchstdruckgebiet* beruht im wesentlichen auf den Patenten von Dr. GILLI [15]. Er hat darauf hingewiesen, daß die Wirtschaftlichkeit der Speicherung, besonders in der Krafterzeugung, mit steigendem Kesseldruck zwar zunächst abnimmt (etwa zwischen 10 und 30 at), jedoch im Gebiet weit höher Drücke (etwa über 50 at) sich wieder stark verbessert. In der Kraftwirtschaft wurde dieses Prinzip erstmalig in der 120 at-Speicheranlage im Zusammenhang mit einer La Mont-Kesselanlage im Kraftwerk Wien-Simmering (1938) mit Erfolg angewendet [47]. Darüber hinaus wurde die Höchstdruckspeicherung besonders aber zur Verbesserung der feuerlosen Lokomotiven (die ja nach dem Prinzip des Gefällespeichers arbeiten) benutzt und hat sowohl zur Erweiterung ihres Aktionsradius als auch zu bedeutenden Brennstoffersparnissen geführt [14].

Während auf dem Höchstdruckgebiet das Bestreben sein mußte, mit der raschen technischen Weiterentwicklung der Kessel und Turbinen Schritt zu halten, hat die Dampfspeicherung eine weitgehende Ausdehnung des industriellen Anwendungsbereichs vor allem wärmewirtschaftlichen Erkenntnissen zu verdanken. Die Bestrebungen, billigere Speicheranlagen zu bauen, fanden in der außenliegenden Ladevorrichtung von W. GOLDSTERN (1937) ihren Ausdruck. Damit können vorhandene Großwasserraumkessel als Speicher benutzt werden ohne daß ihre Wirkung als Dampferzeuger beeinträchtigt wird [17]. Die Kosten der Dampfspeicherung sind dadurch und durch ähnliche Methoden vielfach auf einen Bruchteil der früher nötigen Aufwendung reduziert worden.

II. Dampfspeicherung im Kessel

Die Anwendung der Speicherung zum Ausgleich von Belastungsschwankungen ist nicht an das Vorhandensein spezieller Betriebsmittel gebunden. Vielmehr sind in allen Teilen einer Dampfanlage, besonders aber im Kessel, entsprechend den erforderlichen Betriebstemperaturen, relativ große Wärmemengen gespeichert, die unter gewissen Umständen und in beschränktem Maße, mittelbar oder unmittelbar, in Dampf umgesetzt werden können. Wie weit diese *Eigenspeicherung* der Kesselanlage praktisch verwertet werden kann, hängt von der zulässigen Änderung der Betriebsverhältnisse, Druck und Temperatur ab. Grundsätzlich spielen sich dieselben Vorgänge ab, wie bei der Dampfspeicherung in besonderen Anlagen: da aber in allen Betrieben der Dampfdruck bei den Verbrauchern möglichst unverändert gehalten werden muß, sind der praktischen Ausnutzung der Dampfspeicherung im Kessel enge Grenzen gezogen.

Obwohl im Dampfraum, ebenso wie im Wasserraum eines Kessels eine Speicherung möglich ist, kommt praktisch, außer bei höchsten Drücken, nur die Speicherfähigkeit des Wasserraums, also die mittelbare Speicherung, in Betracht. Eine Wirkung nach dem *Gefälleprinzip* tritt dabei *automatisch* immer dann auf, wenn das im Kessel enthal-

tene Wasser seinen Zustand, also Temperatur und Druck, verändert.
Wird etwa infolge erhöhten Dampfbedarfs mehr Wärme aus dem Kessel
entnommen, als ihm gleichzeitig durch die Feuerung zugeführt werden
kann, so muß die fehlende Wärmemenge dem Wasserinhalt des Kessels
entzogen werden. Dadurch sinkt die Wassertemperatur ab, und es stellt
sich im Kessel ein entsprechend niedrigerer Druck ein. Die Wirkung
als *Gleichdruckspeicher*, in diesem Falle auch als *Speiseraumspeicherung* bekannt, wird durch Veränderung der im Kessel enthaltenen
Wassermenge bewirkt. Soll z. B. bei erhöhtem Dampfbedarf eine zu-

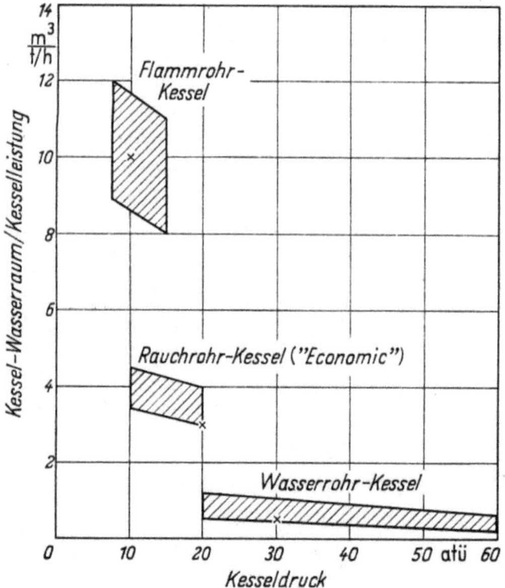

Abb. 3. Spezifischer Wasserraum verschiedener Kesseltypen
und Druckbereiche

sätzliche Dampfleistung durch Speicherentladung abgegeben werden, so beschränkt man die Speisung des Kessels und dadurch vorübergehend den Wasserinhalt des Kessels.

Für beide Methoden ist also die *Größe des vorhandenen Kesselwasserraums* von entscheidender Bedeutung. Daher besitzen Flammrohrkessel die größte Speicherfähigkeit, und solange sie weit verbreitet waren, konnten Schwankungen im Dampfbedarf ohne besondere Speicheranlagen weitgehend

ausgeglichen werden. Die Entwicklung zu höheren Drücken und die
Einführung von Kesselbauarten mit wesentlich geringerem Wasserinhalt, ebenso wie die automatische Kesselregelung, haben die Dampfspeicherung im Kessel selbst außerordentlich verkleinert und z. T. sogar
völlig verhindert. Einen Überblick über die Größenordnung des Wasser-
raumes verschiedener Kesseltypen, bezogen auf 1 m² Heizfläche gibt
Abb. 3. Darüber hinaus gibt es die Höchstdruck- und Strahlungskessel,
die überhaupt keine ausgebildeten Trommeln mehr aufweisen, womit
von einer ausnutzbaren Dampfspeicherung im Kessel kaum mehr ge-
sprochen werden kann.

In jedem Falle ist für die Speicherfähigkeit nach dem *Gefälleprinzip*,
außer dem Wasserinhalt des Kessels, noch der *zulässige Druckabfall*
entscheidend. Eine allgemein gültige Formel läßt sich dafür nicht

angeben, da die Folgen für den Dampfbetrieb je nach der Art der Dampfverbraucher verschieden sind. Auf der einen Seite gibt es Dampfanlagen (wie weiter unten beschrieben), bei denen der Kesseldruck wesentlich höher ist, als der benötigte Betriebsdruck bei den Verbrauchern, so daß eine beträchtliche Drucksenkung zugelassen werden kann. Andererseits ist aber nicht nur zur Krafterzeugung, sondern auch bei vielen industriellen Prozessen die Einhaltung des vollen Kesseldrucks absolut erforderlich.

Wird vergleichsweise ein zulässiger Druckabfall von 10% angenommen, so erhält man für

A. *Flammrohrkessel* von 10 atü Betriebsdruck mit etwa 10 m³ Wasserraum je 1 t/h Leistung eine Speicherentladung, die ausreicht, um die Kesselleistung für die Dauer einer Minute um etwa 500%, für eine Stunde um 8% zu erhöhen;

B. *Rauchrohrkessel* von 20 atü Betriebsdruck mit etwa 3 m³ je 1 t/h Leistung eine Leistungssteigerung von etwa 180% für eine Minute oder 3% für eine Stunde;

C. *Wasserrohrkessel* von 30 atü Betriebsdruck mit 0.5 m³ je 1 t/h Leistung nur noch eine Leistungssteigerung von etwa 35% für eine Minute und $0,6\%$ für eine Stunde.

Es zeigt sich also ganz deutlich, daß für Schwankungen von nur einigen Minuten Dauer praktisch alle Kesselarten ausgleichend wirken können, falls ein gewisser Druckabfall zugelassen wird. Dagegen kommen zum Ausgleich langerdauernder Schwankungen nur Flammrohrkessel in Betracht. Die Überlegenheit dieser Kesselbauart ist also nicht nur durch den mehrfach größeren Wasserraum bedingt, sondern auch durch die größere spezifische Speicherfähigkeit bei niedrigeren Dampfdrücken.

Eine Anwendung dieser Tatsache ist bei Anlagen möglich, in welchen Flammrohrkessel mit niedrigem Betriebsdruck und Hochdruckkessel

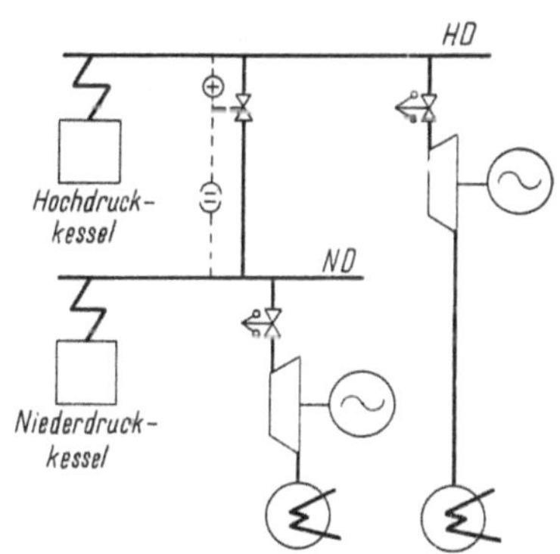

Abb. 4. Schaltung zur Ausnutzung der Speicherfähigkeit von ND-Kesseln bei begrenztem Druckabfall

zusammenarbeiten. Druckschwankungen werden dann möglichst auf die ND-Kessel beschränkt, wie in Abb. 4 dargestellt. Der Druck an den HD-Kesseln wird durch ein Überströmventil konstant gehalten, indem überschüssiger Dampf bei geringerer Belastung in das ND-Netz abgeleitet wird. Da jedoch an beiden Netzen Kraftverbraucher angeschlossen sind, muß der Druckabfall in engen Grenzen gehalten werden und die erreichbare Ausgleichwirkung ist nur gering. Die zugelassenen Grenzen des höchsten und niedrigsten Druckes im ND-Netz werden durch Grenzimpulse des Überströmreglers eingehalten. Sind dagegen *Heizdampfverbraucher* angeschlossen, die mit wesentlich geringerem Druck arbeiten können, so ist eine Schaltung nach Abb. 5 zweckmäßig. Falls z. B. die Dampfverbraucher nur 3 atü Betriebsdruck benötigen, die ND-Kessel aber mit 10 atü betrieben werden können, ergibt sich eine spezifische Speicherfähigkeit von 71 kg Dampf je m³ Wasserraum und eine Leistungssteigerung von etwa 75% für die Dauer einer Stunde.

Gerade diese Schaltung kann in vielen Betrieben mit verhältnismäßig geringen Kosten ausgeführt werden. Das HD-Netz wird ähnlich wie bei der vorigen Schaltung über ein Überströmventil, mit Grenzimpulsen, mit dem ND-Netz verbunden. Die ND-Kessel liefern aber den Dampf durch ein Reduzierventil, so daß die Druckschwankungen in diesen Kesseln sich nicht auf das ND-Netz übertragen können. Veraltete Kessel, die keinen Dauerbetrieb mehr aushalten können, werden in dieser Betriebsweise als Reserve bereitgehalten und wirken ohne irgendwelchen Umbau, wenn auch in beschränktem Maße, als Dampfspeicher.

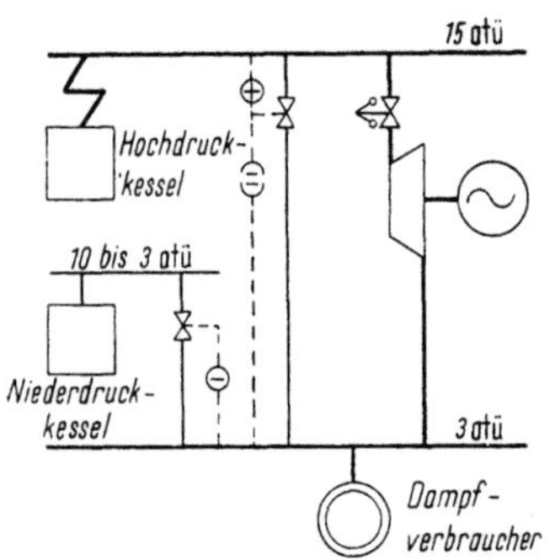

Abb. 5. Schaltung zur Ausnutzung der Speicherfähigkeit von ND-Kesseln bei erweitertem Druckbereich

Es besteht auch die Möglichkeit, sie mit überschüssigem Dampf zu laden, wobei ein außenliegender Ladeapparat nach GOLDSTERN zweckmäßigerweise verwendet werden kann.

Die Anwendung der Speicherung nach dem *Gleichdruckprinzip* ist an eine entsprechende Anpassung der Kesselspeisung gebunden. Soll mehr Dampf vom Kessel abgegeben werden, als ihm durch die Feuerung zugeführt wird, so muß die Speisewassermenge verkleinert werden. Im Grenzfall wird die Speisung vollständig abgestellt und die gesamte Wärme kann zur Verdampfung herangezogen werden. Diese Art der Dampfspeicherung ist seit langem bekannt und wird durch erfahrenes Bedienungspersonal praktisch ausgenutzt. Umgekehrt wird, wenn die Belastung der Kesselanlage niedrig ist, durch erhöhte Speisung der zur Speicherung herangezogene Kessel wieder aufgeladen. Der Wasserspiegel wird bis auf den höchsten zulässigen Stand gehoben, ein größerer Anteil der im Kessel übertragenen Wärme dient zur Vorwärmung des Speisewassers, und die abgegebene Dampfmenge wird entsprechend verringert. Bei Anordnung selbsttätiger Speiseregler kann dieselbe Arbeitsweise angestrebt werden.

Für die *Berechnung* der Speicherwirkung ist die Größe der Wasserstandsänderung maßgebend, die je nach Kesselart verschieden ist. Die oben dargelegte Entwicklung zu immer höheren Drücken brachte eine Verkleinerung sowohl der Wasserräume als auch der Dampfräume. Während man bei Flammrohrkesseln mit einem *Speiseraum* von 1,5 m³ je 1 t/h Leistung rechnen kann, beträgt dieser bei Rauchrohrkesseln nur etwa 0,5 m³ und bei Wasserrohrkesseln sogar 0,05 m³ und weniger. Diese Unterschiede lassen sich noch deutlicher durch die Zeitdauer kennzeichnen, für welche die Kesselspeisung abgestellt werden kann, ohne daß der Kessel gefährdet wird. Während man bei Flammrohrkesseln die Speisung maximal für einen Zeitraum von etwa einer Stunde unterbrechen kann, ist z. B. bei einem Wasserrohrkessel von 100 t/h Höchstleistung nur noch eine Zeitdauer von 3 bis 5 Minuten zulässig. Bei modernen Großkesseln liegen die Werte sogar unterhalb einer Minute und bei Zwangsdurchlaufkesseln sind Unterbrechungen überhaupt nicht zulässig (MÜNZINGER [*49*]).

In der *Wirkung* selbst entspricht der Speiseraum genau dem Wasserraum von Gleichdruckspeichern. Die für den Gleichdruckspeicher aufgestellten Beziehungen gelten ebenso für die Speiseraumspeicherung im Kessel, und man kann seine Speicherfähigkeit in kg Dampf, ebenso wie die Leistungsfähigkeit in kg/h aus den gleichen Diagrammen für die spezifischen Werte (s. Abb. 93 u. Abb. 95) entnehmen. Die Speicherfähigkeit des Kesselspeiseraums ist jedoch, wie oben gezeigt, besonders bei modernen Kesselanlagen verschwindend klein, verglichen mit den Werten, die in Gleichdruckspeichern erzielt werden können. Die Leistungsfähigkeit hingegen, also der durch Speiseraumspeicherung gedeckte Anteil an der Leistung des Kessels, ist wie beim Gleichdruckspeicher nur durch die Temperaturgrenzen beschränkt.

Zur verstärkten Ausnutzung der Gleichdruckspeicherwirkung wurden Methoden entwickelt, die der *Vergrößerung des Speiseraums* dienen. Dies kann bei Großwasserraumkesseln verhältnismäßig einfach durchgeführt werden, indem bei gleichbleibenden Flammrohren der Durchmesser und die Länge des Kessels vergrößert werden.

Wesentlich schwieriger ist dies bei Wasserrohrkesseln, doch wurden dafür bei schwankender Belastung zweckmäßig die Obertrommeln größer ausgeführt. Konstruktiv und betrieblich ergeben sich Schwierigkeiten, falls der Wasserraum über eine gewisse Grenze hinaus erweitert werden soll. Hier soll nur auf Patente von HÄHNLE (421 989) und LANGEN (401 469) hingewiesen werden, die eine größere Absenkung des Wasserspiegels bzw. zusätzliche Rohre von 300—400 mm Durchmesser in Höhe der Kesseltrommeln vorsehen.

Bei einer neueren englischen Ausführung des Speicherkessels nach Dr. RITCHIE erhält ein Rauchrohrkessel einen Speisewasserraum von insgesamt etwa 9000 kg (20.400 lb.), indem der Durchmesser auf etwa 3,5 m (11 ft. 6 in.) und die Länge auf etwa 5 m (17 ft.) vergrößert werden [93]. Unter günstigen Verhältnissen, bei einem Kesseldruck von etwa 17 atü (250 p. s. i.) und einer Speisewassertemperatur von nur etwa 15 °C (60 °F) kann man maximal eine Speicherfähigkeit von 2700 kg Dampf (6000 lb.) und eine Leistungsfähigkeit von 38% erreichen. Die Regelung (Abb. 6) umfaßt einen Speisewasserregler, der vom Kesseldruck abhängig ist, derart, daß bei Überschreiten des Sollwertes der Regler öffnet. Dadurch strömt dem Kessel eine vergrößerte Menge kalten Wassers zu, bis der Druck wieder auf den Sollwert sinkt. Durch Grenzimpulse wird der höchste und niedrigste Wasserstand eingehalten. Ferner ist ein Reduzierregler in die Dampfleitung eingeschaltet, der den Dampf auf den Netzdruck von etwa 10 atü (150 p. s. i.) herabsetzt. Dadurch wird zusätzlich zur Gleichdruckspeicher-Wirkung auch ein gewisses Maß von Gefällespeicherung erreicht.

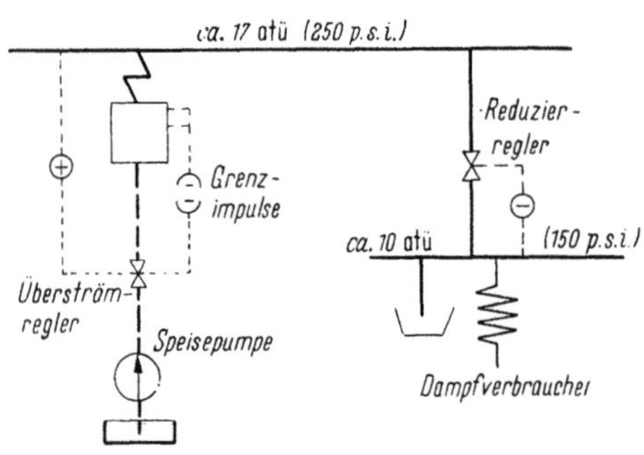

Abb. 6. Schaltung eines Speicherkessels

Die *Speisewasserreglung* muß allgemein zur Ausnützung der Speicherwirkung besonders ausgebildet werden. Dies erfordert eine umgekehrte Einwirkung wie bei der normalen Speisereglung, da bei erhöhtem Dampfbedarf die Speisung reduziert und bei geringerer Belastung über den normalen Wert hinaus erhöht werden muß. Die meisten Ausführungen [72] regeln in Abhängigkeit vom Kesseldruck, so daß also bei fallendem Druck die Speisung zum Kessel gedrosselt und unterhalb eines gewissen Normaldrucks ganz abgestellt wird, während bei steigendem Druck das Speiseventil entsprechend mehr öffnet. Sobald der Wasserstand die zulässige obere oder untere Grenze erreicht, übernimmt ein Schwimmerregler die Einhaltung des höchsten oder niedrigsten Wasserstands, wobei die Wirkung des Kesseldrucks auf den Speiseregler ausgeschaltet wird.

Derartige Veränderungen in der Kesselspeisung wirken immer auf die vorgeschalteten Teile der Kesselanlage zurück. Insbesondere muß auf *Rauchgasvorwärmer* Rücksicht genommen werden, da bei verringerter Speisung und erhöhter Feuerung Schwierigkeiten durch hohe Wassertemperaturen und Dampfbildung auftreten können. Die Verhältnisse entsprechen wiederum dem Betrieb mit Gleichdruckspeichern und sind daher in Kap. VII näher beschrieben. Die mit Hilfe der Speicherung im Kessel, sowohl nach dem Gefälle- als auch Gleichdruckprinzip, veränderliche Dampferzeugung wirkt sich auch auf den nachgeschalteten *Überhitzer* aus. Bei gleichbleibender Feuerung wird eine erhöhte Dampfleistung erzielt, wodurch die Dampftemperatur entsprechend niedriger ist. Umgekehrt können bei sehr geringen Belastungen die Temperaturen stark ansteigen und u. U. zu Betriebsstörungen führen. Dies läßt sich durch Rückwirkung der Überhitzungstemperatur auf die Speisewasserreglung vermeiden, wobei ein Mindest-Dampfdurchfluß durch den Überhitzer gesichert wird.

Bevor man also die Dampfspeicherung im Kessel in verstärktem Maße heranzieht, sind die oben gezeigten Grenzen und Auswirkungen zu untersuchen. Im allgemeinen kommen nur Großwasserraumkessel für einen praktisch wirksamen Ausgleich in Betracht. Werden Wasserrohrkessel zum Ersatz von Flammrohrkessel eingebaut, so ist für entsprechende Speicherwirkung zu sorgen, da sich sonst das Fehlen der Dampfspeicherung im Kessel bei Belastungsschwankungen nachteilig auswirken kann.

III. Elemente der Speicheranlage

Eine Dampfspeicheranlage setzt sich im allgemeinen aus folgenden Hauptbestandteilen zusammen:

1. Der *Speicherbehälter* zur Aufnahme des Speicherstoffes.
2. Die Vorrichtungen zur *Ladung und Entladung* des Dampfes.
3. Die *Hilfsmittel* für die Durchführung des Speicherbetriebes.
4. Die *Regelung* für die automatische Wirkung der Speicheranlage.

Da diese Elemente sich in ähnlichen Formen bei den verschiedenen Speichersystemen und Ausführungsarten wiederfinden — deren Unterschiede vielmehr im Zusammenbau dieser Elemente bestehen —, können ihre rechnerischen und konstruktiven Einzelheiten vor der Beschreibung der einzelnen Systeme behandelt werden. Es muß hier darauf hingewiesen werden, daß es sich fast ausschließlich um Elemente handelt, die in Wärmetechnik und Maschinenbau normalerweise in ähnlichen industriellen Anlagen verwendet werden. Seit der 1. Auflage (1933) haben sich die meisten dieser Teile so verändert, daß im wesentlichen nur die rechnerischen Grundlagen beibehalten werden konnten. In bezug auf die konstruktive Ausbildung, die wie z. B. bei der Regelung mehr oder weniger wichtige Unterschiede je nach Land und Herstellerfirma aufweisen, scheint es nur möglich zu sein, auf Beschreibung in der einschlägigen Literatur hinzuweisen.

1. Speicherbehälter

Die Ausbildung des Speicherbehälters ist entscheidend für die Ausführung und Wirkung der ganzen Anlage. Trotz seiner relativen Ein-

fachheit erfordert der Behälter größte Aufmerksamkeit, um die zweckmäßigste Konstruktion und damit die geringsten Herstellungskosten
zu erzielen, die im allgemeinen den weitaus *größten Teil der Gesamtkosten*
ausmachen.

Die *Aufgabe* des Speicherbehälter ist es, eine bestimmte Menge
des speichernden Energieträgers, meist Heißwasser, unter günstigsten
Bedingungen aufzunehmen. Bei einem gegebenen Speicherdruck kommt
es darauf an, einen Behälter mit geringstem Gewicht, einfachster Herstellung und kleinstem Platzbedarf zu finden; erst in zweiter Linie muß
auf die Abkühlungsverluste Rücksicht genommen werden. Das Bestreben,
die *kleinste Behälteroberfläche* je Volumeneinheit zu erzielen, ist daher
weniger durch die verringerten Abkühlungsverluste als durch den Einfluß auf das Behältergewicht von Bedeutung.

Aus Festigkeitsgründen erhalten die Speicherbehälter den günstigsten kreisförmigen Querschnitt, also die *Grundform des Zylinders* (mit
Ausnahme druckloser Behälter bei der Heißwasserspeicherung). Es
ergeben sich ganz ähnliche konstruktive Aufgaben, wie sie im Bau von
Kesseltrommeln und Druckbehältern vorkommen. Die Herstellung der
Speicherbehälter ist vom Kesselbau ausgegangen, von dem auch die
meisten Einzelheiten der Auflagerung, Ausrüstung u. ä. übernommen
wurden. Verschiedene Kesselarten, besonders Großwasserraumkessel,
lassen ohne große Schwierigkeiten einen *Umbau als Speicherbehälter*
zu. Davon wird immer wieder Gebrauch gemacht, wenn die Beschaffung
neuer, besonders dafür hergestellter Behälter aus finanziellen oder Materialknappheits-Gründen sehr erschwert ist. Es muß aber hervorgehoben
werden, daß vor allem durch die Eigenart des Speicherbetriebes und
die häufig größeren Ausmaße auch spezielle Aufgaben beim Bau von
Speicherbehältern auftreten. Nur kleinere Speicherbehälter werden mit
Böden von elliptischer oder Korbbogen-Form versehen. Bei größeren
müssen sie, besonders bei höheren Drücken, durch halbkugelförmige
ersetzt werden, obwohl diese nicht aus einem Stück gepreßt werden
können und daher Mehrkosten verursachen. Die Behälter können entweder liegend (horizontal) oder stehend (vertikal) angeordnet werden.
Allgemein wird die billigere liegende Bauart bevorzugt, wenn nicht besondere Gründe für die stehende vorliegen (z. B. Platzmangel).

Zur *Berechnung* der grundlegenden Größen am Speicherbehälter
kann man in erster Annäherung von der Form des Zylinders ausgehen,
der durch halbkugelförmige Böden abgeschlossen ist. Die gewölbte Form
weicht nur unwesentlich von dieser ab und kann wegen der verschiedenen
Querschnitte nicht eindeutig festgelegt werden. Als theoretischer Grenzfall ist die Abschließung durch ebene Flächen anzusehen, so daß zwischen
diesem und der Halbkugel alle möglichen Formen der gewölbten Böden
liegen. Die hauptsächlichen Zusammenhänge sind daher auch für ebene

Böden angegeben. An der Skizze (Abb. 7) sind die wichtigsten Kenngrößen und ihre Bezeichnung dargestellt.

Für den *Rauminhalt* erhält man dann bei Kugelböden

$$V = \frac{D^2\pi}{4}(L - D) + \frac{D^3\pi}{6} = \frac{D^2\pi}{4}\left(L - \frac{D}{3}\right).$$

In Abb. 8 ist dieser Zusammenhang zur einfacheren Bestimmung der *Speicherdimensionen* aufgezeichnet. Die Formgebung ist durch das Verhältnis von Länge und Durchmesser $l = L : D$ gekennzeichnet, dessen Werte ebenfalls in die Abb. 8 eingetragen wurden. Für $l = 1$, also $L = D$, geht der Zylinder in eine Kugel über.

Für die Abschließung durch ebene Böden, also für den einfachen Zylinder, ist

$$V = \frac{D^2\pi}{4} \cdot L.$$

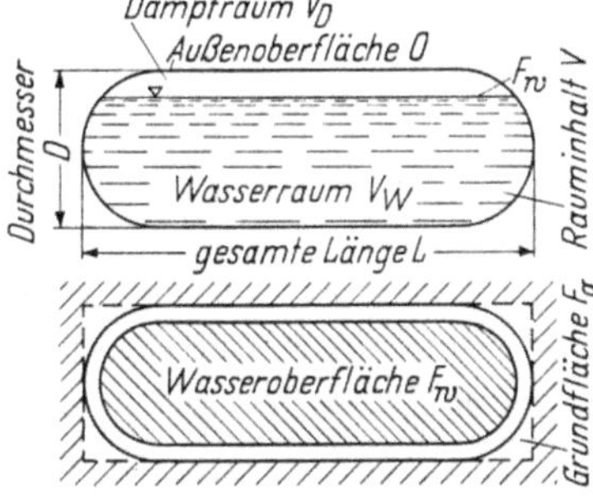

Abb. 7. Bezeichnungen zur Dimensionierung von Speicherbehältern

Die *Außenoberfläche* berechnet sich aus

$$O = \pi \cdot L \cdot D \qquad \text{(Kugelböden)}$$

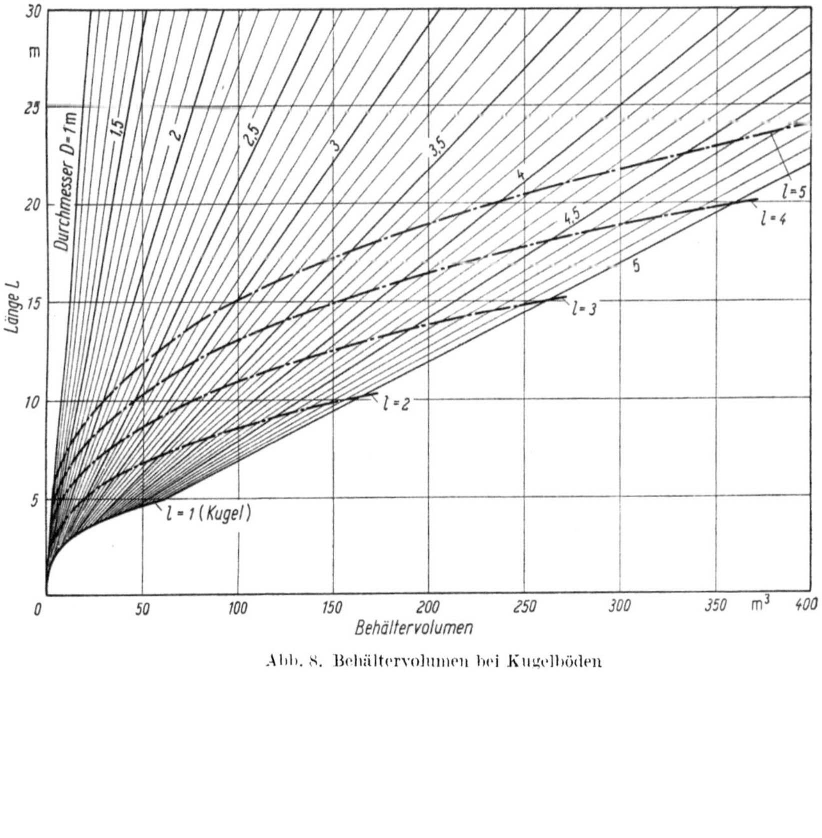

Abb. 8. Behältervolumen bei Kugelböden

und

$$O = \pi \cdot D \left(L + \frac{D}{2} \right) \qquad \text{(ebene Böden)}.$$

In einfachster Weise erkennt man den Einfluß der gewählten Form auf die Größe der Außenoberfläche, sobald man in die Gleichungen die Verhältniszahl l einsetzt und abhängig vom Behältervolumen die Oberfläche bestimmt. Bei Kugelböden wird

$$O = \pi \cdot l \left[\frac{12}{\pi\,(3\,l - 1)} \right]^{2/3} \cdot V^{2/3}.$$

Abb. 9 gibt diese Beziehung und die spezifischen Werte O/V wieder und zeigt ganz eindeutig die mit kleinerem Verhältnis l abnehmende Behälter-

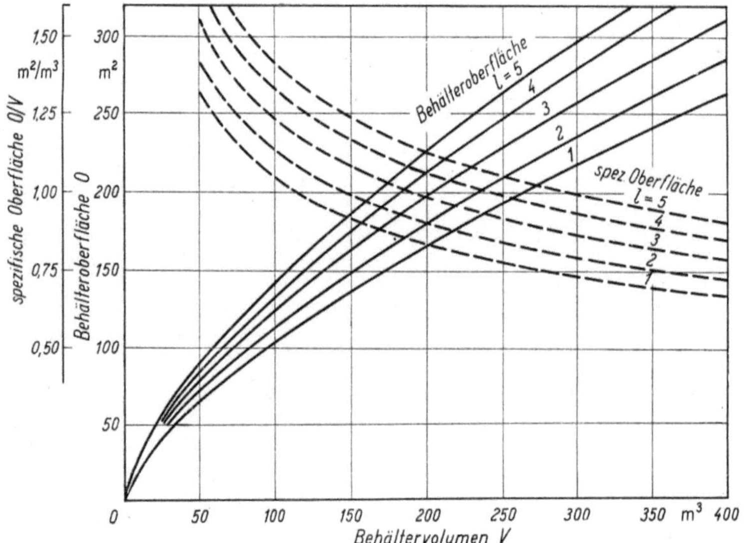

Abb. 9. Behälteroberfläche und spezifische Oberfläche

oberfläche. Als günstigster Wert ergibt sich immer $l = 1$, also die **Kugelform**. Bei ebenen Böden wird

$$O = \frac{\pi}{2} \left[\frac{4}{\pi \cdot l} \right]^{2/3} (1 + 2\,l) \cdot V^{2/3}.$$

Schließlich ist zum Vergleich des *Platzbedarfes* bei liegender und stehender Bauart die Grundfläche F_g für einen (durchschnittlichen) Wert $l = 4$ abhängig vom Behältervolumen in Abb. 10 gegenübergestellt. Zur Feststellung des tatsächlichen Platzbedarfes müssen noch Zuschläge für Isolierung und Auflagerung gemacht werden.

Bevor Folgerungen auf die günstigste Dimensionierung des Behälters gezogen werden dürfen, ist der Einfluß auf den zweiten Faktor des

Behältergewichtes, auf die *Blechstärke*, festzustellen. Nach den Bestimmungen für die Aufstellung von Dampfkesseln, die im wesentlichen auch für Speicheranlagen Geltung haben, ist die Blechstärke nach folgender Gleichung zu berechnen:

$$s = \frac{p \cdot D}{200 \cdot k \cdot r} + 1 \ [\text{mm}].$$

Darin bedeutet p den Betriebsdruck in atü, r der Schweißfaktor und k die zulässige Blechfestigkeit in kg/mm². Bei der Blechstärke von Kugelböden kann nach derselben Gleichung gerechnet werden, wenn statt des Durchmessers der Kugelradius eingesetzt wird.

Aus dem Produkt von Oberfläche und Blechstärke erhält man mit dem spezifischen Gewicht γ das *Behältergewicht*.

$$G_B = \frac{\gamma \cdot O \cdot s}{10^6} \ [\text{t}].$$

Setzt man die oben abgeleiteten Beziehungen ein, so zeigt sich, daß mit größerem Durchmesser zwar die Außenoberfläche je Volumeneinheit abnimmt; da jedoch gleichzeitig die Blechstärke ansteigt, gleicht sich der

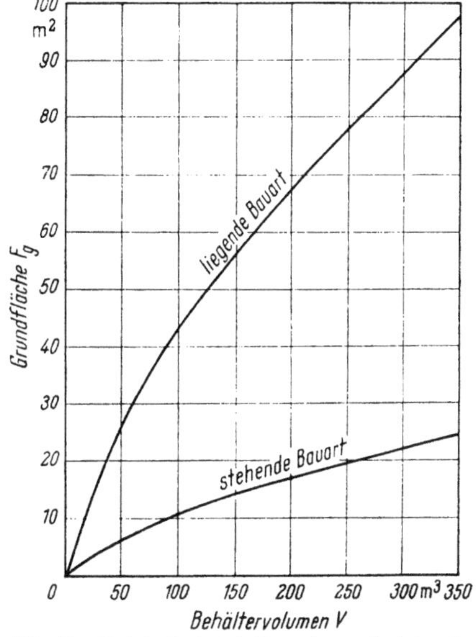

Abb. 10. Platzbedarf bei liegender und stehender Bauart

erzielte Vorteil im Gewicht wieder aus. In guter Annäherung läßt sich das Behältergewicht dem Produkt aus Volumen mal Druck (*"Druckvolumen"*) proportional setzen, so daß der Einfluß des Durchmessers nicht mehr in Erscheinung tritt.

Praktisch hat sich ein mittleres Verhältnis von Länge zu Durchmesser $l = 4$ als günstigste Form ausgebildet. Im besonderen bringt die reine Kugelform durch die komplizierte Verarbeitung von nur gekümpelten Teilen einen größeren Lohnanteil mit sich, der durch Gewichtsersparnis nicht ausgeglichen werden kann. Die Unterbringung kugelförmiger Behälter macht weiterhin Schwierigkeiten, ebenso die Auflagerung. — Mit Rücksicht auf den möglichen Transport als fertiger Behälter wird oft (innerhalb eines Volumenbereichs von etwa 50 bis 150 m³) ein Durchmesser von 3 m gewählt, damit die Grenze des Eisenbahnprofils nicht überschritten werden muß.

Für größere Anlagen wird eine *Unterteilung* des Speichervolumens notwendig. Zwar bringt die Verteilung auf mehrere Einheiten eine verhältnismäßige Vergrößerung der Behälteroberfläche mit sich, die sich einfach aus dem kleineren Durchmesser ableiten läßt. Auf der anderen Seite ergeben sich bei größerem Durchmesser wesentlich dickere Blechstärken und dadurch schwierigere Verarbeitung.

Die *konstruktive Durchbildung* auf Grund der ermittelten Hauptabmessungen wird von der Größenordnung des Speichervolumens und vom Druck in erster Linie beeinflußt. Der eigentliche Speicherkörper besteht aus einzelnen Schüssen von etwa 2,5 bis 4 m Breite, die bei größeren Durchmessern aus Transportrücksichten aus 2 Halbschüssen zusammengesetzt werden müssen. Ein Speicherbehälter von beispielsweise etwas mehr als 300 m³ Volumen besteht bei 4,8 m Durchmesser aus 5mal 2 Halbschüssen und 2 Halbkugeln als Böden, die sich aus je 5 Teilen (Kalotte und 4 Segmente) zusammensetzten.

Für die *stehende Bauart* ergeben sich schon aus der Drehung der Achse geänderte Beanspruchungen der Bleche. Zunächst kommt zum Dampfdruck das Gewicht der Wassersäule hinzu. Ferner ist bei hohen Speichern u. U. auch der Winddruck zu berücksichtigen, sobald die Anlage ungeschützt im Freien aufgestellt wird. An den zylinderförmigen Speicherkörper müssen alle Vorrichtungen zur Auflagerung, Reinigung u. ä. angebracht werden. An Öffnungen weist der Behälter ein Mannloch, zum Befahren des Speicherinnern, und ein Handloch auf. Dazu kommt noch für die Montage größerer Einbauten (z. B. Ladevorrichtungen) ein Deckelverschluß, der die Einführung umfangreicherer Teile nach Fertigstellung des Behälters zulassen soll. Weiterhin trägt der Speicherkörper die Stutzen für die Anbringung der Leitungen für Dampf und Wasser.

Der vom Kesselbau übernommene *Dampfdom* soll die Entladung wasserfreien Dampfes (Gefällespeicher) sichern. Im Dom geht die Dampfgeschwindigkeit entsprechend dem größeren Durchlaßquerschnitt herunter und gibt so Gelegenheit zur Abscheidung etwa mitgerissener Wasserteilchen. Die Ausführung des Doms macht jedoch gewisse Schwierigkeiten und zusätzliche Kosten, so daß man im allgemeinen bestrebt ist, ohne besonderen Dom eine einwandfreie Entladung zu erhalten (s. S. 43).

Speicher von größeren Abmessungen dehnen sich bei Erwärmung bis auf die höchste Betriebstemperatur so stark aus, daß die *Auflagerung* nicht mehr mit dem Fundament verbunden werden darf. Die Ausführungsmöglichkeiten der beweglichen Auflagerung mit ihren Bewegungsrichtungen zeigt die Abb. 11. Für die liegende Bauart kommen 4 oder 6 Pratzen zu beiden Seiten des Behälters oder Sattelauflagerung in Betracht. Bei der stehenden Bauart können entweder 6 radial angeordnete Pratzen oder die Auflagerung auf 3 Füßen oder auf ein ringförmiges Lager, das durch Verlängerung des untersten Schusses gebildet wird, angewandt werden. Die einfacheren Lagerformen (Sattel- und Ringlager) benutzt man vor allem für kleinere Behälter.

Die Größe der *Wärmedehnungen* ergibt sich aus der höchsten Dampftemperatur im Betrieb und den Abmessungen der Lagerabstände in den Hauptrichtungen. Hat z. B. ein Behälter einen Höchstdruck von 15 atü, entsprechend einer Sattdampftemperatur von etwa 200 °C, so ist die spezifische Ausdehnung von 0 °C bis 200 °C gleich 2,5 mm je m Länge. Sind bei 4 Pratzen die Abstände in der Längsrichtung 17 m und

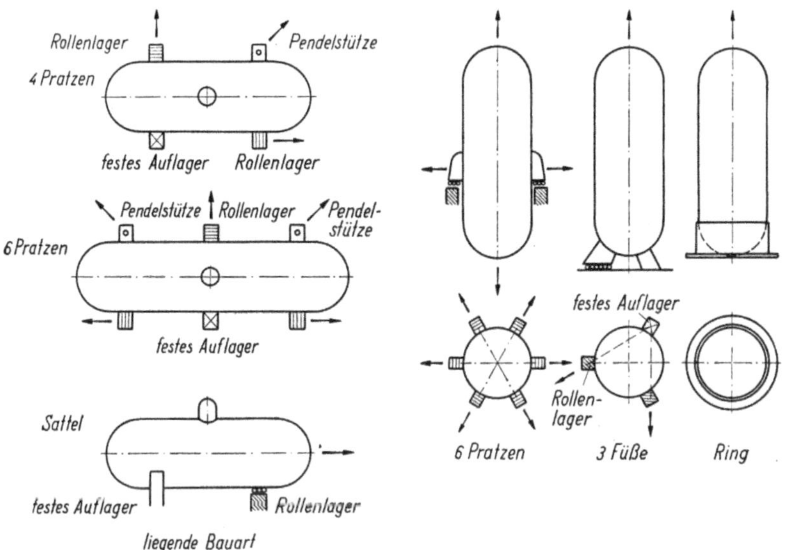

Abb. 11. Möglichkeiten der Auflagerung

in der Querrichtung etwa 6 m, so wird die gesamte Dehnung durch Erwärmung 42,5 mm bzw. 15 mm betragen.

Die zugehörige *Fundamentierung* der pfeilerartigen Stützen, auf denen die Pratzen aufliegen, richtet sich nach dem Gesamtgewicht des Speichers (einschließlich Wassergewicht) und nach der Tragfähigkeit des Baugrundes. Die einzelnen Stützen stehen auf durchgehenden Fundamentbalken oder einer gemeinsamen Platte. Bei schlechtem Untergrund muß durch Pfähle die Tragfähigkeit verbessert werden.

Von besonderem Interesse ist schließlich noch die *Herstellung* der Speicherbehälter, vor allem sobald die Abmessungen des Behälters und der Blechstärken das sonst übliche Maß überschreiten. Allgemein erfordert der Bau von Speicherbehältern eine erhöhte Sorgfalt in der Wahl und Bearbeitung der Werkstoffe, sowie in der Genauigkeit der Formgebung und des Zusammenbaus. Das dauernde Wechseln der Temperatu-

2*

ren des Wasserinhaltes, ebenso wie die bei der Aufstellung im Freien möglichen Witterungseinflüsse, bedeuten eine besondere Erschwerung der Arbeitsbedingungen. Ungenauigkeiten in der Zusammenpassung können zu Undichtigkeiten führen, die u. U. erst nach langen Anstrengungen wieder zu beseitigen sind.

Für *Höchstdruckspeicher* (s. Kap. VI) kann das nötige Speichervolumen auf mehrere Trommeln verteilt werden. Die Anlage von 120 atü im Kraftwerk Wien-Simmering [*47*] enthält 8 Speichertrommeln von 1250 mm Durchmesser und 9250 mm Länge, die aus einem Stück nahtlos geschmiedet sind. Die ebenen Böden haben eine Blechstärke von 300 mm und wurden eingeschraubt, eingeschrumpft und elektrisch verschweißt. Die Blechstärke des zylindrischen Teils ist 72 mm, wobei Siemens-Martin-Stahl von 22 kg/mm^2 verwendet wurde. Alle Anschlüsse zur Ladung, Entladung usw. sind an den Böden untergebracht. Andererseits kommen auch normale Kesseltrommeln als Speicherbehälter in Verwendung, sofern das nötige Volumen verhältnismäßig klein ist. Bei großen Behältern und Durchmessern ergeben sich Wandstärken von 80 bis 100 mm, deren Verwendung für Speicherzwecke infolge der Temperaturschwankungen beträchtliche Schwierigkeiten bereitet. Die Entwicklung der großen Druckbehälter, die für Kernkraftwerke benötigt werden, ergeben auch für die Dampfspeicherung neue Möglichkeiten. Es erscheint daher durchaus möglich, Behälter von mehreren 1000 m^3 bei Drücken von etwa 20 atü auszuführen [*41*].

2. Lade- und Entladevorrichtungen

Die bei der Ladung und Entladung eines Dampfspeichers auftretenden Vorgänge müssen so geleitet werden, daß möglichst das ganze Speichervolumen ausgenutzt wird und ein einwandfreier Betrieb gesichert ist. Zu diesem Zweck wurden für die verschiedenen Speichersysteme Vorrichtungen ausgebildet, die grundsätzlich, ihrer Aufgabe nach, in einige wenige Gruppen eingeteilt werden können. Für die *unmittelbare* Dampfspeicherung sind keine besonderen Einrichtungen nötig, da der Dampf keine Veränderungen durchzumachen hat. *Mittelbare* Dampfspeicher benützten fast ausschließlich Wasser als Speicherstoff, so daß beim Ladevorgang der zu speichernde Dampf *kondensiert* werden muß. Damit die Kondensation des überschüssigen Dampfes unter Teilnahme entweder des ganzen Speicherinhaltes (meist Gefällespeicher) oder eines der Lademenge entsprechenden Anteils (meist Gleichdruckspeicher) vor sich geht, erfordert der Ladevorgang noch die *Umwälzung*.

Die *Kondensation des Dampfes* kann entweder durch Einleiten in den Wasserinhalt des Speichers oder in besonderen Kondensatoren erfolgen. Doch ist nicht grundsätzlich eine Trennung von Gefälle- oder Gleichdruckprinzip möglich; wenn im folgenden die Verwendung für eine bestimmte Speicherart gekennzeichnet wird, so nur, weil sich die betreffende Vorrichtung hierfür als die zweckmäßigste erwiesen hat. Ebenso ist umgekehrt die Durchführung der Vorgänge beim Gefällespeicher mit besonderen Kondensatoren denkbar oder die Kondensation des Dampfes durch Einleiten in den Wasserinhalt des Gleichdruckspeichers.

Wird der Dampf *in Wasser eingeleitet*, was meist beim Gefällespeicher angewandt wird, so kann dies im einfachsten Fall ohne weitere Vorrichtungen erfolgen. Der *Kondensationsvorgang* gleicht demjenigen bei der direkten Heizung, wie sie z. B. in geschlossenen Kochapparaten häufig angewandt wird. Die eintretenden Dampfblasen nehmen den gerade im Behälter herrschenden Druck an. Daher kann zunächst nur die vorhandene bzw. bei der Druckerniedrigung entstandene Überhitzungswärme an das umgebende Wasser abgegeben werden. Bei Beginn der Ladung kann also noch kein Dampf kondensieren; die Dampfblasen werden vielmehr zunächst das Wasser durchschlagen und in den Dampfraum gelangen. Erst durch das Zuströmen des Ladedampfes erhöht sich der Druck im Dampfraum (und im Speicher), so daß sich der nun folgende Dampf auf einen etwas höheren Druck ausdehnt, von einer Sättigungstemperatur, die *über* der Wassertemperatur liegt. Durch den so entstehenden Temperaturunterschied erst ist das Kondensieren der Dampfblasen und die Erwärmung des Wasserinhaltes möglich. Es stellt sich also selbsttätig ein Beharrungszustand her, bei dem stets ein kleiner Teil der Dampfmenge in den Dampfraum gelangt und zur Drucksteigerung dient. Der größte Teil des Dampfes kondensiert während des Aufsteigens im Wasser, wobei der oberhalb der Einströmung gelegene Wasserinhalt erwärmt wird. Findet kein Wasserumlauf statt, so muß also die Ladevorrichtung in den untersten Teil des Speichers gelegt und der Dampf so verteilt werden, daß er möglichst den ganzen Wasserinhalt durchströmen muß.

Von dieser Art der Durchführung kann man bei der Dampfspeicherung nur dort Gebrauch machen, wo ein *genügend großer Druckbereich* zur Verfügung steht; da durch die Höhe des Wasserspiegels über der Einströmöffnung ein Teil des Druckes für die Speicherung verlorengeht. Um die einfache Form der Kondensation durch Dampfeinströmung in den Wasserinhalt trotzdem beibehalten zu können, muß für eine dauernde *Umwälzung des Wassers* gesorgt werden. Diese kann entweder selbsttätig, infolge der beim Ladevorgang auftretenden Kräfte, oder durch äußere Antriebskräfte durchgeführt werden. Für die letztere wurden Rührwerke und Pumpen vorgeschlagen, die jedoch praktisch kaum zur Ausführung kamen, da sich die selbsttätige Umwälzung mit einfachen Vorrichtungen bewährte. Die von RUTHS angewandte Form (Abb. 12 und auch Abb. 30) besteht aus Düsenkörpern, die den

von oben zugeleiteten Dampfstrom umlenken und durch zahlreiche
Bohrungen ins Wasser ausströmen lassen. Die Düsenkörper sind von
einem Umlaufrohr umschlossen, in dem sich das Wasser aufwärts bewegt.
Als Antriebskräfte werden die *Bewegungsenergie*, die durch den Auftrieb
und die Eintrittsgeschwindigkeit des einströmenden Dampfes entsteht,
und das *Übergewicht* der außen liegenden
Wassersäule benutzt. Das im Rohr befindliche
Wasser hat nicht nur, infolge der Erwärmung, ein geringeres spezifisches Gewicht,
sondern wird noch z. T. durch die Dampfblasen
verdrängt, und dadurch wird das Gewicht des
Dampf-Wasser-Gemisches weiter erniedrigt.

Die Düsenkörper und umschließenden
Steigrohre werden bei liegenden Behältern
über die ganze Länge verteilt; bei stehenden
müssen sie in der Achse zusammengefaßt und
von einem einzigen Steigrohr umgeben werden (Abb. 34). Da, wie im vorigen Abschnitt
gezeigt, der zusätzliche Druck der Wassersäule bei stehenden Behältern von Bedeu

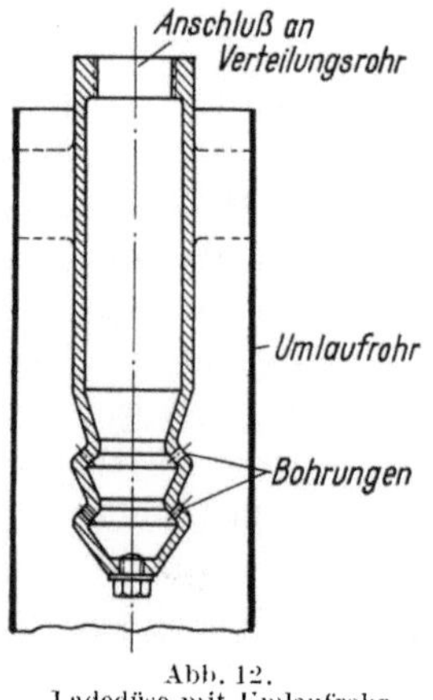

Abb. 12.
Ladedüse mit Umlaufrohr

tung ist, sind hier eingehende Untersuchungen angestellt worden.
FÖHL hat allgemein die Bedingungen für den geringsten *Temperatur-
Verlust* aufgestellt [13]. Dieser setzt sich zusammen aus dem Unterschied zwischen der Temperatur des Dampfraumes und der obersten
Wasserschicht Δt_r (der zur Kondensation nötig ist) und aus dem Unterschied der Sättigungstemperaturen Δt_{ws}, der durch den zusätzlichen
Druck der Wassersäule in größeren Tiefen entsteht. Es zeigt sich, daß
die verschiedensten Größen auf diese Temperaturdifferenzen, die durchschnittlich je 2 bis 4 °C betragen, von Einfluß sind. Es läßt sich ableiten, daß

$$\Delta t_r = \frac{Q}{r \cdot a \cdot F_0 \cdot Z_0}$$

ist, wobei Q den Wärmeinhalt einer Dampfblase, a die Wärmeübergangszahl, F_0 die Blasenoberfläche und Z_0 die Zeit des Aufsteigens bedeutet,
während r ein Faktor von der Größe $1/2$ ist. Um einen Mindestwert für
Δt_r zu bekommen, ist also vor allem die Ausbildung kleiner Dampfblasen (durch enge Bohrungen) anzustreben, ferner eine kleine Aufstiegsgeschwindigkeit des Dampfes. Da der Anteil der Geschwindigkeit des
umlaufenden Wassers (neben Eintritts- und Aufstiegsgeschwindigkeit
des Dampfes) überwiegt, ist also eine kleine Umlaufgeschwindigkeit
(durch ein weites Umlaufrohr) anzustreben. Die Tiefe der Bohrungen
unter dem Wasserspiegel spielt eine entscheidende Rolle, da durch sie
einerseits die Aufsteigzeit der Blasen und damit Δt_r, andererseits der
Druck der darüberliegenden Wassersäule und damit Δt_{ws} verändert

wird. Es ergibt sich je nach dem Speicherdruck und der Ladedampfmenge eine bestimmte Tiefe h, die den geringsten Gesamtwert ergibt.
In Abb. 13 ist der kennzeichnende Verlauf des gesamten Temperatur-
verlustes für verschiedene Voraussetzungen wiedergegeben.

Auch bei der Bemessung der *Zuleitung* und des *Verteilungsrohrs*
ist ein möglichst geringer Druckabfall anzustreben, da dieser beim
Gefällespeicher gleichbedeutend mit Verlust an spezifischer Speicherfähigkeit ist. Da der Strö-
mungsdruckabfall bei der
Ladung von der Dampf-
leistung abhängt, spielt
der Verlauf der Ladelei-
stung für die Bemessung
eine entscheidende Rolle.
Muß der Speicher in sehr
kurzer Zeit (z. B. während
der Mittagspause) aufgeladen werden, so ist wegen
der bis zum Schluß der
Ladung anhaltenden hohen
Dampfleistung der Speicher
um den gesamten Druck-
abfall niedriger, und die

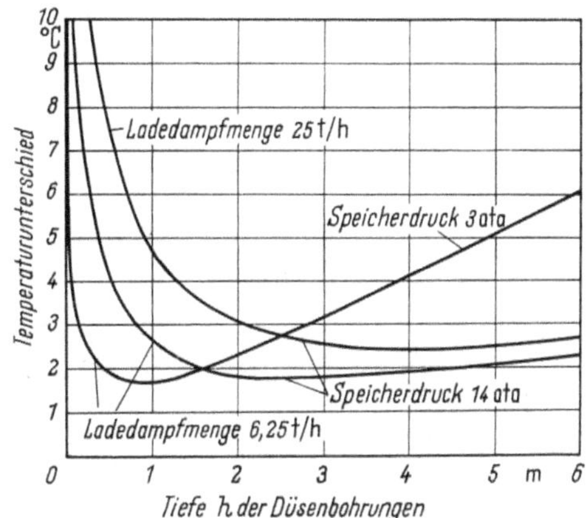

Abb. 13. Temperaturunterschied zwischen Dampf- und
Wasserraum

Kapazität wird entsprechend kleiner. Verteilt sich jedoch die Ladeperiode auf längere Zeit und kann allmählich beendet werden, so wirkt
sich der Druckabfall bei der Ladung praktisch nicht aus, da mit ab-
nehmender Dampfzufuhr der Speicherdruck fast bis auf den vollen Druck
der Ladeleitung gebracht werden kann.

Die *Düsenkörper* selbst werden gewöhnlich mit Bohrungen von etwa
10 mm versehen. Ein Düsenkörper mit 40 Bohrungen erhält z. B. insgesamt 16 cm² wirksame Öffnung (bei Kontraktionsfaktor $= 0{,}5$).
Bei einer zulässigen Geschwindigkeit von 50 m/sek wird bei Dampf von
14 ata eine Dampfmenge von etwa 1,8 t/h je Düse geladen.

Um das Einleiten von Ladedampf in den Speicherbehälter zu vermeiden, wurde ein *außenliegender Ladeapparat* von GOLDSTERN (Brit.
Pat. 513 240) entwickelt. Die Absicht ist vorhandene Behälter,
meist Großwasserraumkessel, als Speicher benutzbar zu machen, um
an Anlagekosten zu sparen. Der Dampf wird nicht mehr in den
Speicher selbst, sondern in den Ladeapparat eingeleitet, der durch eine
Umlaufleitung mit dem als Speicher dienenden Kessel verbunden ist.
Das kältere Wasser wird durch einen Abzweig vor dem Abschlammventil
entnommen und durch den Ladeapparat geführt, der wie ein Injektor
wirkt und den einströmenden Dampf sowohl erwärmt als auch umwälzt.

Vom oberen Teil wird dann das erwärmte Wasser durch einen Abzweig, meist am Speiseventil, wieder zum Kessel zurückgeführt. Da der Kessel selbst völlig unverändert bleibt, kann er weiter der Dampferzeugung dienen und falls nötig in kürzester Zeit vom Speicher- auf Kesselbetrieb umgestellt werden. Damit ist eine praktisch wichtige Momentanreserve mit relativ sehr geringen Kosten erzielbar.

Bei der Entladung größerer Dampfmengen auf verhältnismäßig kleiner Oberfläche werden beim Gefällespeicher ebenfalls Umlaufrohre verwendet; dadurch wird die Beteiligung des ganzen Wasserinhaltes auch bei der stehenden Bauart erreicht. Durch einen konisch verlaufenden Ansatz (s. Abb. 34) werden die entstehenden Dampfblasen im oberen Teil des Rohres zusammengedrängt, so daß innerhalb des Rohres das Dampf-Wasser-Gemisch leichter wird als die Wassersäule außerhalb. Die sonst bei hoher Entladeleistung explosionsartig verlaufendeVerdampfung wird durch Umwälzung des Speicherinhaltes auf immer neue Wasserschichten verlegt, und es wird — wie auch Messungen von NESSELMANN und DARDIN [54] gezeigt haben — durch einen derartigen Einbau ein stetiger Temperaturverlauf über die ganze Höhe erzielt.

Schon die ursprüngliche Verwendung des Gefällespeichers zur Abdampfspeicherung mit sehr kleinen Druckgefällen führte zur Ausbildung *besonderer Einrichtungen*, die eine möglichst große Berührungsfläche von Dampf und Wasser erzielen sollten. RATEAU verteilte den Wasserinhalt auf zahlreiche eiserne Tassen, die vom umströmenden Dampf erwärmt werden. Bedeutend einfacher läßt sich eine große Berührungsfläche durch gegenläufige Bewegung von Wasser und Dampf erzielen, wenn der verfügbare Raum durch horizontale Bleche unterteilt wird. Der durch Bohrungen und Überlaufrohre der Bleche abwärts fließende Wasserstrom wird auf großer Fläche vom aufsteigenden Dampf erwärmt. Diese Art der Ladevorrichtung (Kaskade) wird ähnlich für Regelspeicher und in Verbindung mit der Gleichdruckspeicherung angewendet und bildet einen Übergang zu den getrennten Kondensationsvorrichtungen.

Die Ladung in *besonderen Vorwärmern* ist grundsätzlich durch direkte Mischvorwärmer oder indirekte Oberflächenvorwärmer möglich. Die ersteren haben den Vorteil, daß das Wasser bis auf die volle Sättigungstemperatur des niedergeschlagenen Dampfes vorgewärmt wird. Praktisch angewandt wird Gegenstrom, wobei Wasser von oben und Dampf von unten zugeführt wird und Hindernisse dem geradlinigen Abfluß des Wassers entgegengesetzt werden, z. B. Raschigringe oder Überlauftassen mit zickzackförmig ausgeschnittenen Rändern. Ist die Vermengung von Dampf und Wasser nicht zulässig, oder soll der Dampf nur um einen bestimmten Betrag abgekühlt werden, so müssen Oberflächenapparate benutzt werden.

3. Hilfsmittel des Speicherbetriebes

Der Ausbildung zweckmäßigster Hilfsmittel muß um so mehr Gewicht beigemessen werden, als das Versagen scheinbar nebensächlicher Elemente schon — bei den oft gewaltigen gespeicherten Energiemengen — zu schweren Störungen, mindest aber zu fühlbaren Beeinträchtigungen des ganzen Betriebes führen kann.

Alle Speicheranlagen benötigen einen wirksamen *Wärmeschutz*, der es gestattet, die Abkühlungsverluste auf ein wirtschaftliches Maß herabzusetzen. Dabei stellt der Speicherbetrieb besondere Anforderungen, auf die bei der *Wahl des Isoliermaterials* Rücksicht genommen werden muß. Zunächst sind es die stark und rasch schwankenden Temperaturen, zu denen u. U. noch Erschütterungen oder Vibrationen bei der Ladung oder Entladung hinzukommen können. Stoffe also, die dabei in ihrem Raumbedarf oder in ihrer Zusammensetzung verändert werden, sind nicht brauchbar. Auch bei der Art der Aufbringung muß das Arbeiten des Speichers beachtet werden. Bei genieteten Behältern wurde die Umhüllung der Nietnähte meist von der übrigen Fläche getrennt; damit bei etwa auftretenden Undichtigkeiten die Feststellung und Beseitigung des Schadens schneller erfolgen kann und beim Ausströmen von Dampf oder Wasser nicht den gesamten Wärmeschutz gefährdet. Zur Befestigung der Isolierung werden auf den Behälter (je nach dem Material und seiner Aufbringungsart) in bestimmten Abständen Ringeisen befestigt, an die entweder ein Drahtgeflecht oder die Verkleidung selbst angebracht wird. Die äußere Verkleidung (Blech oder Teerpappe) dient zum Schutz gegen Witterungseinflüsse, da die Speicheranlagen oft im Freien aufgestellt werden.

Für die Bestimmung der *wirtschaftlichsten Dicke* des aufgetragenen Wärmeschutzes lassen sich ähnliche Bedingungen aufstellen (wie bekannterweise bei Rohrleitungen), durch die für bestimmte spezifische Kosten des gewählten Stoffes und des Dampfes ein günstiger Wert ermittelt wird. Doch liegt ein grundsätzlicher Unterschied im *unterbrochenen Betrieb* der Speicherung: einerseits führt er zu geringeren Benutzungsdauern, wodurch den Anlagekosten des Wärmeschutzes größeres Gewicht zukommt, und auf der anderen Seite beeinflussen die Wärmeverluste nicht nur die Brennstoffkosten, sondern auch die Kapazität der Speicheranlage. Praktisch haben sich gewisse Normalwerte des zugelassenen Wärmeverlustes herausgebildet, woraus die Dicke des Wärmeschutzes bestimmt wird. Dabei kommt es mehr auf die Verminderung der Speicherfähigkeit durch die Wärmeverluste an als auf die Kosten der Energieverluste selbst.

Bei Anlagen, die mehrmals am Tage voll geladen und entladen werden (kurze Speicherperiode), wird ein größerer Wärmeverlust zugelassen (rund 1,0 kcal je Stunde, m² Oberfläche und °C Temperaturdifferenz). Bei nur 1 bis 2 Speicherperioden im Tag werden die vom Speicher abgegebenen Dampfmengen durch die Wärmeverluste merklich verringert, so daß nur ein kleinerer Abkühlungsverlust (etwa 0,6 kcal/m²h °C) bei entsprechend stärker aufgetragenem Wärmeschutz zugelassen wird.

Die für Speicheranlagen gebräuchlichen *Schutzstoffe* (z. B. Schlackenwolle und Glasfasermatten) besitzen Wärmeleitzahlen, die im allgemeinen zwischen 0,05 und 0,1 kcal/m²h °C liegen. Daher liegt die Dicke der Isolierung meist zwischen 80 und 150 mm. Ist der spezifische Wärmeverlust der Isolierung k (in kcal/m²h °C) bekannt, so lassen sich die *Wärmeverluste* etwa während eines Tages einfach bestimmen

$$Q_v = k_m \cdot O_g (t_i - t_a) \, 24 \qquad [\text{kcal/Tag}].$$

Dabei ist k_m auf die gesamte Außenoberfläche O_g (in m²), also einschließlich etwa unisolierter Teile, zu beziehen. Da sowohl die Außentemperatur t_a als auch die Temperatur im Speicherinnern t_i nur schwer genau zu erfassen ist, wird man mit Mittelwerten rechnen, die entsprechend den besonderen Betriebsbedingungen zu wählen sind. — Der *Temperaturabfall* t_r eines voll geladenen Speichers kann gleich dem Wärmeverlust q_v bezogen auf 1 kg Wasserinhalt gesetzt werden

$$t_v = q_v = \frac{Q_r}{V \cdot f \cdot \gamma_c} = k_m \left[\frac{O_g}{V} \right] \frac{1}{f} \frac{t_i - t_a}{\gamma_o} \cdot 24 \qquad [\text{°C/Tag}],$$

wobei V das Volumen (in m³), f die prozentuale Wasserfüllung und γ_o das spezifische Gewicht des Heißwassers (in kg/m³) bei der Temperatur t_o im voll geladenen Zustand bezeichnet. Aus Rechentafel Abb. 14 kann mit der spezifischen Oberfläche (nach Abb. 9) unmittelbar t_v entnommen werden.

Die am Speicherbehälter selbst anzubringenden *Armaturen* bestehen aus: Sicherheitsventil, Belüftungsventil und Abschlammventil. Die Größe des *Sicherheitsventils* muß nach den Vorschriften so bemessen sein, daß die maximal zufließenden Dampfmengen abgeführt werden können. Für die Ladung mit Sattdampf kann ausgehend von der Schluckfähigkeit der Ventile für eine maximale Ladedampfmenge G_L (kg/h) angenähert der Ventilquerschnitt

$$F_s = 5 \, \frac{G_L}{p + 1} \qquad [\text{mm}]$$

gesetzt werden. Da in den seltensten Fällen die gesamte Dampfleistung der Kesselanlage zur Ladung des Speichers benutzt werden soll, würden sich u. U. unnötig große Sicherheitsventile ergeben. Eine Begrenzung der zufließenden Dampfmengen kann durch Einschaltung einer *Lavaldüse* erreicht werden, welche entsprechend ihrem engsten Querschnitt den Höchstwert der Ladeleistung begrenzt. Dieser Wert kann dann der Berechnung des Sicherheitsventils zugrunde gelegt werden, wodurch nur ein viel kleinerer Querschnitt nötig wird. Ähnliche Begrenzungs-

düsen finden auch bei der Entladung Verwendung, falls Gefahr besteht,
daß die maximale Entladeleistung überschritten wird.

Der *Ausgleich der Wärmeausdehnungen* kann bei kleineren Rohrleitungen durch glatte oder gewölbte Rohrbögen erzielt werden. Da, wie
bereits gezeigt, die Dehnungen am Behälter selbst bereits beträchtliche

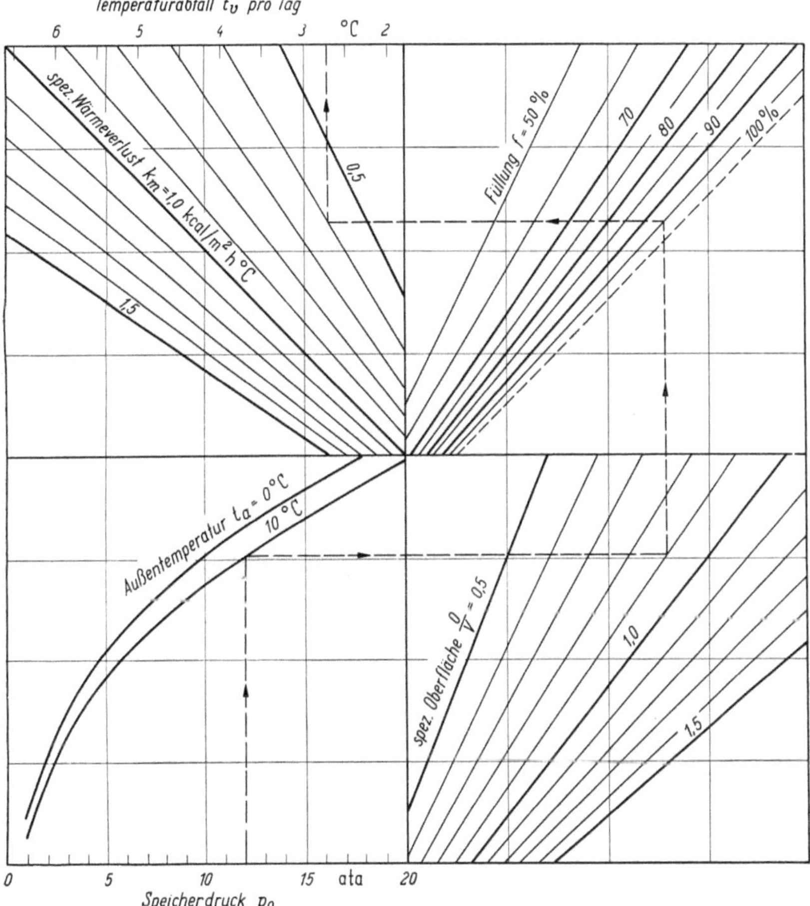

Abb. 14. Temperaturabfall im Speicher

Werte annehmen können und nach allen Seiten hin erfolgen, muß auch
für einen gleichzeitigen Ausgleich in den angeschlossenen Leitungen
gesorgt werden. Für größere Anlagen sind, vor allem bei beschränktem
Raum, die Metallschlauch-Ausgleicher gut verwendbar, da sie auch
geringeren Druckabfall als Rohrbögen bedingen. Die für Dampfspeicher
verwandten Rohrleitungsdurchmesser ergaben Ausgleicher von größten

Abmessungen (Abb. 15). HALLE [23] berichtet über die Erfahrungen im Kraftwerk Berlin-Charlottenburg, wo durch vergrößerte Strömungsgeschwindigkeit bei absinkendem Speicherdruck in den Ausgleichern starkes Pfeifen auftrat, das erst nach Anbringung von Blechspiralen, die im Innern des Metallschlauches einen glatten Dampfdurchfluß erzielten, beseitigt werden konnte.

Unter den am Speicher befindlichen *Meßinstrumenten* sind in erster Linie diejenigen zur *Anzeige des Ladezustandes* von besonderer Bedeutung. Die Kesselfeuerung kann beim Betrieb mit Speichern im allgemeinen nicht mehr nach dem Kesseldruck eingestellt werden;

Abb. 15. Metallschlauch-Ausgleicher (Metallschlauch-Fabrik Pforzheim)

sie ist vielmehr dann zu verändern, wenn der gespeicherte Dampfvorrat bei erhöhter Belastung zu Ende geht, oder bei geringerem Bedarf der Speicher schon fast bis zum vollen Fassungsvermögen aufgeladen ist. Je nach dem Speichersystem ist der Ladezustand durch den Speicherdruck (Gefällespeicher) oder den Wasserstand des Heißwassers (Gleichdruckspeicher) gekennzeichnet. Wird, wie beim Verdrängungsspeicher, heißes und kaltes Wasser im selben Behälter gespeichert, so ist die Lage des Temperatursprunges maßgebend, also statt der Wasserstandanzeige die Temperaturmessung nötig. Die Instrumente zur Anzeige des Ladezustandes werden im Kesselhaus aufgestellt und möglichst gut sichtbar gemacht, damit die Änderung der Feuerführung rechtzeitig und allmählich erfolgen kann.

Die Messung des *Wasserstandes* kann meist durch einfache Wasserstandgläser erfolgen. Da beim Gefällespeicher die Höhe des Wasserspiegels mit dem Druck in festem Zusammenhang stehen muß, wird nach RUTHS gleichzeitig eine zweite Skala angebracht, die den jeweiligen Soll-Speicherdruck angibt. Bei Verdrängungs-Gleichdruckspeicher müssen die Meßstellen über die ganze Höhe reichen, um die Verteilung des fast unveränderten Wasserinhaltes auf heißes und kaltes Wasser jederzeit feststellen zu können. Für die Fernanzeige im Kesselhaus wird die elektrische Temperaturmessung benutzt und zwar mit Widerstandsthermometern oder Thermoelementen, die in Abständen von etwa 1 m über die ganze Speicherhöhe angebracht werden. Der Temperaturunterschied zwischen heiß und kalt kann deutlich erkennbar gemacht werden, indem z. B. den einzelnen Meßstellen zugeordnete Glühlampen bei der Temperatur des Heißwassers aufleuchten.

4. Regeleinrichtung

Die Regelung bildet in Dampfspeicheranlagen einen getrennten Aufgabenkreis, der zur eigentlichen Speicherung noch den *selbsttätigen Einsatz* (Automatik) in dem Dampfbetrieb hinzufügt. In nur wenigen, besonderen Fällen kann Handbetrieb genügen. Andererseits hat die selbsttätige Druckregelung, zum Teil von der Dampfspeicherung ausgehend, sich immer stärker durchgesetzt, so daß heute für die verschiedensten Aufgaben der Erzeugung und Verteilung der benötigten Dampfmengen (und Wassermengen) wirksame Regler vorgesehen werden.

Bei den hier betrachteten Anwendungsfällen handelt es sich fast immer darum, die durchfließenden Mengen durch Betätigung von Ventilen so einzustellen, daß ein bestimmter Zustand im Speicher oder in den anschließenden Leitungsnetzen eingehalten wird. Abweichungen vom festgelegten Normalwert (Druck, Temperatur, Wasserstand) entstehen, sobald das Gleichgewicht zwischen den benötigten und den durchfließenden Mengen gestört wird. Durch den Regelimpuls wirken diese Abweichungen auf die Einstellung des Ventils und damit auf den Zu- oder Abfluß der zu regelnden Mengen. Die verfügbare Arbeitsfähigkeit des Impuls selbst reicht im allgemeinen nicht aus, um die Ventilbewegungen schnell genug auszuführen, so daß ein Kraftgetriebe (Servomotor) eingeschaltet wird, welches entweder mit einem Druckmittel (Wasser, Öl, Luft) oder elektrisch arbeiten kann.

Als Beispiele solcher Regler, die häufig in Speicheranlagen Verwendung finden, sollen der Arca-Regler (Abb. 16) mit Druckmittel-Betätigung und der elektrische Karlstadt-Regler (Abb. 17) dienen. Im übrigen

kann nur auf die einschlägige Literatur hingewiesen werden, da es nicht
möglich ist, die große Zahl verschiedener Bauarten, die in Speicheranlagen Verwendung finden, auch nur zu erwähnen.

Für die *Anwendung* der Druckregelung kommen 2 grundsätzliche
Fälle in Betracht:

1. Als *Reduzierventil* öffnet der Regler bei fallendem Druck in der
geregelten Leitung (Zeichen ⊖).

2. Als *Überströmventil* öffnet der Regler mit steigendem Druck
(Zeichen ⊕).

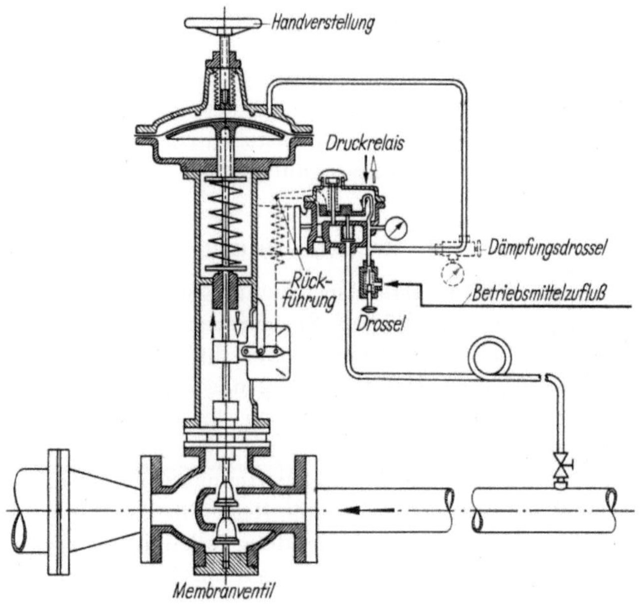

Abb. 16. Arca-Regler als Überströmventil (Arca-Regler G. m. b. H.)

Im gewöhnlichen Fall wird der Impuls für den Überströmregler
(Abb. 18) vom Netz entnommen, dessen Abfluß durch den Regler be-
herrscht wird. Durch Öffnen bei steigendem Druck wird die durchfließende Menge erhöht, womit ein Absinken des Druckes erzielt wird.
Umgekehrt wird bei sinkendem Druck durch das schließende Ventil
die durchfließende Menge beschränkt. Der Reduzierregler (Abb. 19)
regelt den Zufluß zum angeschlossenen Netz und öffnet bei sinkendem
Druck. Sollen *zweierlei Impulse* auf ein Ventil wirken, um in den
beiden verbundenen Netzen den Druck konstant zu halten, so kann das
nur in der Weise geschehen, daß innerhalb eines bestimmten Druck-
bereiches des zweiten Netzes das Ventil vom Druck des ersten Netzes
geregelt wird. Sobald jedoch die Grenzen des Bereichs überschritten

werden, wird die Regelung ausschließlich vom Druck des zweiten Netzes übernommen (Grenzbereichregelung, Abb. 20). Dabei kann der Grenzimpuls sowohl Überström- als auch Reduzierwirkung haben und entweder die obere oder untere Grenze allein, als auch beide Grenzen festlegen. Im einzelnen werden die Schaltungen der Regler an Dampfspeicheranlagen bei den einzelnen Systemen behandelt.

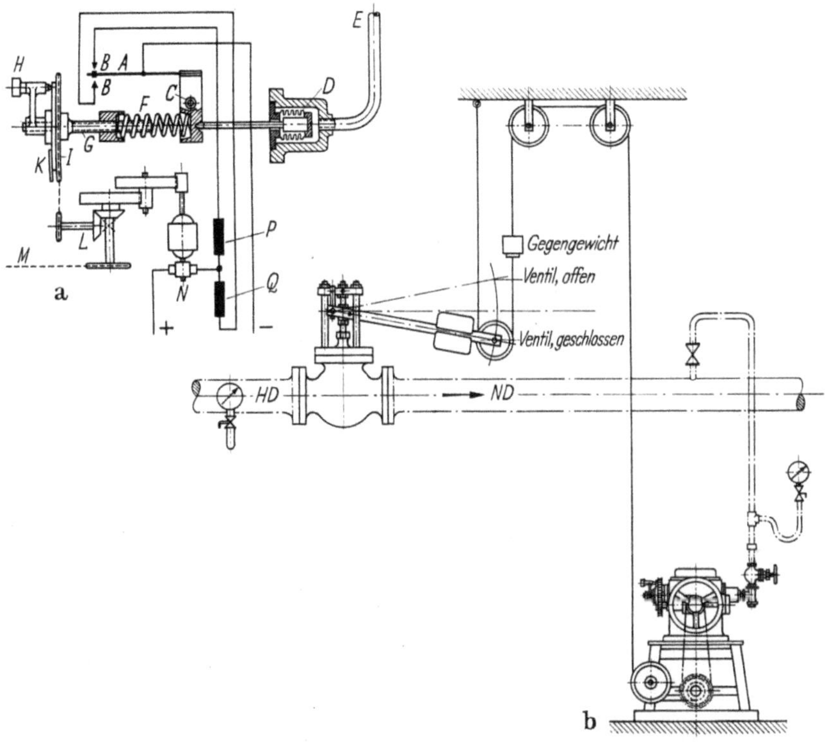

Abb. 17a u. b. Elektrischer Karlstadt-Regler (Hopkinson Ltd. England)

A Kontakt-Hebel; *B* Kontakte zur Betätigung des Motors; *C* reibungsloser Drehpunkt; *D* Beweglicher Metallbalg; *E* Impuls-Rohr; *F* Ausgleichsfeder; *G* Federspannung; *H* Handgriff zur Einstellung des Regeldrucks; *J, K, L* Ausgleichsgetriebe; *M* Antrieb zum Regelventil; *N* Motor; *P* Motorwicklung für Vorwärtsgang; *Q* Motorwicklung für Rückwärtsgang

Durch die Zusammenarbeit von Dampfspeichern und *Kraftmaschinen* ergibt sich die Notwendigkeit, die verbindenden Leitungen sowohl vom Dampfdruck als auch von der Maschinendrehzahl zu regeln, um das Gleichgewicht der Dampfmengen und Leistungen einzuhalten. Insbesondere für Gegendruck- und Anzapfturbinen, ebenso wie für Zweidruckturbinen, sind Steuerungen ausgebildet worden, durch die die Wirkung von Druck- und Drehzahlregler auf die Dampfzuführung verbunden wird. Dabei kann diese Verbindung sowohl durch Gestänge als auch durch Steueröl hergestellt werden. Auch die Steuerung der Speicherturbinen (s. S. 63), die den Dampf von Gefällespeichern verarbeiten,

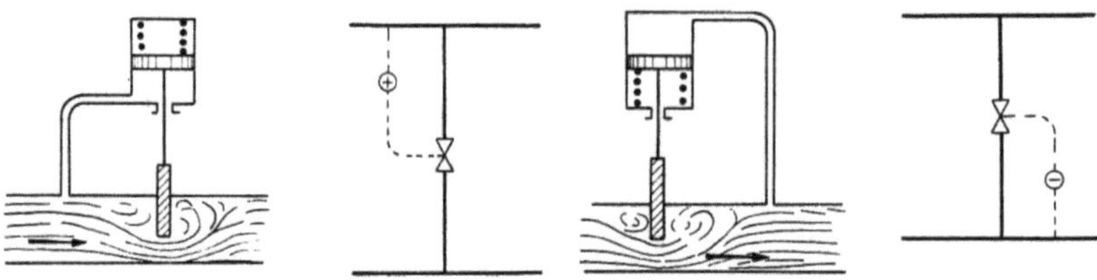

Abb. 18. Überströmregler-Wirkung   Abb. 19. Reduzierregler-Wirkung

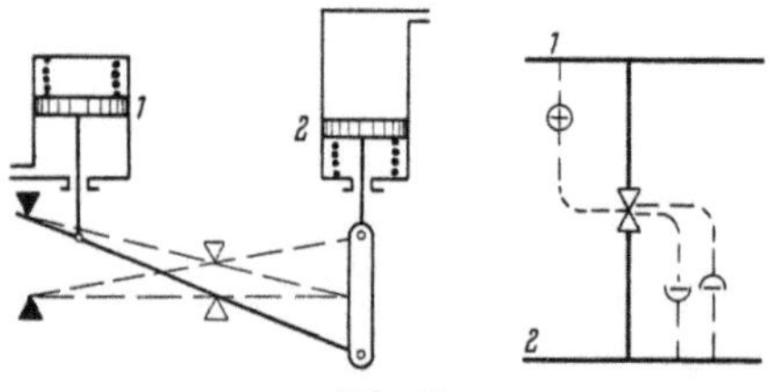

Abb. 20.
Überströmregler-Wirkung mit Grenzbereich

kann von der Drehzahl und durch einen Reduzierimpuls vom Kesseldruck beeinflußt werden, wodurch das Absinken des Druckes in der Kesselleitung durch Entladung des Speichers in die Speicherturbine verhindert wird. Neben der Regelung der Dampfverteilung ist vor allem noch die selbsttätige Beeinflussung der *Speisewassermengen* für den Einsatz der Speicheranlagen von Bedeutung.

Die *Schaltung* der Regler ist von der Wirkungsweise des Dampfspeichers abhängig und soll mit der Einordnung der verschiedenen Speicherarten behandelt werden.

IV. Unmittelbare Dampfspeicher

Für die Durchführung der unmittelbaren Dampfspeicherung ergeben sich zwei Möglichkeiten:

1. Der Rauminhalt des Speicherbehälters bleibt unverändert (Raumspeicher).

2. Der Dampfdruck im Speicher bleibt unverändert (Glockenspeicher).

Der *Raumspeicher* stellt die primitivste Form der Dampfspeicherung dar, bei der überschüssige Dampfmengen von einem unveränderlichen Speicherraum aufgenommen werden können. Die Vergrößerung des im Speicher enthaltenen Dampfgewichts hat eine Drucksteigerung zur Folge, die sich entsprechend dem verkleinerten spezifischen Volumen einstellt. Es handelt sich also um die gleiche Speicherwirkung, die in jedem Dampfraum auftritt, sobald die zu- und abgeführten Mengen nicht übereinstimmen; z. B. im Dampfraum von Kesseln und in Rohrleitungen, die in ihrer gesamten Ausdehnung ein beträchtliches Speichervolumen bilden können. Dampfsammler und Pufferbehälter werden häufig zur Erweiterung des vorhandenen Rohrleitungsvolumen angewandt. Die Druckveränderungen gehen in gleicher Weise auf sie über, so daß als speicherndes Volumen der gesamte Inhalt von Rohrleitung und Sammelbehältern gemeinsam zu betrachten ist.

Raumspeicher von größeren Ausmaßen wurden zur Speicherung von *ungleichmäßig anfallenden Abdampf* ausgeführt. Durch die zweckmäßige Ausrüstung, besonders nach der Bauart ESTNER-LADEWIG [88],

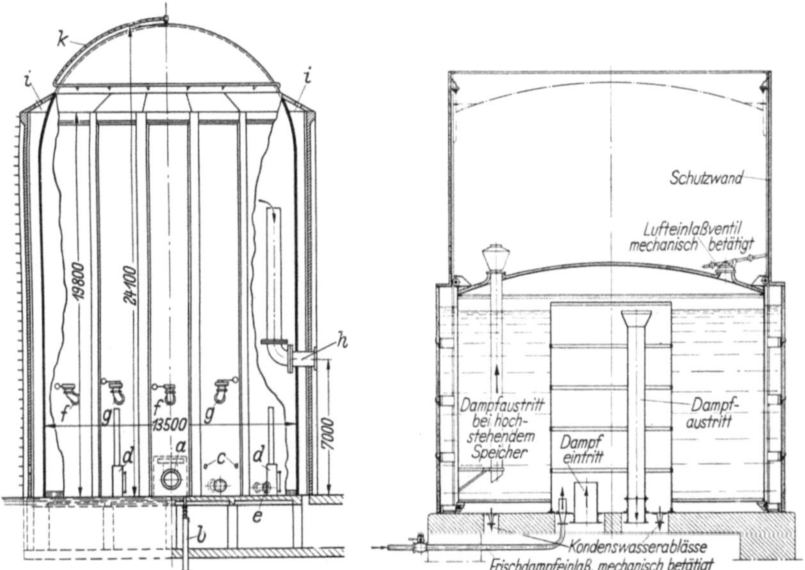

Abb. 21. Raumspeicher (ESTNER-LADEWIG)   Abb. 22. Glockenspeicher (HARLÉ-BALCKE)

konnten sie vor Auftreten des Gefällespeichers weitgehende Anwendung finden. Den Aufbau solcher Raumspeicher, die bis zu 3000 m³ Volumen erhielten, zeigt Abb. 21. Bei einer Höhe bis 22 m wurden Durchmesser von 8 bis 14 m gebaut. Da der Speicherdruck höchstens 0,2 atü beträgt, konnten Blechstärken von nur 7 bis 9 mm angewandt werden.

Um den beim Betrieb mit Raumspeicher auftretenden Druckabfall zu vermeiden, wurde (ähnlich wie bei der Gasspeicherung) der *Glockenspeicher* ausgebildet [20]. Die auf Wasser schwimmende Glocke wird bei Zufuhr von Dampf gehoben und kann bis zur obersten Grenzlage ein bestimmtes zusätzliches Dampfvolumen aufnehmen. Es handelt sich hierbei also um einfaches Hinzufügen und Ableiten des gespeicherten Dampfes ohne irgendwelche Änderungen. Abb. 22 zeigt den Aufbau eines Glockenspeichers nach HARLÉ-BALCKE. Die Höhe des

Dampfdruckes wird durch Sicherheits- bzw. Luftzufuhrventile eingehalten.

Die Anwendung der unmittelbaren Dampfspeicher ist infolge des niedrigen Speicherdrucks auf die *Abdampfspeicherung* beschränkt geblieben. Die z. B. hinter Förder- oder Walzenzugmaschinen auftretenden kurzzeitigen Schwankungen werden ausgeglichen, so daß der Abdampf gleichmäßig in Abdampfturbinen oder zu Heizzwecken ausgenutzt werden kann. Jedoch ist infolge der im Vergleich zu Heißwasser nur sehr geringen spezifischen Speicherfähigkeit ein vielfach größeres Volumen als bei der mittelbaren Speicherung nötig; seit deren Auftreten hat daher die unmittelbare Dampfspeicherung ihre Bedeutung verloren.

Die *Berechnung der Speicherfähigkeit* kann sowohl für Raumspeicher als auch für Glockenspeicher direkt vom spezifischen Gewicht der im Speicher enthaltenen Dampfmenge ausgehen. Dabei sind für den Raumspeicher die im zugelassenen Druckbereich eintretenden Änderungen im spezifischen Gewicht maßgebend, für den Glockenspeicher der absolute Betrag des spezifischen Gewichts.

Auch in Hochdruckanlagen gibt es Ausnahmefälle mit Betriebsbedingungen, die für die unittelbare Speicherung besonders günstig sind und die die mittelbare Dampfspeicherung entweder gänzlich ausschließen oder doch in ihrer sonst überlegenen Speicherfähigkeit stark beschränken. Handelt es sich z. B. darum, hoch überhitzten Dampf für sehr kurze Spitzen zu speichern, so kann durch einen Raumspeicher eine wirksame Speicherung erzielt werden. Ein Gefällespeicher kommt hierfür nicht in Betracht, da die erreichbare Überhitzung, selbst bei besonderen Einrichtungen zur Speicherung der Überhitzungswärme verhältnismäßig gering ist. Aber auch in Fällen von äußerst kurzen Spitzen von nur 1 bis 2 sek, wie sie bei Katapulteinrichtungen für Flugzeuge vorkommen, werden Raumspeicher („trockene Speicher") verwendet. Es werden dabei Dampfleistungen in der Höhe von bis zu 2000 t/h verlangt, die bei der Gefällespeicherung einen ungewöhnlich großen Dampfraum erforderlich machen [59].

V. Gefällespeicher

1. Prinzip und Berechnung

Die geringe Speicherfähigkeit des Wasserdampfes selbst führt zur *mittelbaren Speicherung*, bei welcher der ladende Dampf seine Wärme an den Speicherstoff abgeben muß. Als Speicherstoff wird fast ausschließlich Wasser gewählt, das durch große spezifische Wärme ausgezeichnet ist. Soll bei der Entladung der Dampf direkt aus dem Speicher entnommen werden, so kann dies nur durch Dampfentwicklung unter Drucksenkung, also nach dem *Gefälleprinzip* erfolgen. Dabei wird die gesamte Verdampfungswärme dem umgebenden Wasserinhalt des Speichers entzogen. Mit der hierbei eintretenden Abkühlung ist eine Drucksenkung im Speicher verbunden, so daß bei fortschreitender Entladung der entwickelte Dampf mit immer niedrigerem Druck abgegeben wird.

Damit stellt sich die *Wirkungsweise* des Gefällespeichers folgendermaßen dar: Die bei der Ladung dem Speicher zugeführten Dampfmengen werden mit dem Wasserinhalt in möglichst innige Berührung gebracht, um die beim Kondensieren des Dampfes freiwerdende Wärme gleichmäßig auf das gesamte Wasser zu verteilen. Die hierfür nötigen Ladeeinrichtungen sind in Kap. III beschrieben. Mit der Erwärmung des Wassers steigt der Speicherdruck an, so daß bei zweckmäßig durchgeführter Ladung die Wassertemperatur des gesamten Wasserinhaltes immer gleich der Sättigungstemperatur des jeweiligen Speicherdruckes sein muß. Es können also Wärme und Wasser gemeinsam gespeichert werden, solange man Wasser als Speicherstoff beibehält. Zur speichernden Wassermenge kommt das Dampfkondensat hinzu und wirkt bei der weiteren Ladung als zusätzlicher Speicherstoff. — Die *Entladung* wird durch Abströmen von Dampf aus dem Dampfraum eingeleitet, wodurch der Druck im Speicher etwas absinkt. Da die Wassertemperatur damit über dem Sättigungswert liegt, beginnt der Wasserinhalt aufzukochen, wodurch die abströmende Dampfmenge nachverdampft wird.

Der Zusammenhang zwischen den gespeicherten Dampfmengen und den Veränderungen des Speicherzustandes ergibt sich aus der *Wärmebilanz* des Speichervorganges, also aus der Gleichsetzung der aufgenommenen oder abgegebenen Dampfwärme mit der Veränderung des Wärmeinhalts des Wassers. Bei der Entladung nimmt das Gewicht des Wasserinhaltes von G_{w1} auf G_{w2} (kg) ab, der Wärmeinhalt geht von q_1 auf q_2 (kcal/kg) herunter, während der entwickelte Dampf die Verdampfungswärme r (kcal/kg) aufnimmt. Es muß also die Grundgleichung

$$[G_{w1} - G_{w2}]\, r = G_{w1}\, q_1 - G_{w2}\, q_2$$

gelten. Da sich mit der Temperatur die spezifische Wärme des Wassers c_w und die Verdampfungswärme r verändern, kann der Zusammenhang nur für unendlich kleine Vorgänge beibehalten werden, sofern die Abhängigkeit von der Speichertemperatur gesucht wird. Man erhält dann

$$G_w \cdot dq = r \cdot dG_w$$

und kann hieraus die Größe der entwickelten Dampfmenge bestimmen,

$$dG_w = \frac{G_w \cdot dq}{r},$$

die sich mit bekannten thermodynamischen Beziehungen umformen
läßt

$$\frac{dG_w}{G_w} = \frac{ds'}{r/T} \cdot$$

Diese Gleichung kann nicht integriert werden, da der Zusammenhang der Größen nicht durch eine Gleichung ausdrückbar ist. Zur
Bestimmung der spezifischen Speicherfähigkeit je Raumeinheit des
Wasserinhalts g_s wurde die Integration (von KNOPF) graphisch durchgeführt [30]. Dabei ist mit dem spezifischen Gewicht des Wassers γ'_{w1}
am Beginn der Entladung

$$g_s = \gamma'_{w1} \frac{G_{w1} - G_{w2}}{G_{w1}} = G_{w1}\left[1 - e^{\int_1^2 \frac{ds'}{r/T}}\right].$$

Die *Auswertung* der grundlegenden Beziehung, die auch

$$G_w \cdot T_w \cdot ds' = dG_w \cdot r$$

geschrieben werden kann, läßt sich nach W. SCHULTES [68] auch graphisch durchführen. Das Verfahren beruht auf der Überlegung, daß
bei der Entladung des Speichers — als ein geschlossenes System betrachtet — weder Wärme zugeführt noch entzogen wird und daß es sich daher
um eine adiabatische Zustandsänderung handelt. Es ist also möglich,

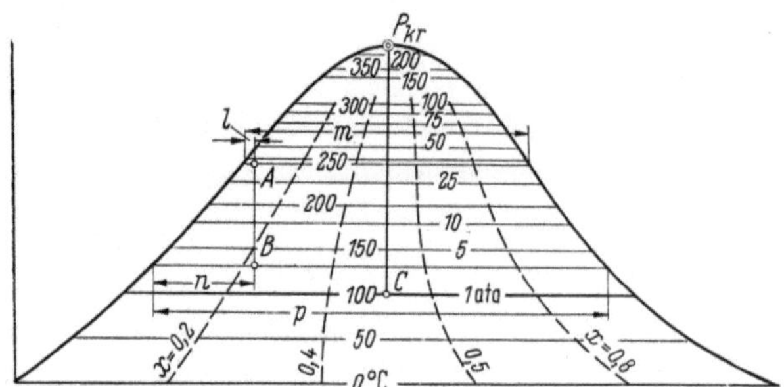

Abb. 23. Ermittlung der Speicherfähigkeit im T-S-Diagramm (nach W. SCHULTES)

den Vorgang genau durch eine Isentrope darzustellen, also sowohl im
T-S-, als auch im I-S-Diagramm durch eine Parallele zur Ordinaten-
achse. Es ist nur nötig, den Dampfgehalt des Speichers festzustellen,
der bei Beginn der Entladung

$$x_1 = \frac{G_{d1}}{G_{w1} + G_{d1}}$$

ist, wobei die Gewichte des Wassers G_{w1} und des Dampfes G_{d1} aus den
bekannten Volumen V_{w1} des Wassers und V_{d1} des Dampfes zu Beginn
der Entladung ermittelt werden. Ausgehend vom Anfangszustand (A),
der mit dem Anfangsdruck q_1 im T-S-Diagramm festgestellt wird,
kann man, wie in Abb. 23 gezeigt, die Entladung als Vertikale ein-

zeichnen bis zum Enddruck p_2 (B). Hierdurch erhält man unmittelbar den Dampfgehalt für den Endzustand

$$x_2 = \frac{G_{d2}}{G_{w2} + G_{d2}} \, .$$

Das I-S-Diagramm kann ähnlich benutzt werden, ist jedoch ungünstiger, da hier im Naßdampfgebiet die Isobaren eng zusammen liegen und daher die Ablesung erschweren.

Die *entladene Dampfmenge* ergibt sich aus

$$G_s = G_{d2} - G_{d1} = (G_{w1} + G_{d1}) \, (x_2 - x_1),$$

also aus der Vergrößerung des im System enthaltenen Dampfgewichts, das gleich dem Anstieg des Dampfanteil $(x_2 - x_1)$ multipliziert mit dem Gesamtgewicht im Speicher $(G_{w1} + G_{d1})$ ist. Zeichnerisch erhält man die Werte x_1 und x_2 aus dem T-S-Diagramm durch

$$x_1 = \frac{l}{m} \qquad x_2 = \frac{n}{p} \, ,$$

wie in Abb. 23 eingezeichnet. Für den praktischen Gebrauch ist diese Methode nicht allgemein anwendbar und für kleinere Druckbereiche auch nicht genau genug. Die von KNOPF ermittelten Werte sind in Hütte Bd. I bis zu einem Höchstdruck von 34 ata wiedergegeben. Für höhere Drücke sind Näherungsverfahren ausgebildet worden, von KINKELDEI [28], MAYR-HARTUNG [45] und FARMAKOWSKY [11], die auf gewissen vereinfachten Annahmen beruhen, um eine rechnerische Durchführung zu ermöglichen. Ein Vergleich der Genauigkeit dieser Verfahren ist von KINKELDEI [29] durchgeführt worden, dessen Verfahren auch für die Berechnung der Höchstdruckspeicher in Kap. VI benützt wurde.

Aus diesen grundlegenden Zusammenhängen lassen sich die wichtigsten Eigenschaften und Vorgänge der Gefälle-Dampfspeicherung berechnen, wobei die graphischen Methoden mit Vorteil angewandt werden können.

Am wichtigsten ist die *spezifische Speicherfähigkeit* q_s, definiert durch die Dampfmenge (in kg), die von 1 m³ wirksamen Speichervolumen (also speichernden Wasserinhalt) abgegeben wird, wenn der Speicherdruck vom Anfangswert p_0 auf den Endwert p_u abgesenkt wird. Ist durch Schaltung in einer bestehenden Anlage z. B. der höchste Speicherdruck durch den Druck des Ladenetzes mit 12 ata gegeben, während der niedrigste Druck durch Entladung in verschiedene Verbrauchernetze gewählt werden kann, so zeigt in Abb. 24 die Kurve für 12 ata unmittelbar die erzielbaren Dampfmengen an. Man bekommt etwa für die Entladung bis

$$p_u = 10 \quad 8 \quad 6 \quad 4 \quad 2 \text{ ata}$$

$$q_s = 15 \quad 32 \quad 52 \quad 77 \quad 114 \text{ kg/m}^3$$

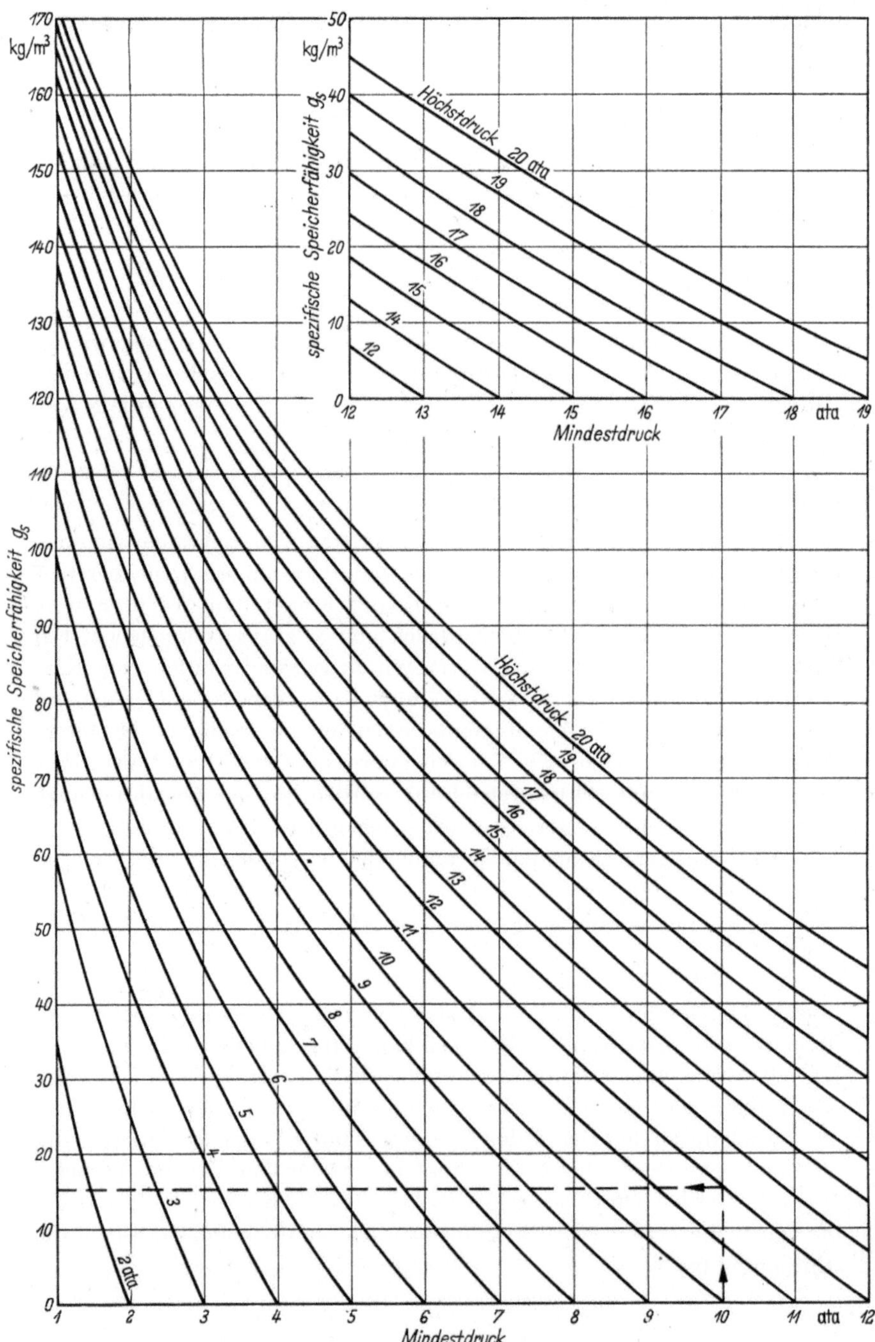

Abb. 24. Spezifische Speicherfähigkeit abhängig vom Mindestdruck

Wählt man den niedrigsten Speicherdruck p_u als Parameter der Kurvenschar, so zeigen die einzelnen Kurven (Abb. 25) die Speicherfähigkeit bei veränderlicher *oberer* Druckgrenze. Muß der entladene Speicherdampf einen bestimmten Druck von z. B. 3 ata aufweisen, während der

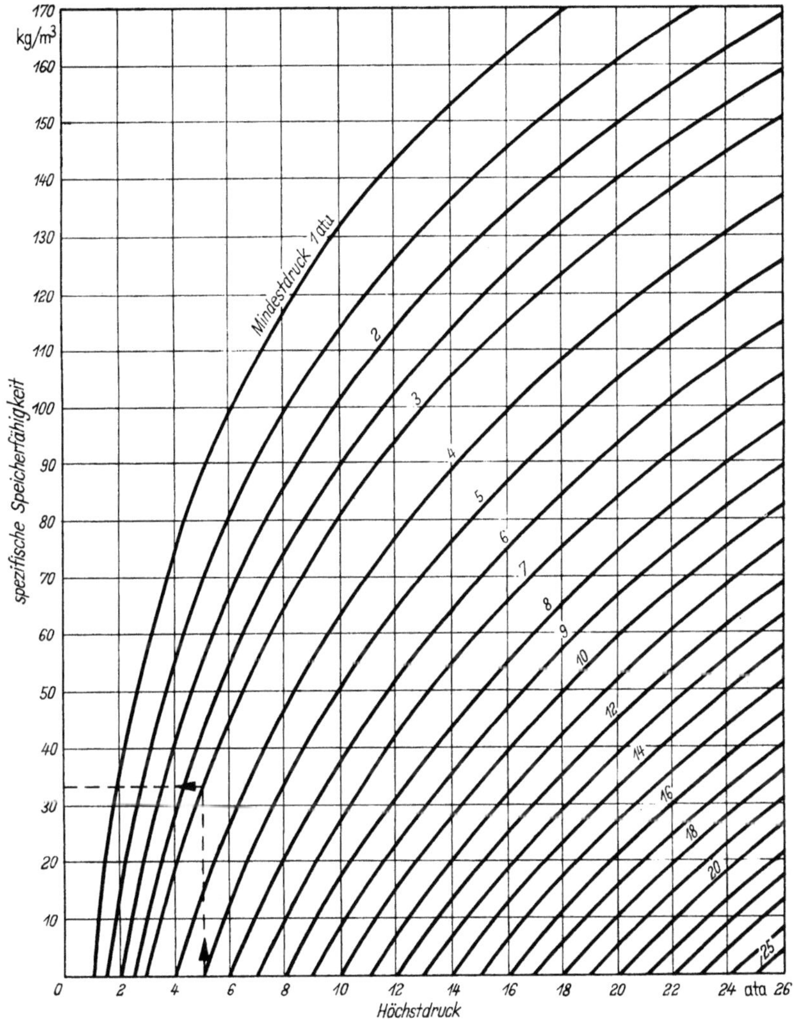

Abb. 25. Spezifische Speicherfähigkeit abhängig vom Höchstdruck

Speicher in einem gewissen Bereich beliebig hoch geladen werden kann, so ergibt sich die Zunahme der Speicherfähigkeit unmittelbar aus dem Verlauf der Kurve.

$$p_o = 5 \quad 10 \quad 15 \quad 20 \text{ ata}$$
$$q_s = 33 \quad 81 \quad 110 \quad 131 \text{ kg/m}^3.$$

Die Speicherfähigkeit kann also beim Gefällespeicher, für einen bestimmten Druck des zu entladenden Dampfes, durch Erhöhung des maximalen Speicherdrucks p_0 gesteigert werden. Für eine gegebene Dampfmenge von beispielsweise 1000 kg ist das Speichervolumen bei veränderlichem Speicherdruck p_0 in Abb. 26 dargestellt, wodurch man ein anschauliches Bild vom Einfluß des Speicherdruckes auf die Speichergröße erhält. Ein Maß für die Kosten des Speichers ergibt sich jedoch erst durch Berücksichtigung der Blechstärken, die in erster Linie wiederum vom Speicherdruck abhängen. Die Kosten des Speicherbehälters

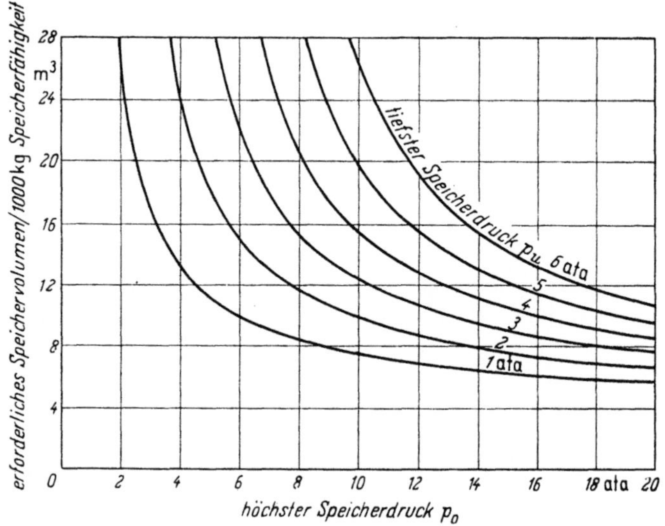

Abb. 26. Speichervolumen für 1000 kg Dampf

können in guter Annäherung in Abhängigkeit vom Produkt aus Druck mal Volumen gebracht werden. Die „Druckvolumen"-Kurven wurden in Abb. 27 eingezeichnet und lassen ein deutliches Minimum erkennen, das als *wirtschaftlichster Speicherdruck* bezeichnet werden kann. Jedoch gibt der flache Verlauf, also das geringe Ansteigen der Kosten, die Möglichkeit, den Speicherdruck weitgehend den vorhandenen Dampfnetzen anzupassen.

Die *Leistungsfähigkeit* des Gefällespeichers, also die je Zeiteinheit entladene Dampfmenge, ist durch seine Wirkungsweise im Prinzip nicht begrenzt. Sie kann (verschieden vom Gleichdruckspeicher), unabhängig von der Kesselleistung, sich dem augenblicklichen Dampfbedarf anpassen. Eine praktisch auftretende Grenze stellt jedoch die höchstzulässige Verdampfung im Speicher dar, über die hinaus der Dampf nicht mehr trocken bleibt. In gewissen Anwendungsfällen muß der

Speicher jedoch in sehr kurzer Zeit entladen werden, in einigen Minuten oder sogar in einigen Sekunden. Auch tritt eine vergrößerte Verdampfungsleistung durch Reihenschaltung, also gleichzeitiger Ladung und Entladung auf.

Die grundlegenden Versuche von EBERLE [9] haben erwiesen, daß in erster Linie nicht die Verdampfungsoberfläche, sondern der Dampfraum maßgebend für die zulässige Verdampfung ist. Die Begründung kann darin gesehen werden, daß zwar bei der Entladung stets ein Aufschäumen eintritt, dies sich jedoch erst bei Überschreiten einer bestimmten Höhe durch mitgerissene Wassertröpfchen gefährlich äußert. Der

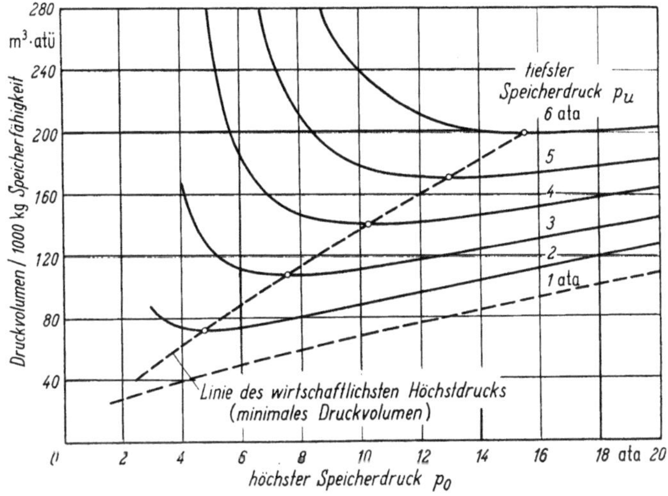

Abb. 27. Druckvolumen für 1000 kg Dampf

zulässige Grenzwert war von EBERLE für reines Wasser mit 2000 m³/h, für laugenhaltiges Wasser dagegen nur mit 200 m³/h für je 1 m³ Dampfraum angegeben. Nach neueren Versuchen und Veröffentlichungen, besonders von VORKAUF [79], CLEVE [7] und KONEJUNG [33], kann die maximale Verdampfungsleistung aus der folgenden Gleichung berechnet werden

$$d = (2.35 + 0.014\,p)\,D_w^{-0,715} \qquad [\text{t/m}^3\,\text{h}],$$

worin p der Speicherdruck (atü) und D_w die Dichte des Speicherwassers (°B) ist. Für einen Druckbereich bis 30 ata sind die Ergebnisse in Abb. 28 wiedergegeben.

Bei Verwendung des Speicherdampfes zur Krafterzeugung in *Turbinen* wird die höchste Leistung durch deren Schluckfähigkeit begrenzt, die — wie weiter unten gezeigt — genau bestimmt werden kann. Die spezifische Speicherfähigkeit kann man bei einem bestimmten Vakuum für die verlustlose Maschine unmittelbar in kWh elektrischer Leistung je m³ Speichervolumen angeben, wobei das geringere Wärmegefälle des Speicherdampfes von niedrigerem Druck berücksichtigt wird (Abb. 29). Diese Werte erlauben einen Vergleich mit der Speicherfähigkeit des Gleichdruckspeichers bei Verwendung in Kraftanlagen.

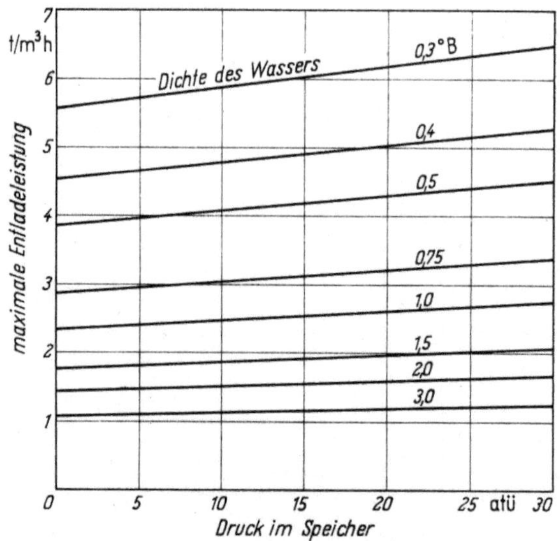

Abb. 28. Maximale Entladeleistung von Gefällespeichern

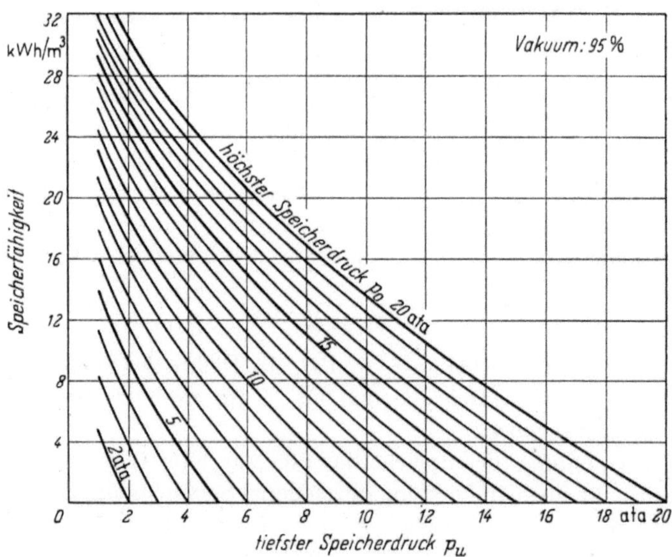

Abb. 29. Spezifische Speicherfähigkeit in kWh je m³ (verlustlose Maschine)

2. Aufbau und Wirkungsweise

Das physikalische Prinzip der Gefällespeicherung erlaubt einen weiten Bereich technischer Durchführungsmöglichkeiten. Es erfordert die Umwandlung der gespeicherten Flüssigkeitswärme in Verdampfungswärme unter Erniedrigung der Temperatur und des Druckes des gesamten Speicherinhalts. Es erlaubt völlige Unabhängigkeit von der Dampferzeugung im Kessel und Aufstellung an jedem beliebigen Ort der Dampfanlage. Der *speichernde Wasserinhalt* bleibt im wesentlichen erhalten; er erhöht sich nur bei der Ladung um das Kondensat des niedergeschlagenen Dampfes, das bei der Entladung wieder entnommen wird. Dazu kommen noch Änderungen im Wasserinhalt infolge der Unterschiede im Wärmeinhalt zwischen Lade- und Entladedampf, sowie infolge der Wärmeverluste durch Abkühlung. Der Speichervorgang drückt sich aus durch die Veränderungen in der Wassertemperatur und daher im Speicherdruck. Die Ladung kann dabei entweder durch direktes Einleiten von Dampf in das Speicherwasser (auch außerhalb des eigentlichen Speicherbehälters) erfolgen, durch Mischung von Dampf und Speicherwasser in besonderen Vorwärmern oder auch durch indirekte Beheizung des Speicherwassers mittels Heizschlangen.

Unter den praktisch wichtigen *Bauarten* des Gefällespeichers spielt die von Dr. Ruths ausgebildete Form die weitaus größte Rolle und wurde vielfach unter dem Namen Ruthsspeicher bekannt. Durch Weiterentwicklung des an sich bekannten Prinzips des Gefällespeichers, durch zahlreiche Verbesserungen technischer Einzelheiten, sowie durch die verschiedenartigsten Schaltungen für spezielle Industrien usw., hat Dr. Ruths den Speicher zu einem vielseitigen Betriebsmittel vervollkommnet. Daneben ist die Bedeutung des ursprünglichen Rateau-Gefällespeichers auf die Speicherung von kurzzeitigen Schwankungen im Abdampf begrenzt geblieben, also im Druckgebiet bis etwa 2 ata.

Der Speicher wird meist in *liegender* Bauart ausgeführt, deren Aufbau in Abb. 30 gezeigt ist. Der zylinderförmige Behälter erhält bei großen Speichern (etwa über 100 m³) einen Dampfdom und halbkugelförmige Böden. Bei *kleineren* Speichern kann auf die Ausbildung eines besonderen Dampfdomes verzichtet werden, da die Dampfentnahme durch direkten Anschluß der Entladeleitung erfolgen kann. Die Böden werden meist elliptisch oder korbbogenförmig ausgeführt, um die Behälterkosten zu senken; Abb. 31 zeigt ein typisches Beispiel eines solchen Speichers, der in einer Brauerei Aufstellung fand. Schließlich kann für ein Speichervolumen von nur wenigen cbm der Speicher sehr kompakt ausgeführt werden, wie in Abb. 32 gezeigt, wodurch die Einfügung in kleine Kesselanlagen ermöglicht wird. Der Speicher wird fast vollständig vom Wasserinhalt ausgefüllt, wobei der Dampfraum so bemessen

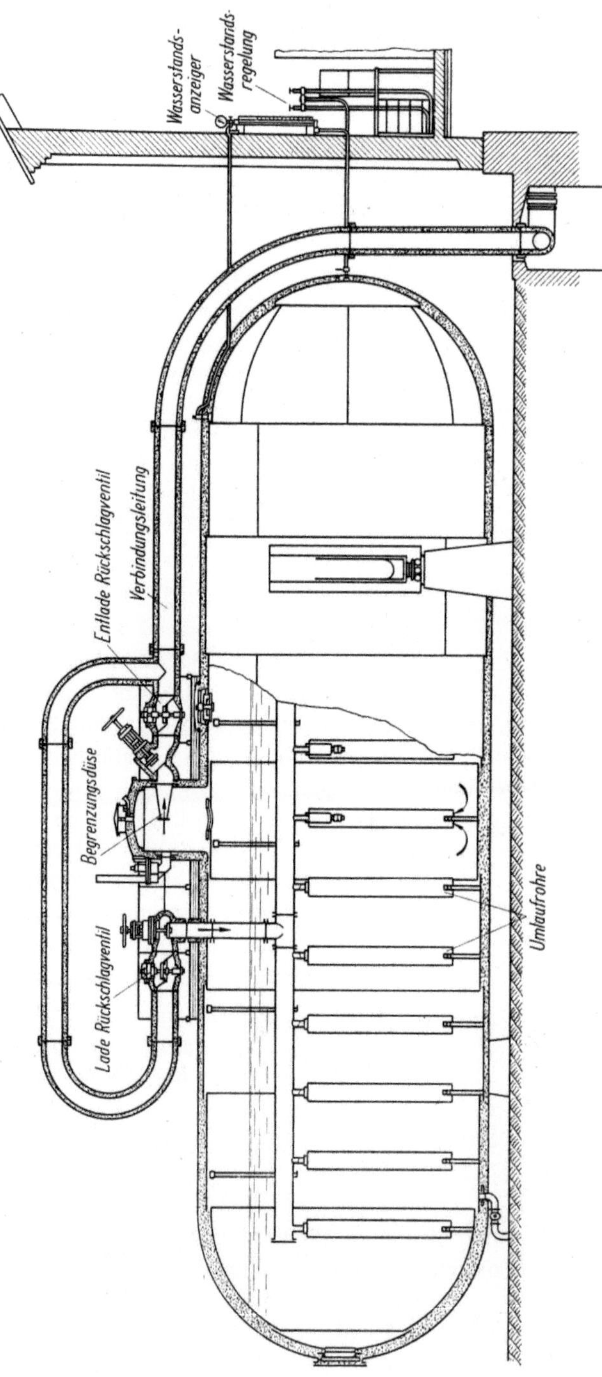

Abb. 30. Ruths-Gefällespeicher (liegende Bauart)

Abb. 31. Ansicht eines typischen Gefällespeichers in einer Brauerei

Abb. 32. Ansicht eines kleinen Gefällespeichers mit „packaged"-Kessel

wird, daß, entsprechend den Angaben im vorigen Kapitel, eine einwandfreie Verdampfung gesichert ist (im geladenen Zustand bis zu 95% Wasserfüllung). Die Ladeeinrichtung besteht aus dem Verteilungsrohr und den angeschlossenen Düsenkörpern, die den einströmenden Dampf über die ganze Speicherlänge verteilen. Durch Umlaufrohre wird ein ständiges Umwälzen der ganzen Wassermenge bewirkt (s. S. 21). Der Behälter wird, samt Dom, mit Wärmeschutz umgeben.

Die *Armaturen* am Speicher bestehen aus Sicherheits-, Belüftungs- und Abschlammventilen, sowie den Einrichtungen für die Wasserstandsanzeige und -regelung. Um die Sicherheitsventile nicht für die höchste Kesselleistung bemessen zu müssen, kann durch Einfügen einer Begrenzungsdüse (Lavaldüse) in die Ladeleitung die abzuführende Dampfmenge auf einen bestimmten Höchstwert der Ladung begrenzt werden. In ähnlicher Weise kann die entladene Dampfmenge (bei sehr großen Speichern) beschränkt werden, indem vor der Entladeleitung (meist im Dom) eine gleiche Begrenzungsdüse angeordnet wird. Diese sichert auch bei Rohrleitungsschäden u. ä. den Speicher vor explosionsartiger Entladung. Außer den *Absperrorganen*, die besonders beim Gefällespeicher einen möglichst geringen Druckabfall haben sollen, sind noch Rückschlagventile in die Zu-

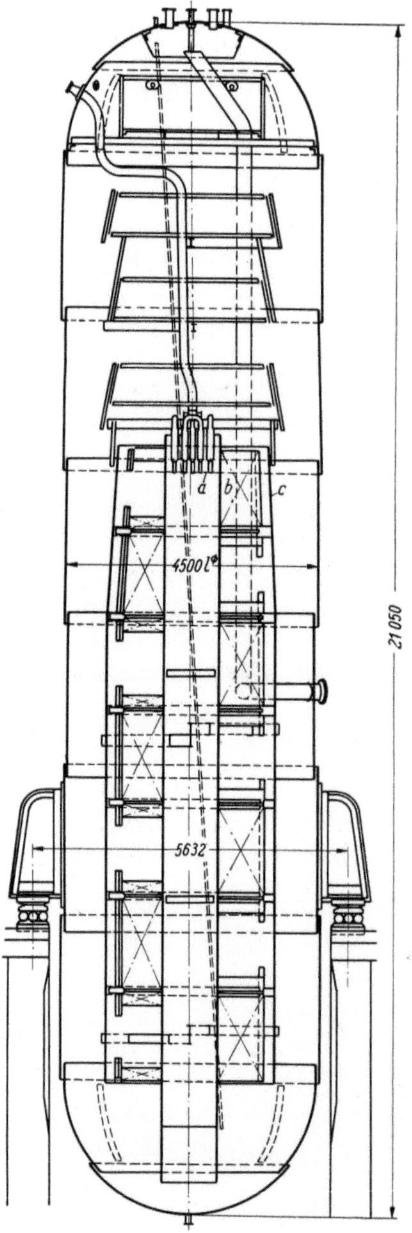

Abb. 33. Ruths-Gefällespeicher (stehende Bauart)

und Ableitung einzuschalten. So werden z. B. bei Anlagen mit mehreren Einheiten, die an je einer gemeinsamen Lade- und Entladeleitung angeschlossen sind, in jedem Abzweig Rückschlagventile angebracht, damit bei Druckunterschieden zwischen den einzelnen Speichern keine ausgleichenden Wasserströmungen auftreten können. Wo die Schaltung eine gemeinsame Leitung zur Ladung und Entladung erfordert, wird dies durch Rückschlagventile ermöglicht. — *Meßinstrumente* für Druck, Temperatur und Wasserstand werden zur Überwachung des Betriebes vorgesehen. Besonders das Speichermanometer im Kesselhaus ist wichtig, da die Feuerung der Kessel nach dem Speicherzustand eingestellt werden muß. Eine spezielle Ausführung (nach Dr. RUTHS) gibt an, in welchem Druckbereich die Feuerführung konstant gehalten werden kann, bzw. verstärkt oder reduziert werden muß.

Die *stehende Bauart* wurde für RUTHS-Gefällespeicher angewandt, um vor allem bei den beschränkten Platzverhältnissen in Kraftwerken größere Anlagen unterbringen zu können. Sowohl auf die Lade- und Entladevorgänge als auch auf die Anordnung der Vorrichtungen, Armaturen u. ä. ist diese Änderung von Einfluß (s. Abb. 33). Um den Wasserumlauf bei der Entladung zu verbessern, sind Einbauten mit Erfolg verwendet worden, die aus einem weiten Rohr mit aufgesetzten konischen Teil und mehreren darüber befindlichen konischen Rohrstücken bestehen. Die bei der Entladung gebildeten Dampfblasen werden im konischen Teil zusammengedrängt, so daß mehr Wasser verdrängt wird als außerhalb des Rohres. Durch das dadurch herabgesetzte spezifische Gewicht des Wassers im Entladerohr entsteht eine dauernde Umwälzung, die eine gleichmäßige Teilnahme aller Wasserschichten bewirkt. — Für die Ladung sind die Düsenkörper vereinigt in der Mitte angeordnet und von einem gemeinsamen Umlaufrohr umgeben.

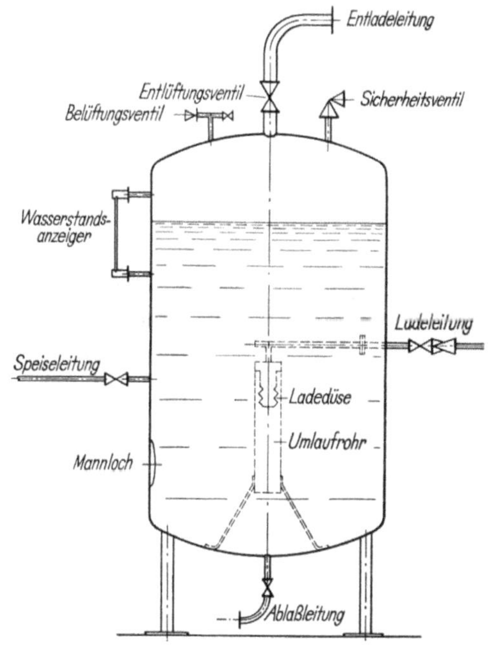

Abb. 34. Kleiner stehender Gefällespeicher

Bei sehr kleinen stehenden Gefällespeichern ist die Ausführung vereinfacht, wie in Abb. 34 gezeigt.

Die Speicher werden oft im Freien aufgestellt, wie die Ansicht einer ausgeführten Anlage in Abb. 35 zeigt. Die Abb. 36 gibt die bisher größte Dampfspeicheranlage, im Elektrizitätswerk Charlottenburg, wieder, die aus 16 Einheiten je 312,5 m³ besteht und für eine Speicherfähigkeit von etwa 600 t Dampf bemessen ist.

Abb. 35. Liegender Gefällespeicher (im Freien aufgestellt)

Der Gefällespeicher von Rateau, der die erste praktische Verwertung des Gefälleprinzips darstellt, hat einen begrenzten Anwendungsbereich, da er von vornherein nur zur Speicherung von Abdampf bei niedrigen Drücken und ohne automatische Regelung gedacht war. Seine Schaltung zeigt Abb. 37. Der schwankend anfallende Abdampf von dampfangetriebenen Fördermaschinen, Dampfhämmern u. ä. wird unter geringer Druckerhöhung (auf 1,1 bis 1,2 ata) im Speicher aufgenommen und kann gleichmäßig an Abdampfturbinen oder Heizdampfverbraucher abgegeben werden. Regelorgane werden nicht angeordnet. Das Speichervolumen wird daher, bezogen auf die gespeicherte Dampfmenge, sehr groß; doch muß für die kurzen Speicherperioden von nur wenigen Minuten Dauer meist auch die Speicherfähigkeit nur für einen geringen Betrag vorgesehen werden.

Da der Gefällespeicher stets Sattdampf abgibt, sind verschiedene Vorschläge zur nachträglichen *Überhitzung* gemacht worden, um besonders bei Verwendung von Speicherdampf zur Krafterzeugung das

Abb. 36. Ansicht der größten Speicheranlage im Kraftwerk Berlin-Charlottenburg

Wärmegefälle zu vergrößern. Abgesehen von der Möglichkeit, den Speicherdampf durch den Kesselüberhitzer zu leiten, ist die Anwendung zusätzlicher Überhitzungsspeicher versucht worden. Die Anordnung nach Abb. 38 besteht aus einem selbständigen Überhitzungsspeicher, dessen Wasserinhalt mittels einer Umwälzungspumpe ständig durch einen Wärme-

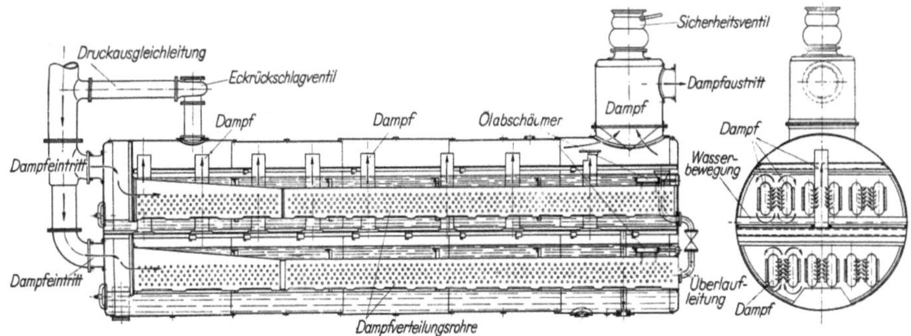

Abb. 37. RATEAU-Gefällespeicher

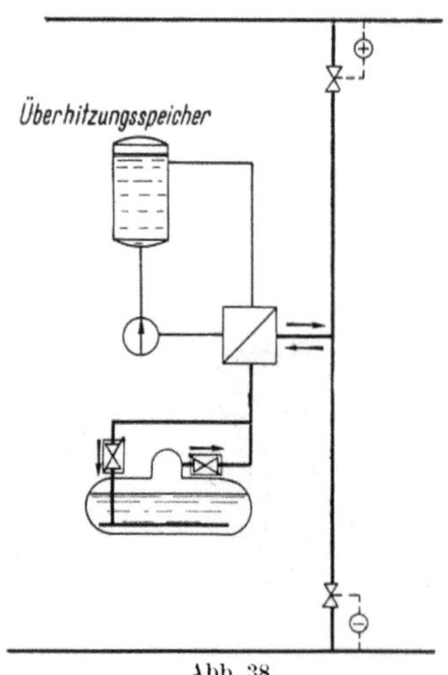

Abb. 38.
Anordnung eines Überhitzungsspeichers

austauscher (Oberflächenvorwärmer) geführt wird. Der Überhitzungsspeicher wirkt dabei selbst nach dem Gefälleprinzip in einem höheren Druckgebiet, das infolge der stärkeren Blechstärken und der geringeren spezifischen Wärmespeicherung ungünstig ist. In diesem Zusammenhang kann auf die Ausführung für Höchstdruckspeicher hingewiesen werden (s. Kap. VI), bei welcher der entladene Dampf zunächst im Reduzier-Regler entspannt und anschließend durch den Dampfraum des Speichers geführt wird, wodurch eine Überhitzung von 20 bis 40° C erreicht wird.

3. Einordnung in die Dampfanlage

Durch das Prinzip der Gefällespeicherung ist die Veränderung des Speicherdrucks innerhalb der gewählten Druckgrenzen bedingt. Für die Einordnung des Speichers in die gesamte Dampfanlage ist daher ausschlaggebend, ob die angeschlossenen Netze und Verbraucher an den Druckschwankungen teilnehmen sollen oder ob ihr Druck unverändert gehalten werden muß. Gewöhnlich wird gerade die ausgleichende Wirkung der Speicheranlage benutzt, um bei den Dampfverbrauchern *konstante Drücke* einhalten zu können. Zwischen dem Speicher und den angeschlossenen Dampfnetzen müssen also Regelventile eingeschaltet werden, die einerseits den Druck des in den Speicher geladenen Dampfes vom konstanten Druck des Ladenetzes auf den jeweiligen Speicherdruck abdrosseln und andererseits bei der Entladung vom Speicherdruck weiter auf den unveränderlichen Wert des Entladenetzes. Da mithin das gesamte Druckgefälle zwischen den Netzen, in deren Bereich der Speicher wirkt, bei den durch den Speicher geleiteten Dampfmengen verlorengeht, das verfügbare Druckgefälle aber auch die notwendige Speichergröße bestimmt, wird die Frage der Einschaltung beim Gefällespeicher für die Projektierung von entscheidender Bedeutung. Die zweite Möglichkeit der Verbindung mit Netzen, die an den *Druckschwankungen* teilnehmen, ergab sich zunächst beim ND-Gefällespeicher, bei dem der geringe Druckabfall, der für die Speicherung des Abdampfes verfügbar ist, die Zwischenschaltung von Regelorganen unmöglich macht. Aber auch beim Zusammenarbeiten des Gefällespeichers mit Speicherturbinen wird der entladene Dampf mit dem gerade im Speicher herrschenden Druck den Turbinen zugeführt. Da die Speicherturbinen für die Verarbeitung des Dampfes von wechselndem Druck eingerichtet sind (s. S. 60), ist die Drosselung auf einen unveränderlichen Druck nicht erforderlich. Wird der Gefällespeicher mit Gegendruckdampf einer Vorschaltturbine geladen, so braucht auch bei der Ladung kein Druckregler zwischengeschaltet zu werden, wenn der Gegendruck dauernd gleich dem Speicherdruck sein kann. In diesem besonderen Fall kann die Gefällespeicherung also ohne Verlust an Druck- und Wärmegefälle in den Regelorganen durchgeführt werden.

Im normalen Anwendungsfall wird der Gefällespeicher in die *Verbindung zweier geregelter Dampfnetze* von verschiedenem Druck eingeschaltet. Das Hochdrucknetz wird durch einen Überströmregler in der Weise geregelt, daß bei Überschuß an Dampf (also steigendem Druck) der Abfluß in die Verbindungsleitung geöffnet wird. Im Niederdrucknetz wird der Druck konstant gehalten, indem ein Reduzierregler die zufließende Menge bei Dampfmangel (fallendem Druck) vergrößert. Besteht zwischen den eingestellten Mengen der beiden Ventile kein Gleichgewicht, so muß der Speicher den Ausgleich herbeiführen. Dies kann, wie die folgenden Schaltbilder zeigen, auf zweierlei Art geschehen, die für die Speicherung grundsätzlich verschiedene Bedingungen schaffen:

1. Wird nur der Unterschied zwischen den Dampfmengen, die von den beiden Reglern eingestellt werden, durch den Speicher geführt, so handelt es sich um *Parallelschaltung* (Abb. 39) des Speichers zur

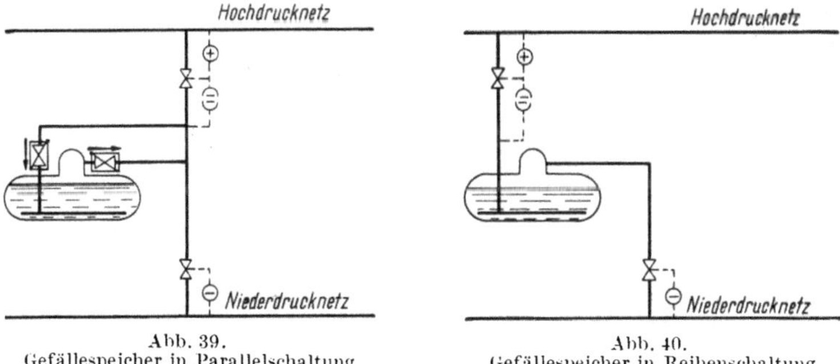

<table>
<tr><td>Abb. 39.
Gefällespeicher in Parallelschaltung</td><td>Abb. 40.
Gefällespeicher in Reihenschaltung</td></tr>
</table>

direkten Verbindung der Netze. Fließt durch beide Regler dieselbe Dampfmenge, so greift der Speicher selbst nicht ein. Erst wenn der Überschuß im Hochdrucknetz den Bedarf im Niederdrucknetz übersteigt, wird der restliche Dampf in den Speicher geleitet (Ladung) oder bei ungenügendem Anfall an Dampf eine zusätzliche Menge aus dem Speicher entnommen (Entladung).

4*

Um die eindeutige Strömungsrichtung des zu ladenden Dampfes in den Wasserraum und des entladenen Dampfes aus dem Dampfraum des Speichers zu sichern, müssen sowohl in der Ladeleitung als auch in der Entladeleitung *Rückschlag-Ventile* vorgesehen werden. Das einwandfreie Funktionieren der Speicheranlage hängt sehr stark von der Zuverlässigkeit dieser Ventile ab. Beim Versagen des Rückschlagventils in der Ladeleitung kann Wasser aus dem Speicher in die Dampfleitung zurückfließen und zu gefährlichen Wasserschlägen führen. Durch Undichtigkeit des Rückschlagventils in der Entladeleitung hingegen kann der Ladevorgang unmöglich gemacht werden, da der Dampf direkt in den Dampfraum des Speichers gelangen kann. Dadurch kann der Speicherdruck ansteigen, ohne eine entsprechende Erwärmung des Speicherwassers.

2. Dagegen wird bei der *Reihenschaltung* (Abb. 40) der gesamte Dampfzufluß vom Hochdruck- zum Niederdrucknetz durch den Speicher hindurchgeleitet, unabhängig von dem Verhältnis von Dampfanfall und -bedarf. Die durch den Überströmregler zugelassene Dampfmenge wird vollständig in den Speicher geladen, dem gleichzeitig stets so viel entladen wird, als zur Deckung des Bedarfs erforderlich ist. Die Leitungen zum Speicher selbst müssen also für eine größere Leistung bemessen werden, ebenso der Dampfraum im Speicher. Benutzt wird daher diese Art von Schaltung besonders dann, wenn der Speicher auch noch zur Heißdampfkühlung dienen soll, da der entladene Dampf immer in trocken gesättigtem Zustand entladen wird. Ein weiterer Vorteil ist, daß nur ein Rückschlagventil für die Ladeleitung nötig ist und kein Dampf direkt in den Dampfraum gelangen kann.

In beiden Fällen erhält der Überströmregler noch *Grenzbereichimpulse*, damit die Druckgrenzen des Speichers eingehalten werden. Unabhängig vom Einfluß des Kesseldruckes wird das Ventil geschlossen, sobald der höchste Betriebsdruck im Speicher erreicht wird. Umgekehrt öffnet der untere Grenzimpuls das Überströmventil, wenn (bei vollständig entladenem Speicher) der Druck im Niederdrucknetz abzusinken droht.

Je nach der Art der *Dampfverbraucher* lassen sich 3 getrennte Gruppen von Dampfanlagen unterscheiden, in denen für die Einschaltung des Gefällespeichers grundsätzlich verschiedene Bedingungen vorliegen:

1. reiner Wärmebedarf.
2. gleichzeitiger Wärme- und Kraftbedarf.
3. reiner Kraftbedarf.

1. Sind nur *Wärmeverbraucher* angeschlossen, so ergibt sich der einfachste Fall der Gefällespeicherschaltung, sobald Dampf von zwei

verschiedenen Druckstufen benötigt wird (Abb. 41). Die Schaltung zeigt hier, ebenso wie in den folgenden Abbildungen, den Speicher in Parallelschaltung, jedoch ist grundsätzlich überall auch die Reihenschaltung anwendbar, mit den oben erörterten Auswirkungen.

Für die Versorgung der ND-Verbraucher muß der vom Kessel gelieferte Dampf in jedem Fall reduziert werden, daher kann der Gefällespeicher ohne weiteres in die Verbindung beider Netze geschaltet werden. Dadurch können nicht nur Bedarfsschwankungen der ND-Verbraucher ausgeglichen werden, sondern der Ausgleich kann sich auch *indirekt* auf das Hochdrucknetz erstrecken.

Ist beispielsweise der Bedarf an ND-Dampf dauernd gleichmäßig, an HD-Dampf dagegen schwankend, wie in Abb. 42 dargestellt, dann fließt bei niedriger Belastung der Überschuß an Dampf durch den Überströmregler

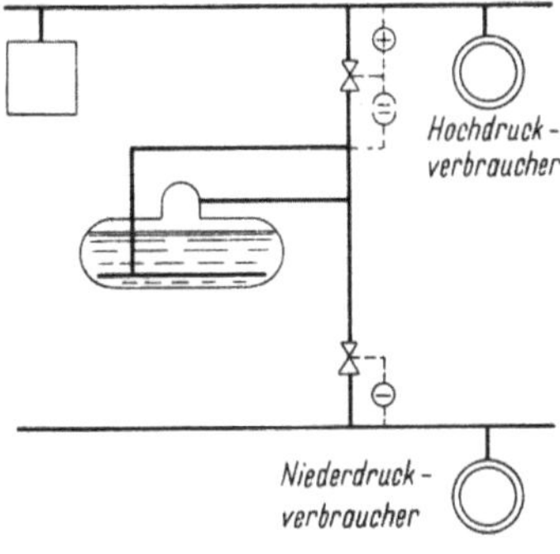

Abb. 41.
Gefällespeicher bei reinem Wärmebedarf

vom HD-Netz ab und wird vom Speicher aufgenommen. Sobald der Bedarf der HD-Verbraucher den Mittelwert überschreitet, wird durch fallenden Kesseldruck der Überströmregler geschlossen, der

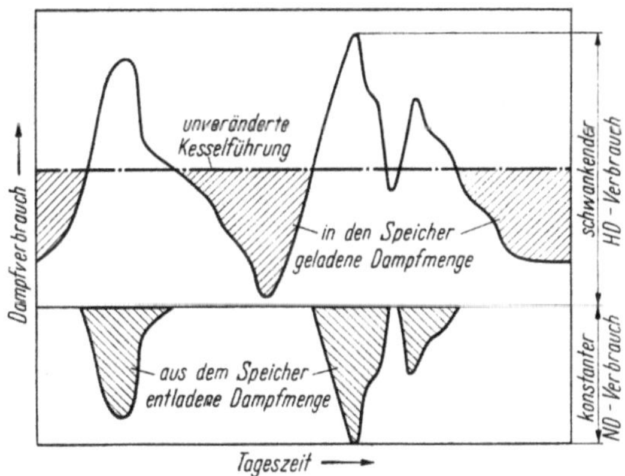

Abb. 42. Indirekter Ausgleich durch Gefällespeicher

Speicher übernimmt wieder die Versorgung der ND-Verbraucher und wird dabei entladen. Da weniger Dampf dem Speicher zugeführt wird, steht ein größerer Anteil der Kesselleistung im HD-Netz zur Verfügung. Im Grenzfall kann zeitweise ohne Dampfzufuhr vom Kessel der gesamte Bedarf an ND-Dampf vom Speicher gedeckt werden, so daß für die Leistungsspitzen der HD-Verbraucher die volle Kesselleistung eingesetzt werden kann. In den Abb. 43 und 44 sind *direkter und indirekter Ausgleich* für eine prinzipielle Schaltung des Gefällespeichers gegenüber-

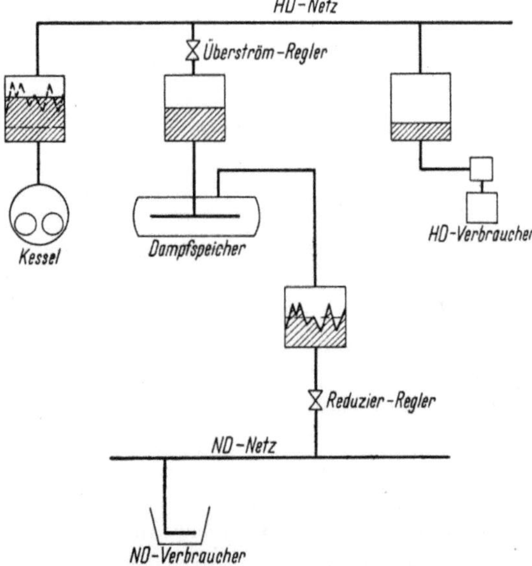

Abb. 43. Typische Wirkung bei direktem Ausgleich

gestellt, indem der Dampffluß in den Verbindungsleitungen durch Dampfdiagramme gekennzeichnet ist. Diese zeigen, wie bei direktem Aus-

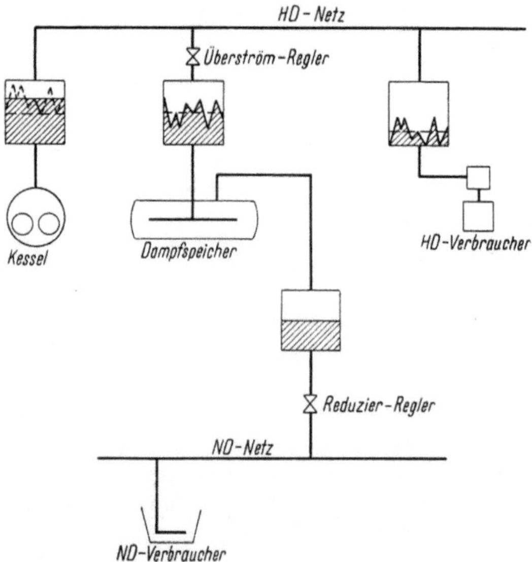

Abb. 44. Typische Wirkung bei indirektem Ausgleich

gleich der Speicher einen gleichmäßigen Dampfstrom in einen schwankenden, dem Verbrauch angepaßten Strom umwandelt. Dagegen ist der Zustrom bei indirektem Ausgleich unregelmäßig, je nachdem die HD-Verbraucher mehr oder weniger entnehmen, und wird durch den Speicher vergleichmäßigt.

Ist der Druckbereich für einen wirksamen Ausgleich nicht ausreichend, oder arbeiten alle Verbraucher mit demselben Dampfdruck, so kann es zweckmäßig und praktisch durchaus möglich sein, die *Druckgrenzen zu erweitern*. In vielen Fällen kann der Druck bei den Verbrauchern erheblich gesenkt werden, ohne daß Nachteile für den Arbeitsvorgang auftreten. Da durch Ausgleich der Bedarfsschwankungen die Veränderungen des Kesseldrucks beseitigt werden, stellt sich zwar ein niedrigerer Verbraucherdruck ein, der aber dauernd konstant gehalten wird.

Auf derartige Möglichkeiten wurde bereits von Dr. STENDER [*74*] hingewiesen. Seitdem wurden in dieser Richtung große Fortschritte erzielt, in Zusammenhang mit der Bestrebung der Eigenkraftversorgung in der Industrie und mit der Entwicklung zentraler Heizkraftwerke. In vielen Industrien ist es selbstverständlich, daß alle Wärmeverbraucher mit dem niedrigsten Dampfdruck betrieben werden, der zur Durchführung des betreffenden Prozesses bei der optimalen Zeitdauer für die angestrebte Produktion nötig ist. Vielfach kann der Druck für solche Versorgungsnetze im Bereich von nur 2 bis 3 ata liegen, wodurch sich für die Anwendung der Gefällespeicherung sehr günstige Bedingungen ergeben.

Andererseits gibt es noch immer zahlreiche Betriebe, die wesentlich höhere Drücke verwenden als die wirklich benötigten. Man darf nicht übersehen, daß dies oft durch die Entwicklung eines Werkes bedingt ist, die zu ausgedehnten Rohrnetzen von unzureichenden Dimensionen führte, oder daß u. U. einfach kein Grund vorlag, den niedrigsten Druck zu wählen. Daher ist die Projektierung einer Speicheranlage in manchen Fällen mit einer eingehenden Untersuchung aller Wärmeverbraucher, ihres zeitlichen Wärmebedarfs ebenso wie ihrer Temperatur- und Druckverhältnisse verbunden, die zu einem systematischen Aufbau des Dampfversorgungssystems führt, mit günstigsten Verhältnissen für die Einordnung eines Gefällespeichers.

2. In Dampfanlagen, die gleichzeitig Dampf zu *Heizzwecken* und zur *Krafterzeugung* liefern, sind gewöhnlich mindestens zwei Netze vorhanden, zwischen die der Gefällespeicher geschaltet werden kann. Wird die Kraft in Kondensationsmaschinen erzeugt (Abb. 45), so treten bei Verbrauchern mit zwei Druckstufen noch keine Unterschiede gegenüber den oben dargelegten Verhältnissen auf. Die Schwankungen im Kraftbedarf können in derselben Weise (indirekt) ausgeglichen werden

wie dort bei den Hochdruckverbrauchern, so daß die Drosselung des Druckes bei der Speicherung keinen Einfluß auf die Krafterzeugung hat. Bei der Einschaltung des Gefällespeichers in Anlagen mit *Gegendruckbetrieb* wird dagegen die Frage wichtig, wie das zur Speicherung nötige Druckgefälle gewählt werden muß, um die Leistungsausbeute möglichst wenig zu beeinträchtigen. Soll ein gegebenes Druckgefälle zwischen Kessel und Heizdampfverbraucher für Krafterzeugung und Speicherung gemeinsam ausgenutzt werden, so sind zweierlei Anordnungen möglich:

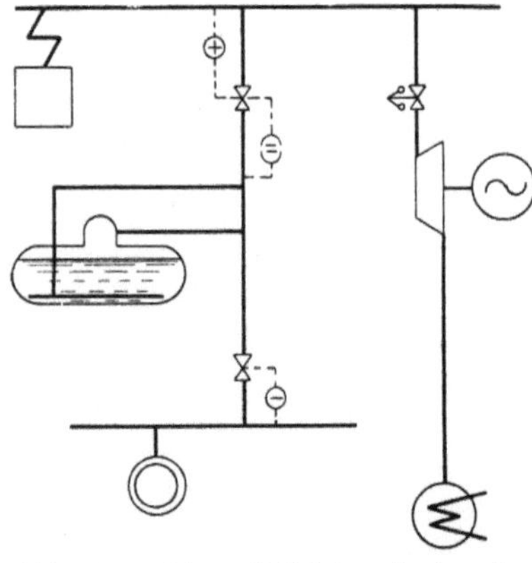

Abb. 45. Speicher mit Heizdampfverbrauchern und Kondensationsmaschine

a) Der Speicher arbeitet *parallel zur Gegendruckmaschine* (Abb. 46), deren Gegendruck nur wenig höher als der Druck der Heizdampfverbraucher sein kann. Man kann also das *ganze* Wärmegefälle ausnutzen; aber nicht für die ganze Dampfmenge, da der gespeicherte Dampf nicht durch die Kraftmaschine geleitet, sondern ohne Leistungserzeugung im Speicher und in den Reglern reduziert wird.

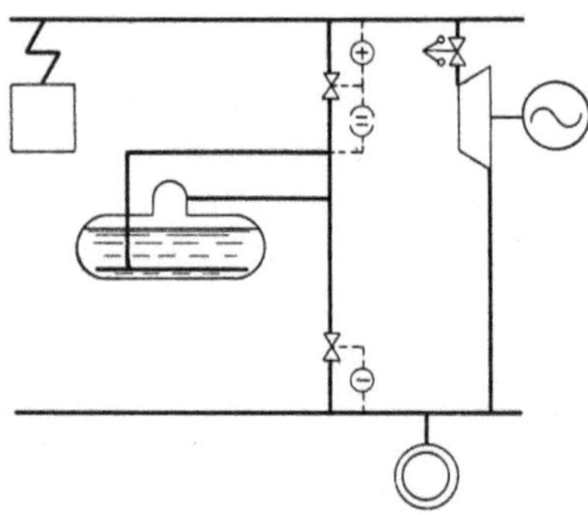

Abb. 46.
Speicher parallel zur Gegendruckmaschine

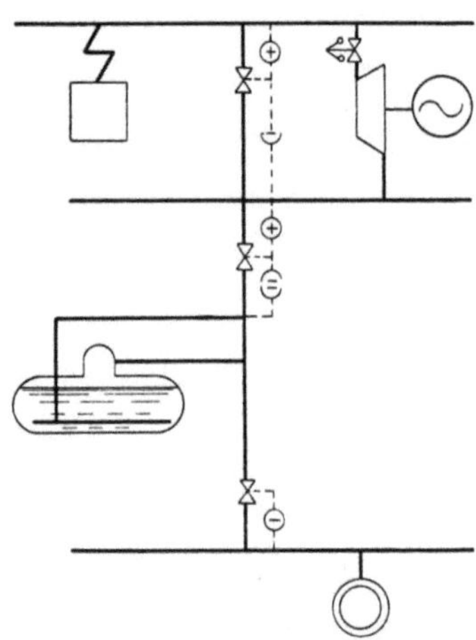

Abb. 47. Speicher in Reihe mit Gegendruckmaschine

b) Der Speicher wird *hinter die Gegendruckmaschine* geschaltet (Abb. 47), so daß ihr Gegendruck um die Druckspanne des Speichers heraufgesetzt und das Wärmegefälle dementsprechend verkleinert werden muß. Dabei kann die *gesamte* Dampfmenge durch die Gegendruckmaschine geführt werden. Um nicht einen zu großen Anteil der Leistung zu verlieren, wird das Druckgefälle zur Speicherung so klein wie möglich gehalten, wodurch andererseits ein größeres Speichervolumen nötig wird. Ähnliches gilt für die Einschaltung des Speichers *vor* der Gegendruckmaschine, nur mit dem wesentlichen Zusatz, daß hierbei die Bedingungen für die Gefällespeicherung noch ungünstiger werden. Auch hier muß ein Teil des Druckgefälles geopfert werden; dazu kommt aber, daß der Speicher infolge des höheren Speicherdrucks wesentlich teurer wird und dies nur z. T. durch etwa geringere Kosten der Kraftmaschine ausgeglichen werden kann. Im übrigen gilt sinngemäß, was über Anlagen für Krafterzeugung (s. S. 59) gesagt ist.

Auf diese beiden prinzipiellen Arten des Zusammenarbeitens von Gefällespeicher und Gegendruckmaschine lassen sich alle *praktisch vorliegenden Fälle* zurückführen, die je nach der Industrie und Größenordnung des Werkes eine große Mannigfaltigkeit im Aufbau aufweisen. Gewöhnlich liegen die Verhältnisse dadurch für die Speicherung günstiger, daß einzelne Netze mit bestimmten Druckstufen vorliegen, die nicht immer die vollständige Ausnutzung in vorgeschalteten Gegendruckteilen zulassen. Besonders bei kleineren Druckspannen wird auf die Ausbildung von mehreren Anzapfnetzen verzichtet und durch reduzierten Dampf vom nächsthöheren Druck der Bedarf der übrigen Verbraucher gedeckt. Außerdem muß der schwankende zeitliche Verlauf des Wärmeverbrauchs berücksichtigt werden, der es nur selten erlaubt, die verfügbaren Dampfmengen bis zur Höchstleistung im Gegendruckbetrieb auszunutzen. Die stark ansteigenden Anlagekosten der Kraftanlage leiten oft dazu, die Bemessung nicht wesentlich über den Mittelwert des gesamten Dampfverbrauchs vorzunehmen. Die darüber hinaus benötigten Dampfmengen werden an der Gegendruckmaschine vorbeigeführt, so daß auch hier die Einschaltung eines Gefällespeichers ohne Leistungsverlust erfolgen kann.

Sind *mehrere ausgebildete Dampfnetze* vorhanden, so z. B. durch eine Zweifach-Anzapfturbine, so muß die günstigste Druckspanne für die Speicherung gewählt werden. Möglich ist entweder die Einschaltung a) zwischen Hoch- und Mittelpunkt (Abb. 48) oder b) zwischen Mittel- und Niederdruck (Abb. 49) oder c) über den ganzen Bereich zwischen Hoch- und Niederdruck (Abb. 50). Die größte Speicherfähigkeit, also das kleinste Volumen, ergibt sich natürlich bei Schaltung über den ganzen Druckbereich. Andererseits wird durch Beschränkung auf das Gefälle zwischen Mittel- und Niederdrucknetz der Speicherdruck niedriger. Die Kosten der Speicheranlage sind meist bei dieser Schaltung am kleinsten, die ferner den Vorzug hat, daß im Hochdruckteil der Maschine der gesamte Dampf ausgenutzt werden kann. Die Schaltung parallel zum Hochdruckteil wird nur dann benutzt, wenn durch direkte

Entladung des Speichers die Bedarfsschwankungen des Mitteldrucknetzes ausgeglichen werden sollen. Dafür wird ein bedeutend größerer Speicher als bei der erstgenannten Schaltung mit demselben Betriebsdruck

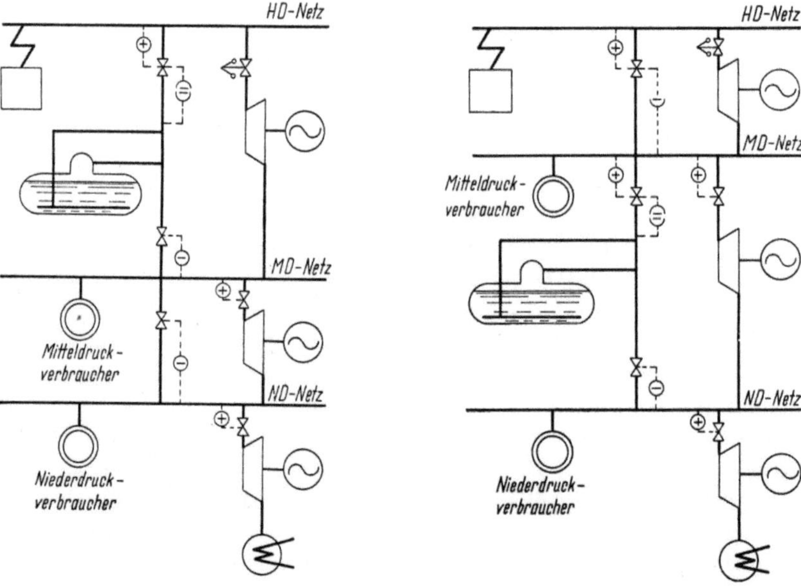

Abb. 48. Speicher zwischen Hoch- und Mitteldrucknetz

Abb. 49. Speicher zwischen Mittel- und Niederdrucknetz

nötig. Sind beispielsweise 3 ausgebildete Verbrauchernetze vorhanden, mit Drücken von 10 atü, 4 atü und 1 atü, so ergeben sich die folgenden Werte:

Schaltung	Speicherdruck atü	Speichervolumen m³ je 1000 kg	Verlust an adiabat. Wärmegefälle kcal/kg
a)	10	17,3	39,5
b)	4	17,7	39
c)	10	9,1	78,5

Die Schaltung der *Regelventile* und der Kraftmaschinensteuerung läßt sich den besonderen Bedingungen, unter welchen die Anlage zu arbeiten hat, anpassen. Grundsätzlich läßt sich jeder Regler von jedem beliebigen Netz aus steuern, doch wird praktisch möglichst die direkte Beeinflussung der Regler durch das von ihnen beherrschte Netz durchgeführt. Die Kraftmaschinenregler sind so einzustellen, daß für die benötigte Leistung zunächst der gesamte Heizdampf ausgenutzt wird und der Kondensationsteil nur für den darüberliegenden Leistungsbedarf einzugreifen braucht. Wirkt der Druck eines Netzes im gleichen Sinn auf zwei Regler gleichzeitig ein, z. B. durch Überströmimpuls auf die Durchflußmenge durch einen Gegendruckteil und durch ein direktes Regelventil in das ND-Netz, so werden die Drücke derart gewählt, daß die Regler nacheinander eingreifen.

3. Bei der Einschaltung in Anlagen, die *ausschließlich zur Krafterzeugung* dienen, kann der Speicherdampf in derselben Weise wie bei Heizdampfverbrauchern durch einen Reduzierregler auf einem konstanten Druck gehalten werden. Jedoch wird meist die Drosselung im Regelventil vermieden, indem der Entladedampf in besonders dafür bemessenen Speicherturbinen, die im folgenden Kapitel beschrieben sind, verarbeitet wird. Die prinzipielle Schaltung zeigt Abb. 51. Ein Überströmregler läßt den von den Kesseln überschüssig erzeugten Dampf bei niedriger Belastung zum Speicher strömen. Steigt die Belastung an, so öffnet zuerst die Steuerung der Frischdampfturbinen, bis diese voll belastet sind. Nur bei weiter ansteigendem Bedarf wird durch den

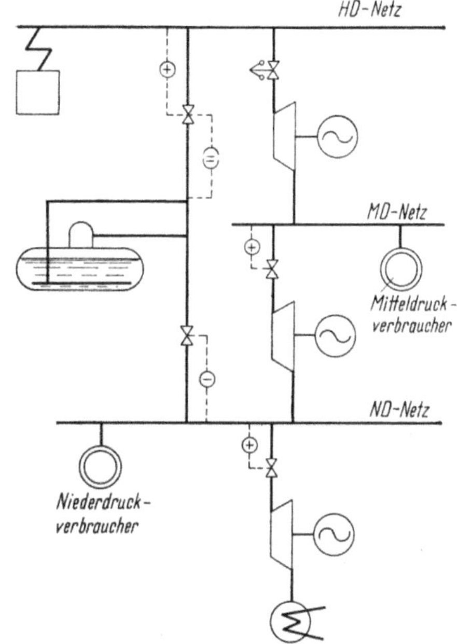

Abb. 50. Speicher zwischen Hoch- und Niederdrucknetz

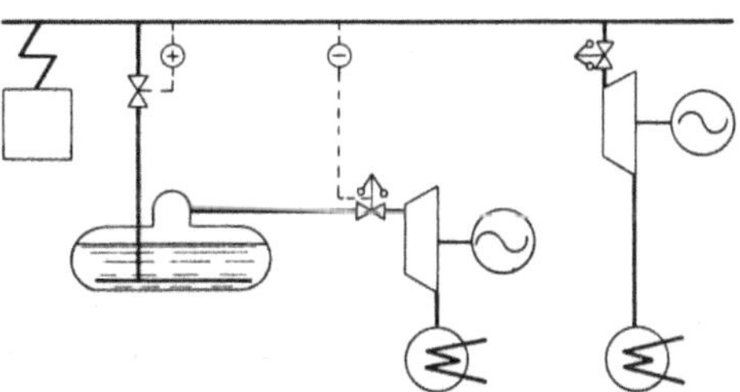

Abb. 51. Speicher in Kraftanlagen

Geschwindigkeitsregler der Speicherturbine die Zufuhr von Speicherdampf zugelassen. Die Entladung des Speichers kann weiterhin durch einen Druckimpuls an der Steuerung der Speicherturbine eingesetzt werden, sobald der Kesseldruck unter den Normalwert absinkt. Dadurch wird erreicht, daß bei raschem Anstieg der Belastung immer zunächst die Mehrleistung aus Speicherdampf gedeckt wird und die Kesselleistung erst allmählich gesteigert werden muß.

4. Speicherturbinen

Bevor der Gefällespeicher in das Gebiet der *Stromversorgung* eindringen konnte, mußten die Schwierigkeiten überwunden werden, die sich mit dem veränderlichen Druck des Entladedampfes für die Leistungserzeugung ergaben. Im folgenden sollen zunächst die abweichenden Bedingungen aufgezeigt werden, die der Zustand des Speicherdampfes gegenüber dem Frischdampf mit sich bringt und anschließend die hier-

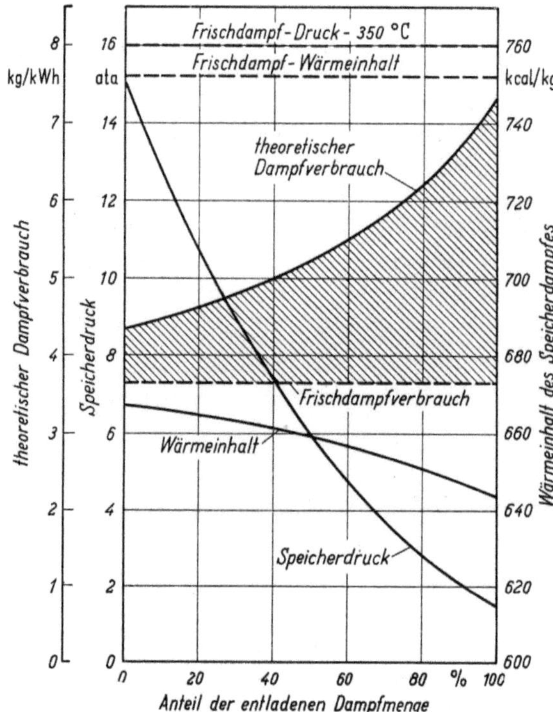

Abb. 52. Verlauf des Speicherdrucks und theoretischen Dampfverbrauchs während der Entladung

durch bedingten baulichen Maßnahmen, sowie die Berechnungsmethoden der wichtigsten Größen.

Unabhängig von der Aufgabe, mit Gefällespeichern zusammenzuarbeiten, hat noch die besondere Verwendung zur Erzeugung der *Spitzenlast* auf die Ausbildung der Speicherturbinen zurückgewirkt. Aus wirtschaftlichen und betrieblichen Gründen ergaben sich dadurch spezielle Maßnahmen, wie z. B. das Bestreben, auch auf Kosten eines höheren Dampfverbrauches zu billigeren Turbinen zu gelangen oder eine erhöhte Betriebsbereitschaft durch einfacheren Aufbau zu erzielen.

Die Einschaltung des Gefällespeichers in Kraftanlagen kann — wie bereits weiter oben gezeigt — auf zwei grundsätzlich verschiedene Arten durchgeführt werden:

1. Der Druck des Entladedampfes wird durch einen Reduzierregler *unverändert* (auf dem niedrigsten Wert) gehalten. Die Turbine erhält, bei gleicher Schaltung wie sie normal bei Heizdampfverbrauchern benutzt wird, dauernd ND-Dampf und unterscheidet sich in keiner Beziehung von den gewöhnlichen Niederdruck- oder Abdampfmaschinen.

2. Der Entladedampf strömt mit dem jeweils *im Speicher herrschenden Druck* zur Turbine. Man gewinnt dadurch, gegenüber der erstgenannten Schaltung, an Druck- und Wärmegefälle, erzielt also eine größere Leistungsfähigkeit der Speicheranlage. Daher wurde vielfach diese Schaltung gewählt, für die die besonderen, hier näher dargestellten Speicherturbinen ausgebildet wurden.

Die durch Speicherung eintretenden *Veränderungen* gegenüber dem Lade-

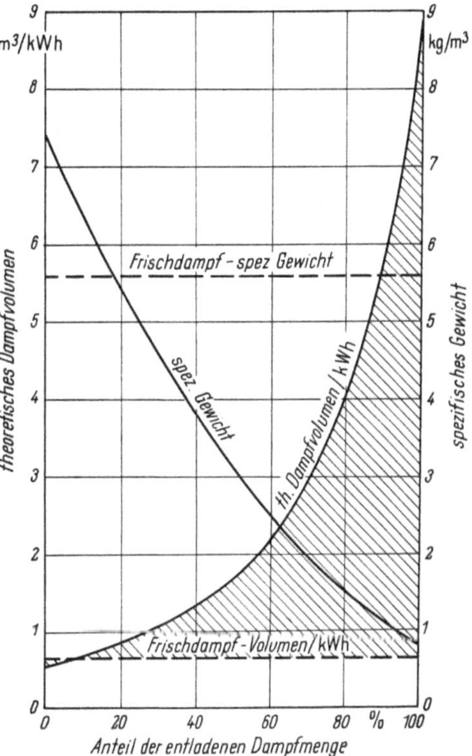

Abb. 53. Verlauf des spez. Gewichts und theoretischen Dampfvolumens je 1 kWh während der Entladung

dampf bedingen die Unterschiede an den Speicherturbinen. Der Entladedampf ist gewöhnlich Sattdampf, da fast sämtliche Überhitzung durch die Speicherung verlorengeht. Der Speicherdruck nimmt während der Entladung vom höchsten bis auf den niedrigsten Wert ab. Damit wird also das ausnutzbare Wärmegefälle in zweifacher Weise verringert, der theoretische Dampfverbrauch gegenüber dem Ladedampf um so mehr erhöht, je tiefere Speicherdrücke bei der Entladung erreicht werden. Beispielsweise ist der Verlauf des Speicherdruckes, des Wärmeinhaltes und des theoretischen Dampfverbrauches mit fortschreitender Entladung in Abb. 52 dargestellt, für den Fall, daß der Speicher zwischen 15 und 1,5 ata betrieben und das Vakuum unver-

ändert mit 95% angenommen wird. Da mit dem abnehmenden Dampfdruck das spezifische Volumen stark zunimmt, muß man zur Erzielung
derselben Leistung wie mit Frischdampf, nicht nur mit den vergrößerten
Dampfmengen rechnen, sondern die Turbine für das größte auftretende
Dampfvolumen auslegen, wie für die gleichen Verhältnisse in Abb. 53
gezeigt ist.

Durch die vorhandenen Querschnitte der Turbine wird ferner die
Schluckfähigkeit bestimmt, d. h., die größte Dampfmenge, die beim

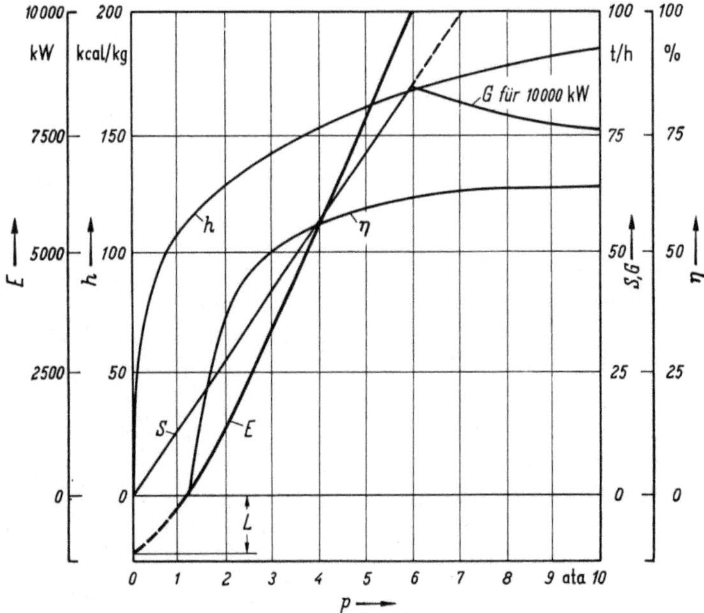

Abb. 54. Schluckfähigkeit und erzielbare Leistung

betreffenden Druck durch die Turbine strömen kann. In Abb. 54 ist die
Abhängigkeit der Schluckfähigkeit S vom Druck, die ungefähr gerad-
linig verläuft, dargestellt und gleichzeitig das verfügbare Wärmegefälle
h. sowie der thermodynamische Wirkungsgrad η eingezeichnet. Von
einem bestimmten Druck, im Beispiel 6 ata, sinkt die Leistung E stark
ab. so daß bei etwa 1,2 ata keine Leistung mehr erzeugt werden kann.

Um zu Speicherturbinen mit ausreichenden Querschnitten zu gelangen,
kann einerseits versucht werden, die Einströmung durch weitere *Düsen-
gruppen* zu erweitern, andererseits, unter Umgehung der ersten Turbinenstufen, bei sinkendem Speicherdruck den Speicherdampf *unmittelbar* zu späteren Stufen zu leiten. Bei der ersten ausgeführten Speicherturbine [37] im Kraftwerk Malmö, die gleichzeitig für die Verarbeitung
von Frischdampf und Speicherdampf dient. wurden beide Möglichkeiten

ausgenutzt (Abb. 55). Das erste zweikränzige Curtisrad ist derartig ausgebildet, daß es sowohl von Frischdampf als auch im äußeren Teil durch
Speicherdampf beaufschlagt wird. Sobald der Speicherdruck unter 3 atü
absinkt, wird die Zuleitung hinter das dritte Rad geöffnet. Bei Entladung vom höchsten Druck von 7 atü auf 1,5 atü, kann die Vollast von
3750 kW während 35 Minuten abgegeben werden (mit 2 Speichern je
225 m³). Der besondere Zweck der Speicheranlage als Momentanreserve
führte dazu, aus Speicherdampf bis zum niedrigsten Druck noch volle
Leistung zu erzielen und auch das erste Rad mit Speicherdampf zu

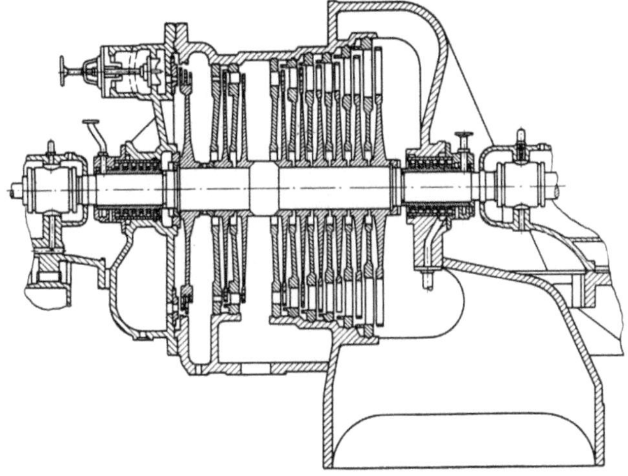

Abb. 55. Frischdampf-Speicherdampf-Turbine, Bauart Laval (Malmö)

beaufschlagen. Für die *ausschließliche Verwendung von Speicherdampf*
sind zwei Turbinen je 20000 kW im Kraftwerk Berlin-Charlottenburg ausgeführt [82], die mit der größten Speicheranlage von 16
Einheiten je 312,5 m³ zusammenarbeiten (Abb. 56). Der Speicherdruck
verändert sich zwischen 14 und 1,5 ata. Die Turbine ist eingehäusig
und doppelflutig nach dem SSW-Röder-System ausgeführt und enthält
auf einer Trommel mit drei bohrungslosen Rädern auf jeder Seite insgesamt 2mal 16 Stufen. Für den Speicherdampf sind drei Zuleitungen
vorgesehen, die von je zwei Ventilen geregelt werden. Bei hohem Speicherdruck wird der gesamte Dampf der ersten Stufe zugeführt. Überschreitet die notwendige Dampfmenge bei absinkendem Druck die
Schluckfähigkeit, so läßt die zweite Ventilgruppe Speicherdampf unmittelbar vor die fünfte Stufe treten. Sind die Durchgangsquerschnitte
gegen Ende der Entladung auch damit nicht mehr ausreichend, so öffnet
schließlich die dritte Gruppe, die vor die elfte Stufe führt. Mit der so
erhöhten Schluckfähigkeit ist die Turbine imstande, die zugrunde-

gelegte, angenähert dreieckförmige Spitzenbelastung von drei Stunden
Gesamtdauer, deren Höchstwert im ersten Drittel auftritt, zu decken,
wobei ein mittlerer Dampfverbrauch von 8,37 kg/kWh bei Abnahme-
versuchen gemessen wurde.

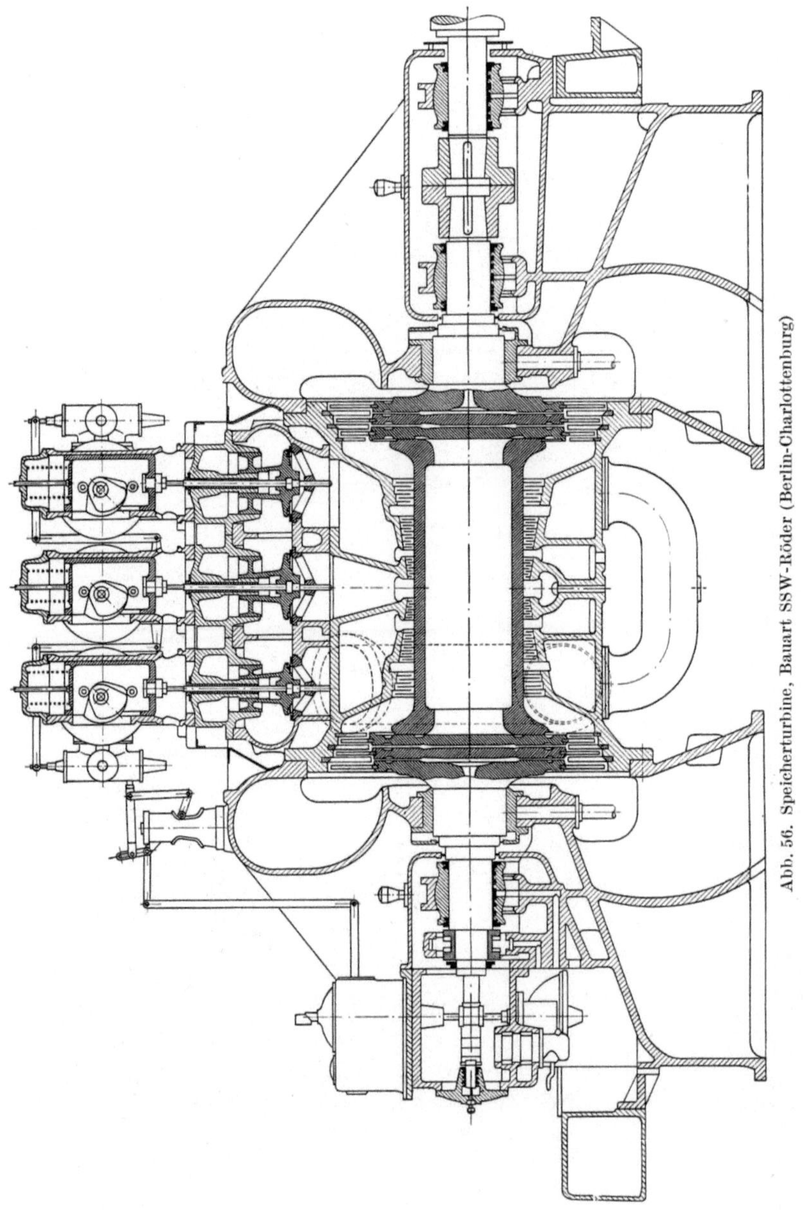

Abb. 56. Speicherturbine, Bauart SSW-Röder (Berlin-Charlottenburg)

Wichtig für die Verarbeitung des Speicherdampfes in Turbinen ist noch die Frage, ob durch die Expansion des Sattdampfes bei niedrigen Drücken ein unzulässig hoher *Feuchtigkeitsgehalt im Abdampf* auftreten kann, der zu verstärkten Korrosionen der letzten Turbinenstufen führen könnte. Trägt man die Expansionslinien in ein IS-Diagramm ein, wobei beispielsweise durch die Speicherentladung eine gewöhnlich ausgeprägte Kraftwerkspitze zu decken ist [42], so erhält man die in Abb. 57 dargestellten Kurven. Berücksichtigt wurden dabei

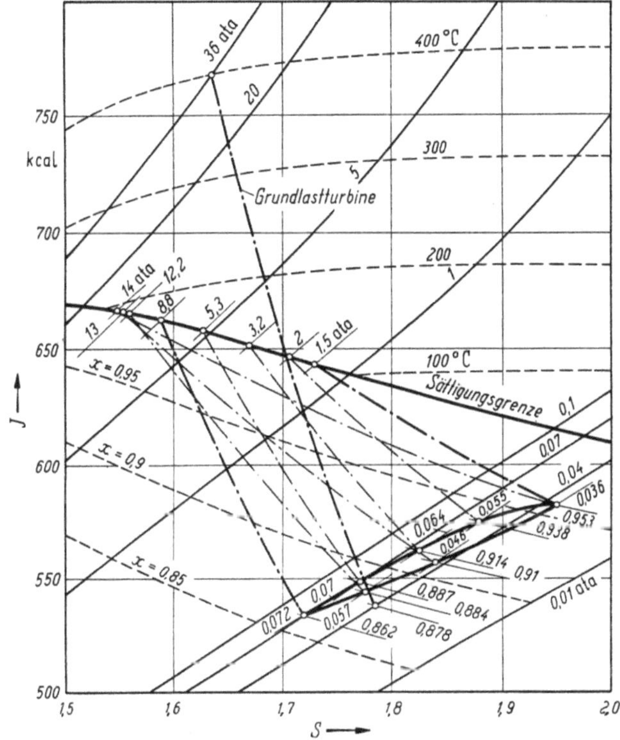

Abb. 57. Vergleich der Expansionslinien für Speicher- und Frischdampfturbinen

der Einfluß der Belastung auf den thermischen Wirkungsgrad und das erzielbare Vakuum. Mit zunehmender Belastung werden die Expansionslinien steiler, so daß der höchste Feuchtigkeitsgehalt mit 13,8% während der höchsten Spitze bei 8,8 ata auftritt. Mit sinkendem Druck verringert sich die Feuchtigkeit, so daß sich als Mittelwert für die gesamte Entladung nur 9,3% ergibt. Zum Vergleich ist die Expansionslinie einer vollbelasteten Hochdruckturbine von 35 atü und 400 °C bei 96% Vakuum eingezeichnet, deren Feuchtigkeitsgehalt 12,2% beträgt. Wenn man noch berücksichtigt, daß Speicherturbinen nur einige hundert Stunden jährlich betrieben werden, erkennt man, daß die Schaufelzerstörung bei diesen weniger stark auftreten kann als bei Frischdampfturbinen für Grundlast.

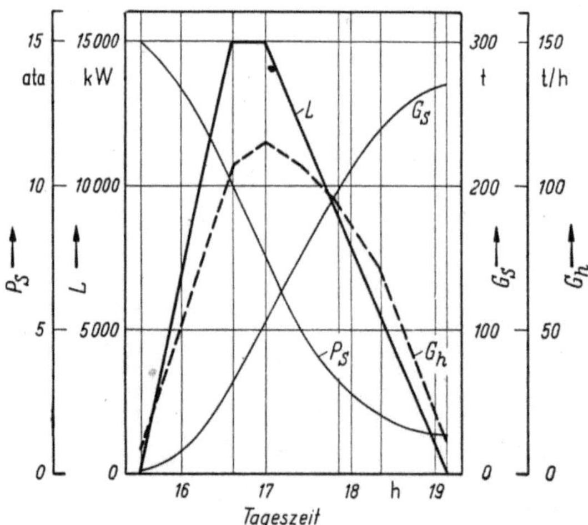

Abb. 58. Leistung, Druck und Dampfverbrauch bei Spitzendeckung

Bei der *Berechnung von Speicherturbinen* handelt es sich vor allem darum, die notwendige Schluckfähigkeit festzustellen, die zur Deckung der vorgeschriebenen Belastung vorgesehen werden muß. Die Grundlage der Berechnung bildet das Dampfverbrauchsdiagramm in Abhängigkeit von Druck und Leistung, das entsprechend dem geringeren adiabatischen Wärmegefälle unter Berücksichtigung des thermodynamischen Wirkungsgrades (der wegen der fehlenden Überhitzung abnimmt) gezeichnet werden kann.

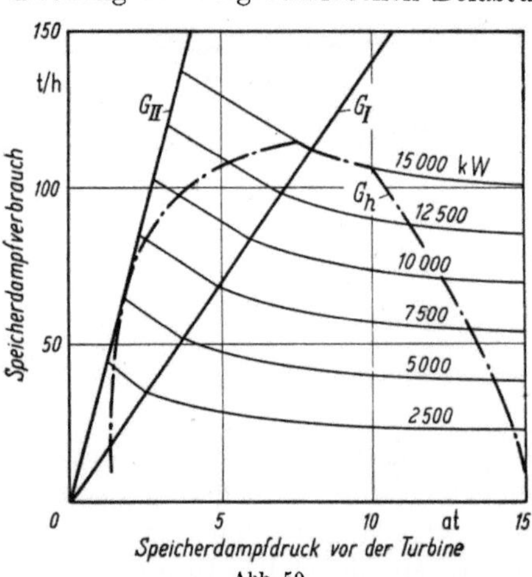

Abb. 59.
Speicherdampfverbrauch abhängig vom Dampfdruck

Am *Beispiel* einer Speicherdampfturbine für 15000 kW soll das Verfahren [37] kurz dargestellt werden. Die angeforderte Belastung ist durch Abb. 58 gegeben; der Dampfverbrauch wurde für verschiedene Belastungen abhängig vom Speicherdruck nach Abb. 59 ermittelt. Aus der Entladekurve erhält man damit den tatsächlich entstehenden Druckabfall im Speicher. Die Kurven des Speicherdrucks P_s, des stündlichen Dampfverbrauches G_h, ebenso wie der insgesamt verbrauchten Dampfmenge G_s können so, wie in Abb. 58 dargestellt, aufgezeichnet werden. Der Endwert von 271,3 t muß vom Speicher bis zum niedrigsten Betriebsdruck von 1,6 ata im Speicher abgegeben werden können. Um festzustellen, ob die Schluckfähigkeit der Einlässe, die in Abb. 59 durch die Geraden G_I für die Hauptventile und G_{II} für die Zusatzventile gegeben ist, bei der untersuchten Belastung ausreicht, wird der Verlauf des Dampfverbrauches G_h eingetragen. Um die längste Entladedauer bei einer bestimmten Leistung festzustellen, kann in ähnlicher Weise die umgekehrt durch die Schluck

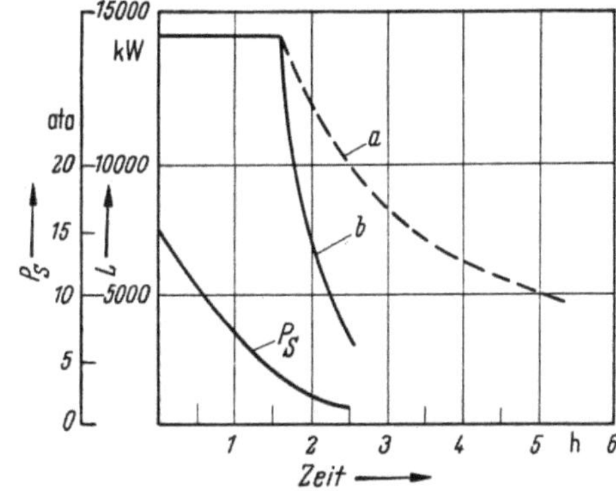

Abb. 60. Längste Entladedauer bei konstanter Leistung

fähigkeit begrenzte Belastungsform berechnet werden. Man braucht nur die betreffende Dampfverbrauchslinie in Abb. 59 bis zum Schnitt mit G_{II} verfolgen, wodurch sich die Dampfmenge und Dauer ergeben. In Abb. 60 ist der Belastungsverlauf bei 15000 kW Anfangsbelastung mit dem zugehörigen Druckverlauf dargestellt. Die Kurve a gibt die Dauer an, die bei anderen unveränderten Anfangsbelastungen eingehalten werden kann.

VI. Höchstdruckspeicher

1. Grundlagen und Berechnung

Als *Höchstdruckspeicher* bezeichnet man solche Gefällespeicher, deren maximaler Druck in das Höchstdruckgebiet fällt. An sich wäre hier eine prinzipielle Unterscheidung weder begründet noch möglich, wenn die Entwicklung zu immer höheren Drücken ähnlich verlaufen wäre, wie im Kessel- und Kraftwerksbau. Beim Gefällespeicher ist die Drucksteigerung jedoch nicht ebenso grundsätzlich und automatisch mit einer Verbesserung des Kreisprozesses und Wirkungsgrades verbunden. Vielmehr reduziert sich die erzielbare spezifische Speicherfähigkeit (je 1 at Druckgefälle) mit ansteigendem Höchstdruck immer mehr, wie im vorangehenden Kapitel dargelegt wurde (s. S. 38). Auch werden die Abkühlungsverluste infolge der höheren Temperaturen

5*

gesteigert und damit der Wirkungsgrad der Speicherung geringer. Man
war daher lange Zeit der Ansicht, daß es sinnlos wäre, Speicher für höhere
Drücke (als etwa 20 ata) zu entwickeln. Der Umschwung wurde durch
die Einführung des Gefällespeichers in die Kraftwirtschaft hervorgerufen.
Auch hier wurde zunächst die Speicherentladung bis auf einen möglichst
niedrigen Druck angestrebt und dies durch spezielle Speicherturbinen

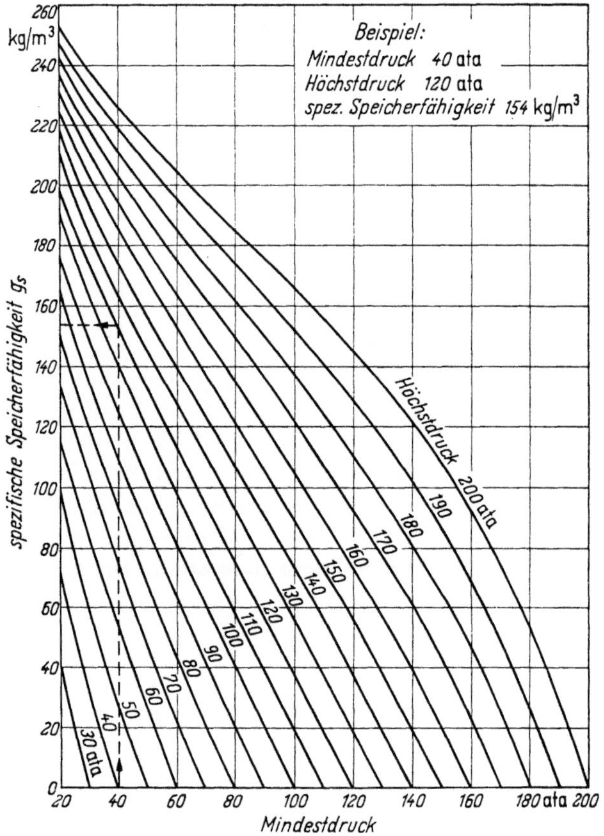

Abb. 61. Spezifische Speicherfähigkeit von Höchstdruckspeichern

ermöglicht (s. S. 60). Der Nachteil solcher Spezialausführungen war
eine der Hauptursachen für den Übergang zu höheren Drücken. Dieser
vollzog sich jedoch nicht stufenweise (wie etwa im Kesselbau), sondern
wurde, besonders durch die Arbeiten von Prof. GILLI, im wesentlichen
in einem einzigen Schritt vollzogen. Dabei wurden konsequent alle Faktoren in die Betrachtung einbezogen, die gegenüber dem normalen
Gefällespeicher Vorzüge aufweisen konnten. Vor allem sollte der Entladedruck so hoch gelegt werden, daß *normale Dampfturbinen* Ver-

wendung finden konnten. Diese Tatsache allein bedingte den Sprung von etwa 15 at in ein weitaus höheres Druckgebiet von etwa 100 bis 150 at. Die weitere Entwicklung dieser Speicherart ist mit der Kraftwirtschaft verbunden und wird im Kap. IX weiter verfolgt.

Die *Grundlagen* der Gefällespeicherung bleiben prinzipiell auch für das Höchstdruckgebiet bestehen. Die Wärme des zu speichernden Dampfes wird an den Wasserinhalt des Speichers übertragen, entweder durch unmittelbares Einblasen des Ladedampfes oder durch mittelbare Wärmeübertragung durch eine Heizfläche. Durch die geladene Wärme steigen Temperatur und Druck im Speicher. bis der maximale Druck erreicht ist. Bei der Entladung kann dann unter Druckabsenkung Dampf aus dem Dampfraum entnommen werden, der aus dem Wasserinhalt des Speichers nachverdampft wird.

Die *Berechnung* der Speicherkapazität geht daher von den gleichen Beziehungen aus, die in Kap. V eingehend für die Gefällespeicherung im allgemeinen behandelt wurden. Für die praktische Behandlung wurden die Bereiche in das Höchstdruckgebiet erweitert, wie in Abb. 61 dargestellt (nach KINKELDEI). Hieraus lassen sich die gespeicherten Dampfmengen für beliebige Druckgrenzen mit ausreichender Genauigkeit entnehmen. Die Tendenz zu immer kleineren Kapazitäten, je 1 at Druckgefälle, läßt sich hieraus deutlich erkennen.

Die Wärmespeicherung wird jedoch wesentlich erhöht, wenn man in Betracht zieht, daß die Speicherung nicht nur im Wasserinhalt, sondern auch im darüber befindlichen *Dampfraum* und besonders auch in der *Eisenwärme* der Behälterwandungen wirksam ist. Insbesondere spielt letztere beim Höchstdruckspeicher eine wichtige Rolle, da das Gewicht des Behälters infolge der größeren Blechstärken stark ansteigt. Die *thermischen Verhältnisse* wurden von KINKELDEI [28] untersucht, dessen Arbeit den Einfluß der Eisenwärme kennzeichnet. Ausgehend von der erweiterten Grundgleichung, die die im Eisen gespeicherte Wärme zur im Wasser gespeicherten Wärme addiert.

$$G_w \cdot T' \cdot ds + G_k \cdot c_k \cdot dT = dG \cdot r$$

ergibt sich die Differentialgleichung

$$\frac{dG}{G} = \frac{T' \cdot ds + \dfrac{G_k}{G} c_k \cdot dT}{r}$$

Hierbei bedeuten

G_w = das anfänglich im Speicher enthaltene Wassergewicht
G_k = das gesamte Behälter-Eisengewicht (mit Einbauten)
c_k = die spezifische Wärme des (Behälter-)Eisens.

5B Goldstern, Dampfspeicheranlagen, 2. Aufl.

Mit gewissen vereinfachenden Annahmen läßt sich obige Gleichung integrieren, und man erhält die spezifische Speicherkapazität

$$g_{spe} = 1 - e^{\dfrac{\int\limits_{r}^{2} T' \cdot ds + \gamma_{sp} \cdot g_{sp} \cdot c_k \cdot dT}{1}} \qquad [\text{kg/m}^3].$$

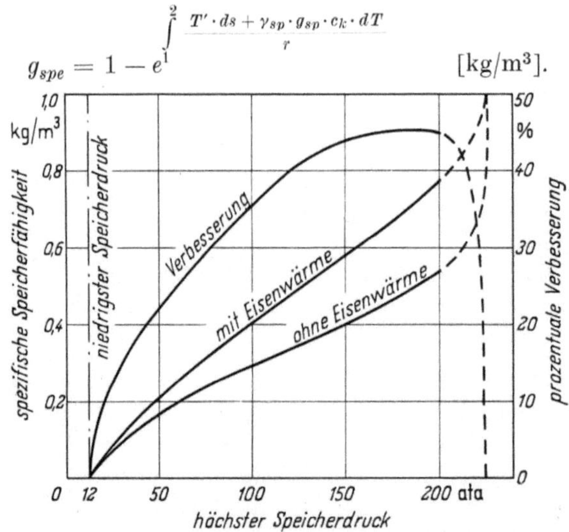

Abb. 62. Verbesserung der Speicherfähigkeit durch Berücksichtigung der Eisenwärme
(nach Kinkeldei)

Die Bedeutung dieser Berechnung ist in Abb. 62 am Beispiel eines Entladedrucks $p_2 = 12$ ata gezeigt für Ladedrücke bis 200 ata, woraus die spezifische Kapazität unter Berücksichtigung der Eisenwärme

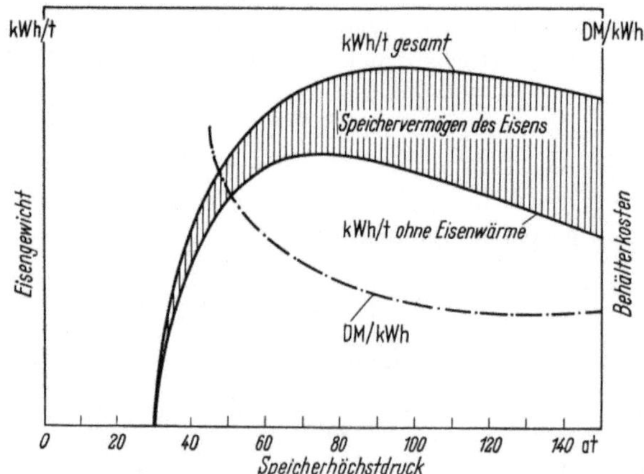

Abb. 63. Einfluß des Speicherdrucks auf Kapazität und Kosten (nach Musil)

ersehen werden kann, ebenso die Kapazität ohne Eisenwärme und die prozentuale Verbesserung Diese ergibt z. B. bei einem Ladedruck von 170 ata einen Höchstwert von 45%, also eine ganz wesentliche Erhöhung der Speicherfähigkeit. Der steigende Einfluß der *Eisenwärme* im Höchstdruckgebiet ist deutlich aus der Darstellung nach Musil [52] im Diagramm Abb. 63 ersichtlich. Hier ist die Speicherkapazität nicht in kg Dampf ausgedrückt, sondern gleich in kWh, der hieraus erzielbaren Kraftausbeute. Dabei wirkt sich der mit höherem Dampfdruck geringere spezifische Dampfbedarf, in kg je kWh aus. Diese Speicherkapazität ist nicht mehr auf das Speichervolumen bezogen, sondern gleich auf das Eisengewicht, das weitgehend die Speicherkosten beeinflußt. Diese sind auch unmittelbar in kWh angegeben (wobei angenommen werden kann, daß die relativen Beziehungen sich seit der Veröffentlichung (1938) wenig geändert haben). Das Ergebnis zeigt eindeutig, daß, wie zu erwarten ist, die so ausgedrückte Speicherfähigkeit über einen bestimmten Höchstwert, der bei 70 bis 80 at liegt, hinaus wieder abnimmt. Jedoch liegt dieser Höchstwert, wenn die Eisenwärme berücksichtigt wird, wesentlich höher, etwa bei 100 bis 110 at, und auch bei noch höheren Werten nimmt die Speicherfähigkeit nur sehr langsam ab. Diese Überlegungen lagen der ersten Höchstdruckspeicher-Anlage zugrunde, die im einzelnen im nächsten Kapitel beschrieben ist.

2. Ausführung und Wirkungsweise

Wie bereits dargestellt, ist der Übergang zu höheren Drücken auch auf dem Speichergebiet eine Entwicklung ähnlich der Anwendung immer höherer Drücke im Kesselbau und in der Krafterzeugung. Den dabei erzielbaren Vorteilen stehen jedoch beim Gefällespeicher sehr deutliche Nachteile infolge der großen Speichertrommeln entgegen, die zunächst auf einen wirtschaftlich begrenzten Höchstwert hinwiesen. Die Weiterentwicklung verlief weniger durch allmählichen Übergang auf immer höhere Drücke unter Beibehaltung der wesentlichen Punkte der Ausführung und Wirkungsweise, als vielmehr durch einen sprungartigen Schritt in das Höchstdruckgebiet.

Die angegebenen technischen Einzelheiten sind den ersten 2 Höchstdruckspeicheranlagen entnommen, die nach dem System Ruths, *Wiener Lokomotivfabrik*, basiert auf Erfindungen von Prof. Gilli, ausgeführt wurden. Im Jahre 1934 wurde ein Höchstdruckspeicher in einem Gaswerk der Gemeinde Wien aufgestellt für einen Druck von 120 atü, zur Aufladung der ersten Höchstdruck-Lokomotive (s. S. 75). Auf Grund der mit dieser Anlage erzielten Ergebnisse wurde dann im Jahre 1937 eine größere Anlage im Kraftwerk Simmering der Städtischen Elektrizitätswerke Wien aufgestellt. Der Beschreibung dieser Speicheranlage durch Mokesch [47] sind die folgenden technischen Einzelheiten entnommen.

Der Speicher ist gekennzeichnet durch die Unterteilung sowohl nach Volumen als auch nach Funktion auf eine Anzahl von kleineren Behältern, die jeweils gruppenweise in Reihe geschaltet sind. Die *Schaltung* zeigt Abb. 64 prinzipiell: Der zum Laden benötigte Dampf wird in einem besonderen Kessel *L* erzeugt, dessen Druck entsprechend dem Speicherdruck ansteigt, da in diesem Fall kein Überströmregler eingeschaltet ist. Für die Ladung sind zwei Möglichkeiten vorgesehen: Einmal kann der Dampf direkt in die obersten Trommeln *1* und *2* eingeführt und in üblicher Form geladen werden. Außerdem ist ein besonderer Wärmeaustauscher *WA* vor-

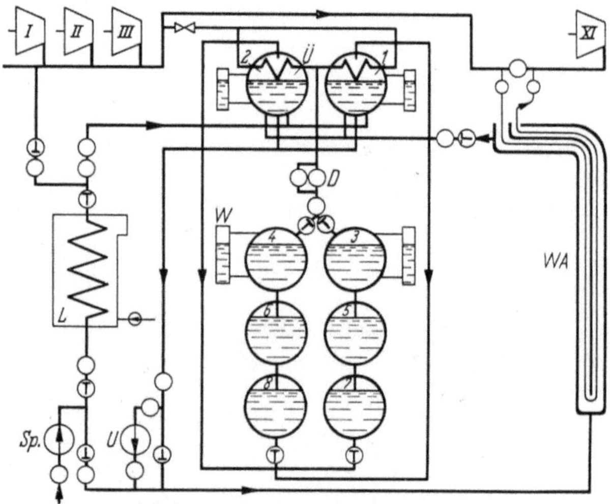

Abb. 64. Schaltung eines Höchstdruckspeichers

handen, in welchem der Dampf der Hauptkessel einen Teil der Überhitzung abgibt, um den mittels Umwälzpumpe *U* zirkulierenden Wasserinhalt des Speicher zu erwärmen. Wie die Schaltung zeigt, beschränkt sich der Ladevorgang zunächst auf die Vor- und Überhitzungstrommel, wird aber infolge des hier steigenden Druckes auf die Trommeln der Hauptspeichergruppe *3* bis *8* übertragen, indem Dampf der Vortrommel durch eine Ausgleichleitung mit Rückschlagventil in die anderen Trommeln strömen kann.

Bei der *Entladung* wird der Dampf nur aus der Hauptspeichergruppe entnommen und durch einen Reduzier-Regler auf den Druck der Turbinen gebracht. Der Dampf erhält noch eine gewisse Überhitzung, indem er durch eine im Dampfraum der Überhitzungstrommel gelegene Rohrschlange geleitet wird, und strömt dann in die gemeinsame Leitung zur Turbine.

Wird die Ladung auf die *indirekte Methode* beschränkt, so ergibt sich die interessante Möglichkeit, im Speicher einen höheren Druck zu erreichen als den Druck des Ladedampfes. Theoretisch kann der Speicher

bis auf den Sattdampfdruck, entsprechend der Überhitzungstemperatur,
gebracht werden, doch praktisch erniedrigt sich der Druck infolge der
Temperaturdifferenz im Wärmeaustauscher. Diese Methode macht es
also möglich, bei Verwendung von höher überhitzten Dampf den Gefällespeicher in einem Druckgefälle zu betreiben, das *über dem Kesseldruck*
liegt. Der Speicherdampf kann mit dem vollen Druck der Kesselanlage

Abb. 65. Ausführung eines Höchstdruckspeichers (Kraftwerk Wien-Simmering)

geliefert werden, so daß keine Speicherturbinen nötig sind. Zu beachten
ist jedoch, daß die zur Ladung verfügbare Wärmemenge begrenzt ist,
da sie von der zulässigen Absenkung der Überhitzungstemperatur im
Wärmeaustauscher abhängig ist. Man wird im allgemeinen nicht mehr
als 5 bis 10% der in den Kesseln erzeugten Dampfmenge auf diese Methode in Dampf höheren Druckes umwandeln können.

Die *Ausführung* des Höchstdruckspeichers im Kraftwerk Simmering
zeigt Abb. 65: Die obersten 2 Behälter dienen als Vortrommeln, mit

19 m³ Inhalt, die unteren 6 als Hauptspeicher mit insgesamt 63 m³ Inhalt; wodurch sich eine Dampfkapazität von 14,800 kg ergibt. Nur die obersten 2 Trommeln der Hauptspeichergruppe haben einen Dampf-

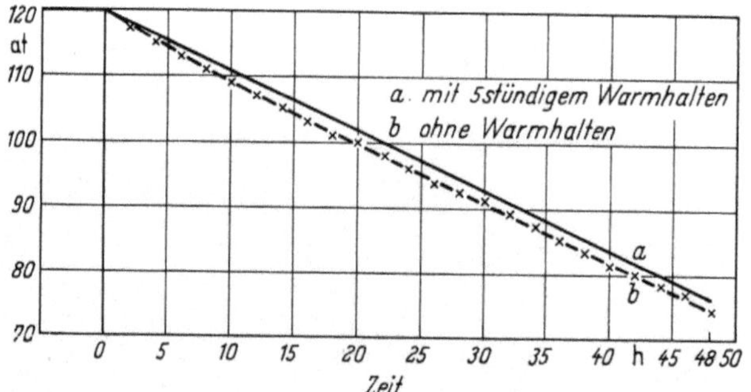

Abb. 66. Druckabfall durch Wärmeverluste

raum, während die unteren 4 vollständig mit Wasser gefüllt sind; die Füllung beträgt etwa 85%. Bei einem Betriebsdruck von 32 at und einer Überhitzung zwischen 240 und 300°C können 4000 kWh erzeugt werden. Für die gemeinsame Isolierung der Behälter wurde Alfol mit einer

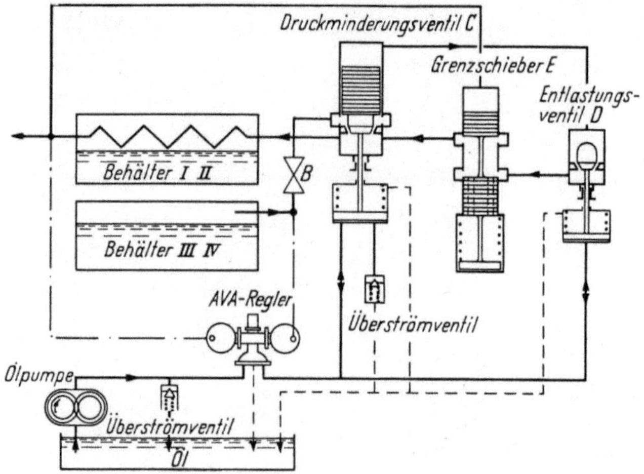

Abb. 67. Regelung eines Höchstdruckspeichers (Kraftwerk Wien-Simmering)

Gesamtdicke von 20 cm verwendet. Da die Speicher über längere Zeiträume ohne Dampfabgabe bereitgehalten werden müssen, ist es wesentlich, die Wärmeverluste auf einem Mindestmaß zu halten. Abb. 66 zeigt den durch die Wärmeverluste bedingten Druckabfall, woraus sich ein Gesamtverlust von etwa 3 Mill. kcal in 48 h ergibt.

Die *Regelung* der Anlage beschränkt sich, wie bereits erwähnt, auf die Entladung. Das Schema zeigt Abb. 67. Der Hauptregler hält den

Dampfdruck an den Turbinen konstant, auf 32 at $\pm$ 0,5 at. Hinzu kommt ein Grenzregler, der bei Überschreiten des maximalen Speicherdrucks von 120 at eingreift und den Regler öffnet, unabhängig vom Druck in der Entladeleitung. Die Regelanlage selbst besteht in bekannter Weise aus einem ölgesteuerten Ava-Regler, mit Druckminder-, Grenz- und Entlastungsventilen.

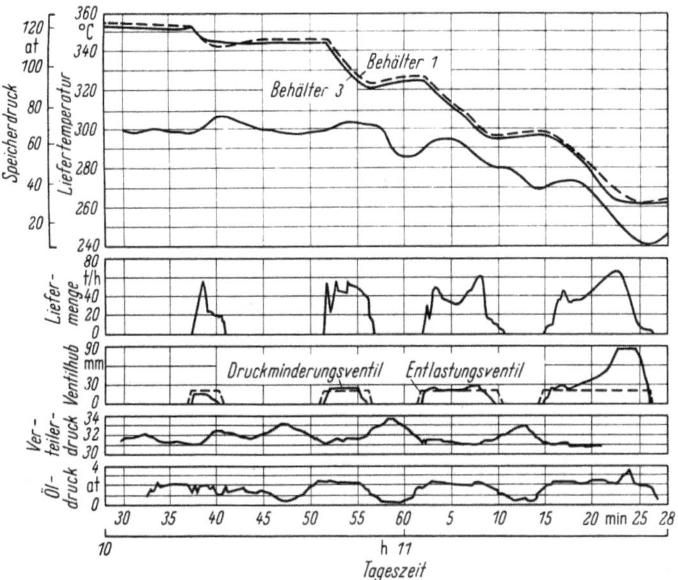

Abb. 68. Entladung eines Höchstdruckspeichers (Kraftwerk Wien-Simmering)

Bei normalem Betrieb dient diese Höchstdruck-Speicheranlage nur als *Momentanreserve* und wird daher dauernd betriebsbereit mit vollem Druck gehalten. Der Speicher kann durch den Ladekessel in 5,5 h von 32 auf 120 at gebracht werden oder durch den Wärmeaustauscher in 12 bis 24 h. Die Verhältnisse bei der Entladung zeigt Abb. 68, wobei innerhalb eines Zeitraums von 55 Minuten aus dem Speicher Dampf- mengen bis über 60 t/h entnommen wurden. Die versuchsweise maximale Entladeleistung beträgt etwa 130 t/h, die für eine Dauer von 3 Minuten eingehalten werden kann.

3. Speicherlokomotiven

Die Speicherlokomotiven, meist als „feuerlose" Lokomotiven bekannt, sind grundsätzlich eine spezielle Anwendung des Gefällespeichers. Vor fast 100 Jahren wurden Lokomotiven dieser Art zum ersten Male vorgeschlagen und fanden, besonders für den Ortsverkehr, vor der Einführung des elektrischen Zugbetriebs vielseitige Anwendungsmöglichkeiten. Die Vorteile der stationären Dampferzeugung in normalen Kesselanlagen und des einfachen Betriebs mit geringen Verlusten ergaben eine Überlegenheit der „Feuerlosen" besonders für den Verschubdienst, für feuergefährliche Betriebe u. ä. Der Nachteil des begrenzten Aktionsradius. infolge der Notwendigkeit des Aufladens nach kurzer Betriebsdauer, verhinderte eine weitergehende Verwendung.

Erst die Einführung des Höchstdruckspeichers durch Prof. GILLI und die Entwicklung der *Höchstdruck-Speicherlokomotive* eröffneten der „Feuerlosen" neue Möglichkeiten. Die ersten Lokomotiven wurden 1932 für das Gaswerk Leopoldau (Abb. 69) von der Wiener Lokomotiv-

Abb. 69. Ansicht einer Höchstdruck-Speicherlokomotive (Wiener Lokomotiv-Fabrik)

Fabrik A. G. gebaut [*15*]. Die günstigen Ergebnisse führten zur Verwendung in größerem Umfang und Weiterentwicklung durch *Henschel* & *Sohn* [*10*].

Der *Aufbau* der Speicherlokomotive ist schematisch in Abb. 70 dargestellt. Die Ladung erfolgt vom Ladeanschluß über ein Lade- und ein Rückschlagventil, wobei der Dampf in den Wasserinhalt des Speichers eingeleitet wird. Bei der Entladung wird der Dampf durch ein Entnahmerohr abgeleitet und über das Hauptabsperrventil zum Reduzier-Regler geführt. das den Druck des Speicherdampfes gleichmäßig auf etwa 12 bis 15 atü hält. Von hier gelangt der Dampf zunächst zum Überhitzer. der im Speicher gelegen ist. und über einen Ausgleichbehälter zum Zylinder.

Gegenüber den normalen, gefeuerten Dampflokomotiven können die Höchstdruck-Speicherlokomotiven beträchtliche Einsparungen an Brennstoffkosten erzielen. In erster Linie ist dies durch die geringeren Kosten des zur Ladung des Speichers verwendeten Dampfes bedingt, der in stationären Kesselanlagen mit wesentlich besserem Wirkungsgrad und oft aus billigerem Brennstoff erzeugt werden kann. Dazu kommt die bessere Ausnutzung infolge der erzielten Überhitzung im Speicher und

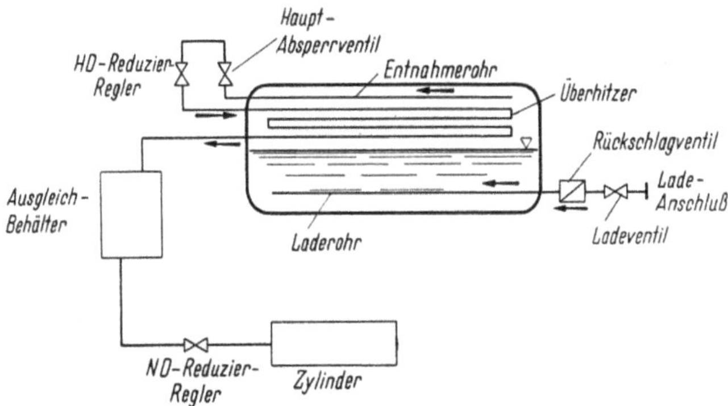

Abb. 70. Schema einer Höchstdruck-Speicherlokomotive (nach Henschel & Sohn, Kassel)

bei der Reduzierung, sowie die Tatsache, daß während der Stillstandszeiten nur die äußerst geringen Abkühlungsverluste auftreten. Die Betriebskosten sind ebenfalls geringer, da ein Mann zur Bedienung genügt, und die Instandhaltung wesentlich einfacher und billiger ist als bei gefeuerten Dampflokomotiven. Demgegenüber stehen die höheren Anschaffungskosten der Speicherlokomotive.

VII. Gleichdruckspeicher

1. Prinzip und Wirkungsweise

Die Bezeichnung „Gleichdruckspeicher" kennzeichnet die Methode, die es ermöglicht, *Dampf vom gleichbleibenden Druck* mittels Speicherung abzugeben. Daß die Entladung beim Gefällespeicher unter Druckabsenkung erfolgt, wirkt sich (besonders bei der Verwendung des Dampfes zur Krafterzeugung) als großer Nachteil aus. Dieser läßt sich bei der Gleichdruckspeicherung dadurch überwinden, daß die Wärme im Speisewasser gespeichert und im Kessel in Dampf umgeformt wird. Im Grunde ist also ein Gleichdruckspeicher nichts anderes als eine Erweiterung der Speisewasser-Speicherung, wie diese im Kap. II beschrieben wurde.

Daraus ergibt sich auch die *Wirkungsweise* in ihrer einfachsten Darstellung:

1. Bei der Ladung wird die (von der Feuerung erzeugte) überschüssige Wärme dazu benutzt, einen Vorrat von Speisewasser (im Grenzfall bis auf die volle Temperatur des Kesselwassers) vorzuwärmen.

2. Bei der Entladung wird dieses vorgewärmte Wasser zur Kesselspeisung benutzt, so daß entsprechend mehr Wärme für die Verdampfung zur Verfügung steht (da weniger oder gar keine Wärme für die Speisewassererwärmung benötigt wird).

Dadurch erklärt sich auch, daß das *Anwendungsgebiet* dieser Speichermethode besonders dort ist, wo Dampf von vollem Kesseldruck benötigt wird, und wo das Speisewasser nicht bereits durch Abwärme u. a. zu hoch vorgewärmt ist.

Theoretisch gesehen, wird beim Gleichdruckspeicher die im Wasser gespeicherte Wärme durch die (von außen gelieferte) *Verdampfungswärme* in Dampf verwandelt. (Im Gegensatz dazu wird beim Gefällespeicher die Verdampfung ohne Wärmezufuhr von außen, durch Absenkung der Temperatur des Speicherstoffes erzielt.) Daher kann beim Gleichdruckspeicher die Entladung ohne Änderung der Temperatur des Speicherstoffes vor sich gehen und der Druck im Speicher dauernd

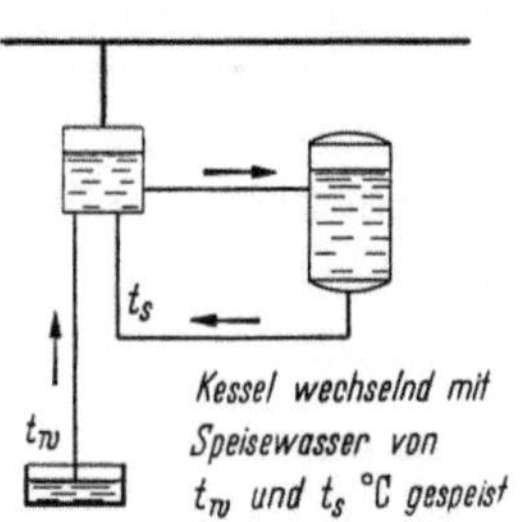

Abb. 71. Gleichdruckspeicher-Schaltung mit Vorwärmung im Kessel

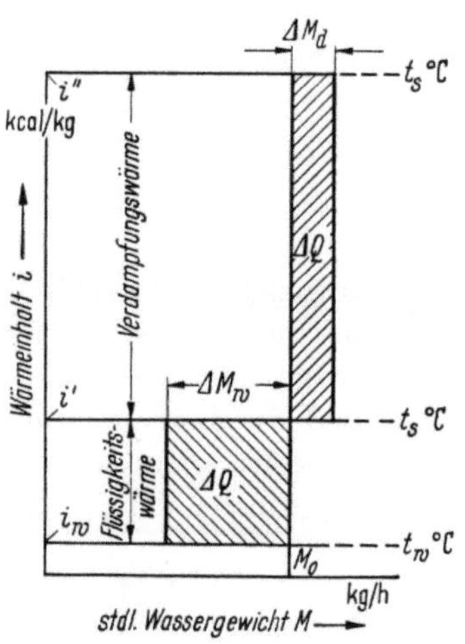

Abb. 72. Wärmemengen-Diagramm zur Berechnung der Gleichdruckspeicherung

auf gleicher Höhe gehalten werden. Für die Ladung ergibt sich hieraus die Forderung, daß die Kondensation des geladenen Dampfes stets mit einem solchen Anteil des Speicherstoffes zu bewirken ist, daß durch dessen Erwärmung gerade die Speichertemperatur erreicht werden kann. Praktisch kommt für die Wärmezufuhr von außen nur die *Kesselfeuerung* in Betracht. Somit muß als Speicherstoff das Kesselspeisewasser gewählt werden. Der Gleichdruckspeicher ist also in den Teil des Speisewasserkreislaufes einzuschalten, der vor dem Kessel liegt. Für die Ausnutzung der Gleichdruckspeicherung ergeben sich aus dem Zusammenwirken mit dem Kessel die grundlegenden Beziehungen, die zunächst für den allgemeinen Fall abgeleitet werden sollen.

Der Speicher wird, wie in Abb. 71 gezeichnet, so mit dem Kessel verbunden, daß das Kesselwasser in beiden Richtungen wahlweise fließen kann. Im geladenen Zustand ist der Speicher mit heißem Kesselwasser von Sättigungstemperatur t_s angefüllt. Bei Entladung des Speichers wird das heiße Wasser dem Kessel zugeführt, wodurch die bei gleichbleibender Feuerung übertragene Wärme zur Verdampfung einer größeren Wassermenge ausreicht, also eine zusätzliche Dampfleistung erzielt wird. Die stündlich vom Kessel aufgenommene Wärmemenge Q (kcal/h) verteilt sich auf die Wärmemenge zur Vorwärmung des Wassers Q_w und zur Verdampfung Q_d.

$$Q = Q_w + Q_d \qquad \text{[kcal/h]}.$$

Dabei ergeben sich die Wärmemengen jeweils als Produkt des stündlich erwärmten oder verdampften Wassergewichtes M (kg/h) mal der Zunahme des Wärmeinhaltes Δi (kcal/kg). In Abb. 72 ist die Leistung M als Abszisse, der Wärmeinhalt i als Ordinate gewählt, so daß durch die Flächen die übertragenen Wärmemengen dargestellt werden. Ohne Speicherung wird das stündliche Wassergewicht M_w, das von der Speisewassertemperatur t_w (°C) mit dem Wärmeinhalt i_w (kcal/kg) auf die Sättigungstemperatur t_s (°C) mit i' (kcal/kg) vorgewärmt wird, gleich der durch weitere Erhöhung des Wärmeinhaltes auf i'' (kcal/kg) verdampften Dampfmenge M_d sein, also

$$M_w = M_d = M_o \qquad \text{[kg/h]}.$$

Wird eine bestimmte Menge vorgewärmten Speisewassers ΔM_w(kg/h) mit der Temperatur t_s aus dem Speicher in den Kessel entladen, so steht eine entsprechende Wärmemenge ΔQ (kcal/h) zur Erhöhung der Dampferzeugung um ΔM_d (kg/h) zur Verfügung. Die in der Abbildung schraffierten Flächen müssen gleich ΔQ sein, also

$$\Delta Q = \Delta M_w(i' - i_w) = \Delta M_d(i'' - i') \qquad \text{[kcal/h]}.$$

Bezieht man die Veränderung der stündlich erwärmten Wassergewichte auf den ohne Speicherung erreichten Wert M_o, so erhält man unmittelbar den für die Gleichdruckspeicherung grundlegenden Zusammenhang:

$$\frac{\Delta M_d}{M_o} : \frac{\Delta M_w}{M_o} = (i' - i_w) : (i'' - i')$$

oder wenn die relative Veränderung mit

$$m_d = \frac{\Delta M_d}{M_o} \quad \text{und} \quad m_w = \frac{\Delta M_w}{M_o}$$

bezeichnet wird,

$$\frac{m_d}{m_w} = \frac{i' - i_w}{i'' - i'} .$$

Zwischen der veränderlich zugeführten vorgewärmten Speisewassermenge und der hierdurch erzielten wechselnden Kesselleistung besteht *das gleiche Verhältnis* wie zwischen der Verdampfungswärme und der

Flüssigkeitswärme. Da letztere viel kleiner ist und meist nur etwa 1/10 bis 1/5 beträgt, müssen die Schwankungen in der Speisewasserzufuhr 5- bis 10fach größer sein als die erforderlichen Veränderungen in der Dampferzeugung. Zur Herabsetzung der Kesselleistung bei unveränderter Feuerung muß eine vielfach größere Wassermenge im Kessel vorgewärmt werden, die zur Wiederaufladung des Speichers benutzt wird. Damit ergeben sich auch die Grenzen der Veränderbarkeit der Kesselleistung und zwar einerseits für den Fall, daß kein Wasser gespeist und vorgewärmt wird, also $M_w = 0$, andererseits für den Fall, daß kein Dampf erzeugt wird, also $M_d = 0$.

In Abb. 73 ist zunächst an einem prinzipiellen Belastungsdiagramm die Wirkungsweise dargestellt. Solange die Dampferzeugung unter dem Normalwert bleibt, wird mehr Wasser im Kessel vorgewärmt als verdampft. Das überschüssige Heißwasser wird in den Speicher geleitet, von wo es in den Kessel zurückgeführt wird, sobald die Kesselleistung über den Normalwert ansteigt. Den größten Betrag der Leistungssteigerung erhält man aus obiger Gleichung für $\Delta M_w = M_o$, also $m_w = 1$

$$[m_d]_{\max} = \frac{i' - i_w}{i'' - i'}.$$

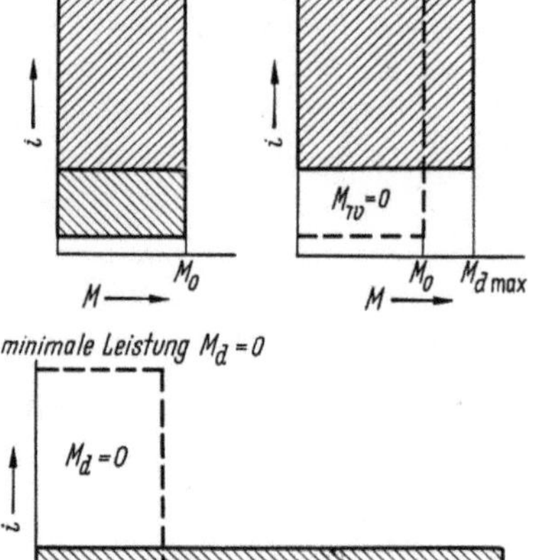

Abb. 74. Verteilung der Wärmemengen für typische Belastungsfälle

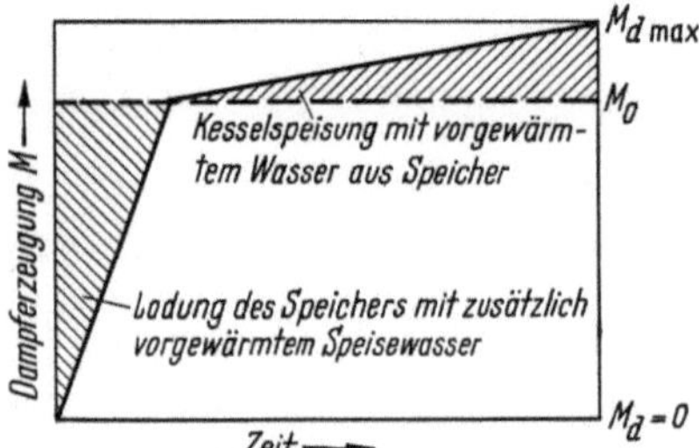

Abb. 73. Prinzipielles Belastungsdiagramm mit Speicherwirkung

Umgekehrt läßt sich die für den Fall der vollständigen Einstellung der Dampferzeugung nötige Speisewassermenge aus derselben Gleichung bestimmen. Für $\Delta M_d = M_o$, also $m_d = 1$ wird

$$[m_w]_{\max} = \frac{i'' - i'}{i' - i_w}.$$

Aus den Diagrammen der Wärmemengen in Abb. 74 läßt sich die verschiedenartige Verteilung auf Wasservorwärmung und Verdampfung für die drei kennzeichnenden Fälle deutlich erkennen.

Die Möglichkeit, den Gleichdruckspeicher mit *überschüssigem Dampf* zu laden, entspricht im wesentlichen dem oben dargestellten Grenzfall der größten Leistungssteigerung. Die grundsätzliche Schaltung zeigt Abb. 75, bei welcher die Zuleitung vom Speicher zum Kessel bestehen bleibt. Hingegen ist zur Ladung eine Verbindung mit der Kesselsammelleitung und der Speiseleitung hergestellt. Das Prinzip der Dampfspeicherung bleibt dasselbe, so daß auch die Beziehung zwischen den Veränderungen der vorgewärmten Wassermenge und der Verdampfleistung bestehen bleibt. Jedoch stellt sich, wie Abb. 76 kennzeichnet, *nur der obere Grenzfall* ein, der zu einer dauernden Abgabe der größten Dampfleistung führt. Der Kessel wird daher ständig gleichmäßig mit heißem

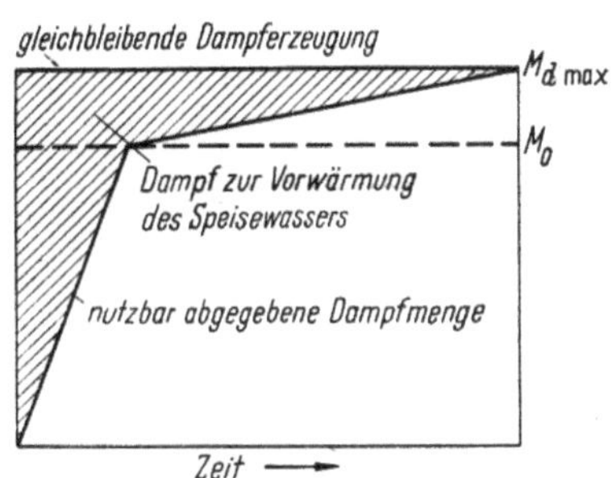

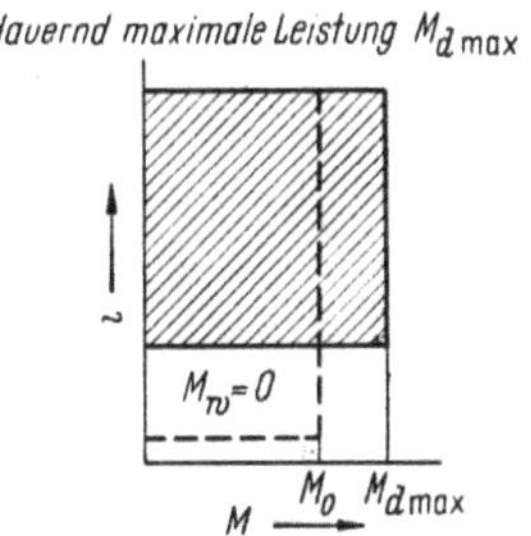

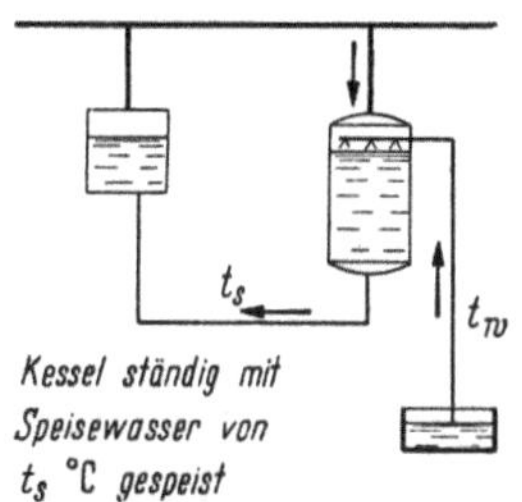

Abb. 75. Gleichdruckspeicher-Schaltung mit Dampfvorwärmung

Abb. 76. Prinzipielles Belastungsdiagramm bei Dampfvorwärmung

Speisewasser aus dem Speicher versorgt. Bei sinkender Belastung wird immer mehr Dampf zur Vorwärmung des Speisewassers (außerhalb des Kessels) benutzt. Im Grenzfall der Belastung $M_d = 0$ dient die gesamte Dampferzeugung zur Vorwärmung. Die hierbei erforderliche Speisewassermenge ermittelt sich in gleicher Weise wie für den Fall der Vorwärmung im Kessel.

Wird der Gleichdruckspeicher mit Dampf geladen, so kann der Betriebsdruck niedriger als der Kesseldruck gewählt werden. Die Leistungssteigerung geht dann entsprechend dem geringeren Wärmeinhalt des gespeisten Heißwassers zurück.

2. Vorwärmung im Kessel

Die verbreitetste Bauart, die von Dr. KIESSELBACH entwickelt wurde, ist in Abb. 77 dargestellt. Zwischen Kessel und Speicher bestehen zwei Verbindungen: *Überlaufleitung* und *Wälzleitung*. Durch die Überlauf-

leitung fließt vom Wasserinhalt des Kessels immer so viel in den tiefer-
liegenden Speicher ab, daß der Wasserstand im Kessel unveränderlich
bleibt. In der Wälzleitung ist eine Umwälzpumpe P_1 eingeschaltet,
die ununterbrochen eine *konstante* vorgewärmte Speisewassermenge
vom Speicher wieder in den Kessel pumpt. Daneben wird der Kessel
mit kaltem Speisewasser durch eine normale Pumpe P_2 versorgt, deren
Leistung jedoch abhängig vom Kesseldruck geregelt wird.

Die *Wirkung der Speicheranlage* geht folgendermaßen vor sich:
Entspricht die Feuerführung dem Dampfbedarf, so greift der Regler
nicht in die Kesselspeisung ein, die so eingestellt ist, daß gerade die
verdampfte Wassermenge ersetzt wird.
Das von der Umwälzpumpe geförderte
vorgewärmte Speisewasser fließt durch
den Überlauf in gleichem Maße wieder
ab, so daß der Speicherzustand unverändert bleibt. Erst wenn die Belastung sich
verändert, wird das Gleichgewicht dadurch
gestört, daß die Speisepumpe durch den
Regler beeinflußt wird. Wird der Dampfbedarf höher als der Kessel bei unveränderter Feuerung leisten kann, so sinkt
der Kesseldruck, und der Regler verringert die Speisewasserzufuhr. Die fehlende

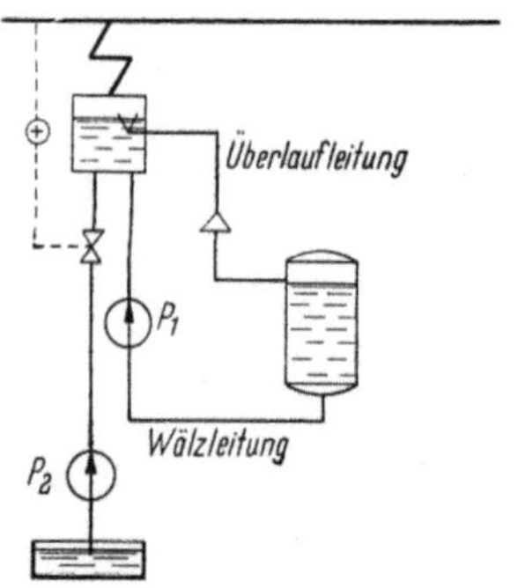

Abb. 77. Schaltung des KIESSEL-
BACH-Speichers

Menge wird durch das Heißwasser ersetzt, das die Umwälzpumpe aus
dem Speicher in den Kessel fördert, so daß eine erhöhte Verdampfung
möglich wird. Bei vollständig abgestellter Kaltspeisung wird vom
Kessel das gesamte vorgewärmte Speisewasser verbraucht, so daß durch
den Überlauf kein Wasser mehr zurückfließt und der Speicher (mit der
größten Leistungsfähigkeit) entladen wird. — Bei niedriger Belastung
und steigendem Kesseldruck wirkt der Regler umgekehrt. Dem Kessel
wird mehr Speisewasser zugeführt als er verdampft, und der Überschuß
fließt vorgewärmt (mit dem von der Umwälzpumpe zugeführten Wasser) zum Speicher zurück.

Der KIESSELBACH-Gleichdruckspeicher benötigt keinerlei Einbauten.
Der einfache zylindrische *Behälter* wird meist in liegender Bauart möglichst so angeordnet, daß das vom Kessel überlaufende vorgewärmte
Wasser durch eigenes Gefälle in den Speicher fließen kann. Beispielsweise kann die Anordnung des Speichers beim Zusammenarbeiten mit
Steilrohrkesseln nach Abb. 78 durchgeführt werden. Die hochgelegenen
Obertrommeln ermöglichen das Gefälle zum Speicher, der unter Kessel-
flur untergebracht ist. Wo das infolge der Platzverhältnisse unmöglich
ist, wird eine weitere Pumpe (Zwischenpumpe) notwendig, die das zulau-
fende Kesselwasser in den höherliegenden Speicher pumpen muß.

Die weiteren Einzelheiten des KIESSELBACH-Gleichdruckspeichers sind seiner Wirkungsweise entsprechend einfach gehalten. Da zwischen Kessel und Speicher kein Druckunterschied auftreten darf, sind stets die Dampf-

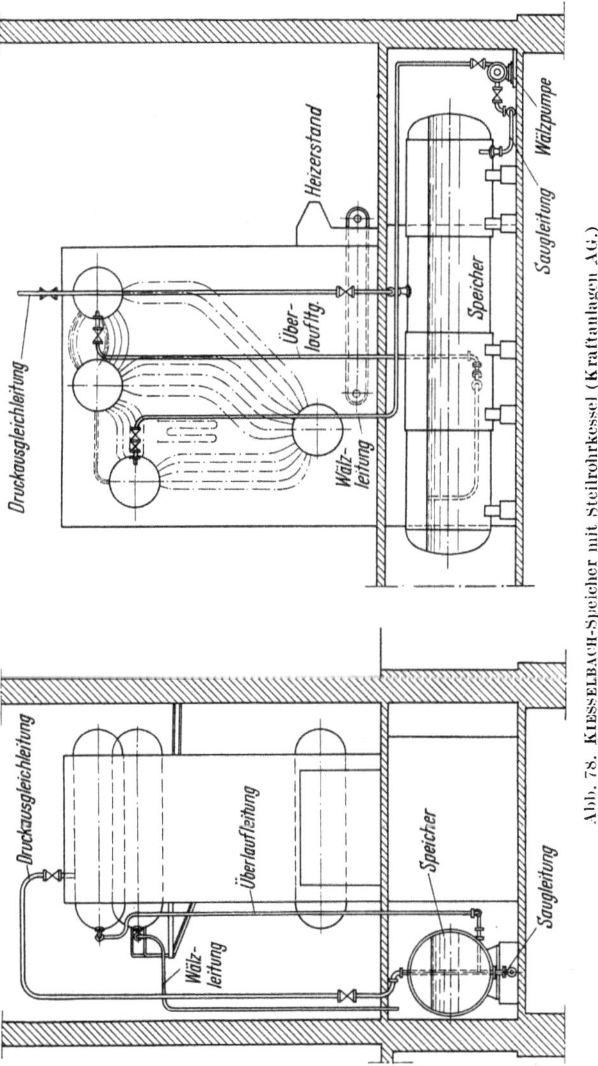

Abb. 78. KIESSELBACH-Speicher mit Steilrohrkessel (Kraftanlagen AG.)

räume beider durch eine Leitung von kleinem Durchmesser (Druckausgleichleitung) verbunden. Druckabsenkungen im Kessel bei zu hohem Dampfbedarf übertragen sich also auch auf den Speicher, der in gleicher Weise wie der Wasserinhalt des Kessels nach dem Gefällespeicherprinzip

6*

wirkt. — Da der Ladezustand durch den Wasserstand im Speicher gekennzeichnet ist, wird außer einer gewöhnlichen Anzeigevorrichtung noch ein Ferninstrument für das Kesselhaus vorgesehen. Dadurch ist man imstande, die Feuerführung der Kessel nach der verfügbaren Heißwassermenge im Speicher einzustellen, da der unveränderlich gehaltene Kesseldruck kein Maß mehr für die Änderungen der Belastung ist. Weiterhin sind Manometer und Thermometer am Speicher vorhanden.

Beim Gleichdruckspeicher mit Vorwärmung des Speisewassers im Kessel wird also die Dampferzeugung in jedem Augenblick nach dem Bedarf eingestellt. Die Belastungsschwankungen verursachen daher Schwankungen in der Verdampfleistung und im Dampfdurchfluß durch die hinter dem eigentlichen Kessel liegenden Teile, von denen insbesondere der *Überhitzer* betroffen wird. Die Temperatur des überhitzten Dampfes verändert sich mit der durch den Überhitzer geleiteten Dampfmenge. Abgesehen von der nachteiligen Wirkung der Temperaturschwankungen, z. B. auf den Kraftmaschinenbetrieb, besteht die Gefahr, daß Beschädigungen des Überhitzers durch zu hohe Temperaturen entstehen können, sobald die Belastung stark absinkt.

3. Dampfvorwärmung

Um die von der Kesselanlage abgegebene Dampfleistung gleichmäßig halten zu können, muß (unabhängig von der Wirkungsweise des Speichersystems) der *überschüssige Dampf* in den Speicher geladen werden. Da vom Gleichdruckspeicher nicht unmittelbar Dampf zusätzlich zu entnehmen ist, muß die Kesselleistung dauernd gleich der höchsten Spitze sein. Der Vorteil dieses Verfahrens gegenüber der Vorwärmung des Speisewassers im Kessel liegt in der Möglichkeit, den Kessel immer mit Speisewasser von derselben Temperatur zu speisen und die Verdampfleistung, also auch die den Überhitzer durchfließende Dampfmenge, *unverändert* zu halten.

Die von verschiedenen Patenten (HÄHNLE, H. P. MÜLLER, E. W. GERSCHWEILER, RUTHS u. a.) herrührenden Ausführungsarten unterscheiden sich nur in der Schaltung der Regler und der Anordnung des Speichers zu Kessel und Ekonomiser. Sie gehen sämtlich zurück auf den von DRUITT-HALPIN erfundenen Gleichdruckspeicher.

Ein typisches Schaltbild eines Gleichdruckspeichers, bei welchem das Speisewasser durch Frischdampf in einem Mischvorwärmer vorgewärmt wird, ist in Abb. 79 aufgezeichnet. Die Regelung der zum Speicher fließenden Dampfmenge wird durch ein Überströmventil V_1 abhängig vom Kesseldruck durchgeführt. Auch die Speisewasserzufuhr wird durch ein Ventil V_2 mit Überströmimpuls, abhängig von der Temperatur im

Vorwärmer, geregelt, um dauernd die zum Mischvorwärmer fließenden Dampf- und Speisewassermengen im selben Verhältnis zu halten und Heißwasser von unveränderter Temperatur zu bilden. Ist die vom Kessel aufgenommene Wärme zur Deckung des Dampfbedarfes ausreichend, so läßt der Regler gerade diejenige Dampf- menge zur Speicheranlage fließen, die zur Vorwärmung der unverändert in den Kessel gespeisten Wassermenge ausreicht. Bei erhöhtem Dampfbedarf wird infolge des fallenden Kessel- druckes die Dampfzufuhr zur Speicher- anlage gedrosselt und, im Grenzfall der größten Leistungsfähigkeit, ganz abge- stellt. Die Versorgung des Kessels mit Heißwasser verursacht die Entladung

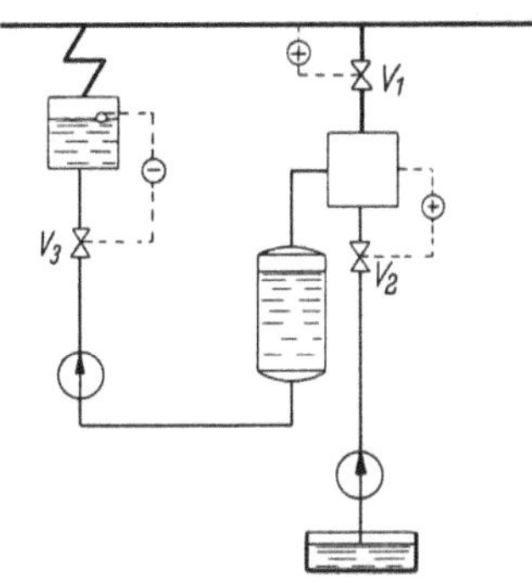

Abb. 79. Schaltung eines Gleichdruck- speichers mit Frischdampfvorwärmung

des Speichers. Die Kesselspeisung wird in normaler Weise von einem Wasserstandsregler V_3 geregelt.

Die Speicheranlage besteht aus dem zylindrischen Behälter in liegen- der Bauart und dem Mischvorwärmer, der unmittelbar auf dem Speicher

Abb. 80. Ansicht eines Gleichdruckspeichers

angebracht werden kann (Abb. 80). Der Ladezustand wird durch Wasser- standsanzeiger über die ganze Höhe angegeben.

Auch bei der Vorwärmung durch Dampf wird das Speisewasser, den Bedarfsschwankungen entsprechend, unregelmäßig in die Kessel geleitet. Sind die Kessel mit Ekonomiser ausgerüstet, so werden diese daher von wechselnden Wassermengen durchflossen, wodurch unter Umständen stark schwankende Temperaturen des Speisewassers entstehen (Abb. 81).

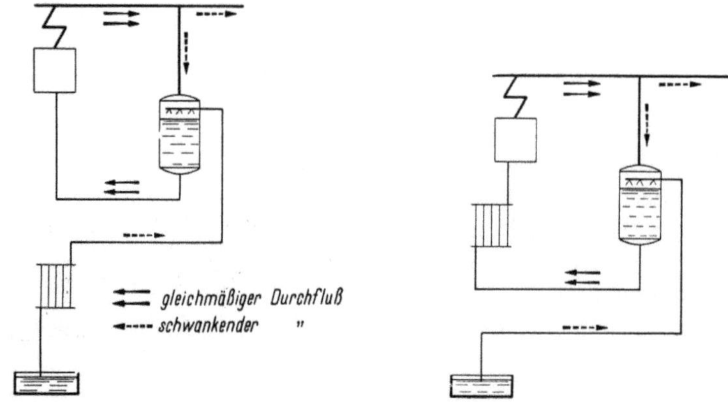

Abb. 81. Prinzipielle Schaltung und Durchfluß bei Einschaltung des Ekonomisers vor dem Speicher

Abb. 82. Einschaltung des Ekonomisers nach dem Speicher

Insbesondere wird bei stark herabgesetzter oder abgestellter Speisung Dampfbildung und Durchbrennen des Ekonomisers eintreten können. Man kann jedoch Maßnahmen treffen, die ein gleichmäßiges Durchfließen des Ekonomisers erzielen. Ist es möglich, den Ekonomiser nach

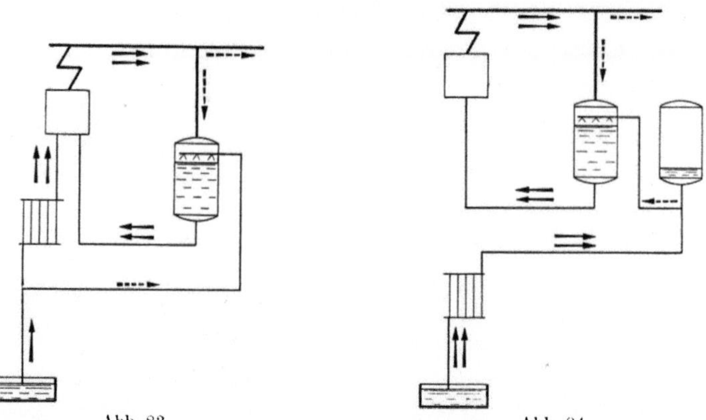

Abb. 83.
Ekonomiserschaltung parallel zum Speicher

Abb. 84.
Ekonomiserschaltung mit Ausgleichsbehälter

dem Gleichdruckspeicher (Abb. 82) oder parallel zu diesem zu schalten (Abb. 83), so treten die Schwankungen im Ekonomiser nicht auf, da die Heißwasserzufuhr zum Kessel dauernd in gleicher Höhe bleibt.

Ein Ausgleich kann auch in einfacher Weise durch einen besonderen Behälter für das vom Ekonomiser kommende Speisewasser erreicht werden (Abb. 84). Das Zusammenarbeiten der beiden Speicherbehälter erfolgt dabei immer so, daß sich die Wasserinhalte dem Gewicht nach in gleichem Maße entgegengesetzt verändern. Der Ausgleichsbehälter muß zur Aufnahme desselben Wassergewichtes ausreichen wie der Speicherbehälter selbst. Beim Ladevorgang wird mehr Speisewasser zum Vorwärmer geleitet, als gleichmäßig vom Ekonomiser zuströmt. Die zusätzliche Menge wird dem Ausgleichsbehälter entnommen und zusammen mit dem niedergeschlagenen Dampf in den Speicher geladen. Umgekehrt vergrößert sich bei der Entladung der Inhalt des Ausgleichsbehälters, und verkleinert sich derjenige des Speichers.

Auf diese Wirkungsweise begründet sich die Möglichkeit, beide Behälter in einem zu vereinigen, wovon beim *Verdrängungsspeicher* Gebrauch gemacht wird. Die Einordnung eines Verdrängungsspeichers zeigt Abb. 85. Es sind 3 Pumpen nötig, von denen zwei durch den Speichervorgang nicht beeinflußt werden. P_1 fördert gleichmäßig Speisewasser aus dem Sammelbehälter durch den Ekonomiser und P_3 aus dem Speicher Heißwasser in den Kessel. Sie können daher auch auf einer Welle gemeinsam von einer Maschine angetrieben werden. Die Leistung der Umwälzpumpe P_2 wird durch das Ventil V_2 geregelt und zwar abhängig vom Kesseldruck. Solange dieser unverändert ist, leitet P_2 dieselbe Menge, die durch P_1 geliefert wird, weiter zum Speicher, in dessen oberem Teil der Mischvorwärmer eingebaut ist.

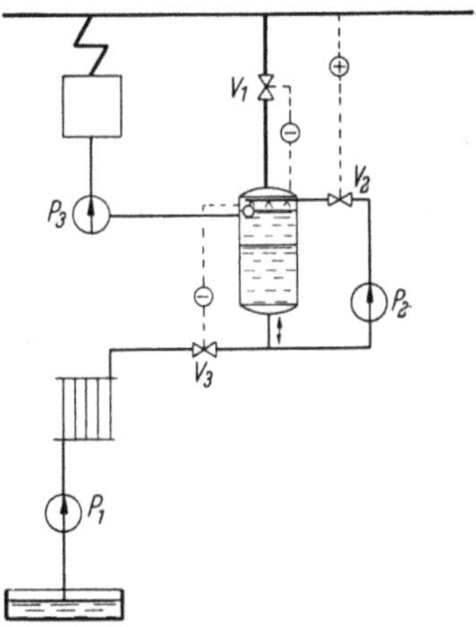

Abb. 85. Schaltung des Gleichdruckspeichers als Verdrängungsspeicher

Das beim Niederschlagen des Dampfes entstehende Heißwasser wird von P_3 wieder dem Speicher entnommen. Verändert der Regler die umgewälzte Wassermenge, so wird durch Zu- oder Abfließen im unteren Teil des Speichers die von P_1 angelieferte Speisewassermenge an die Leistung von P_2 angepaßt. Dabei fließt bei niedriger Belastung immer so viel kälteres Wasser aus dem Speicher hinzu, als im Mischwärmer durch Niederschlagen der größeren Dampfmenge an Heißwasser mehrerzeugt wird. Die Grenzschicht zwischen dem oben befindlichen heißeren Wasser und dem kälteren unten wandert abwärts. Der Speicher wird geladen. Erhöht sich der Dampfbedarf, so schließt V_2, und der Überschuß an Speisewasser aus dem Ekonomiser wird von unten in den Speicher gedrückt, während zur Ergänzung der vom Mischwärmer erzeugten Heißwassermenge oben in gleichem Maße aus dem Speichervorrat heißes Wasser entnommen wird.

Dabei bleibt der Wasserstand im Speicher dauernd auf gleicher Höhe, da ja die Pumpe P_3 stets die mittlere Wassermenge zur Kesselspeisung dem Speicher entzieht, die durch P_1 zugeführt wird. Die Umwälzpumpe P_2 lagert gewissermaßen darüber einen geschlossenen Kreislauf, indem sie je nach der mehr oder weniger anfallenden Dampfmenge zusätzlich

Abb. 86. Verdrängungsspeicher (Kraftanlagen AG., Heidelberg)

Abb. 87. Ansicht eines Verdrängungsspeichers (Kraftanlagen AG., Heidelberg)

kälteres Wasser aus dem Speicher unten entnimmt und vorgewärmt oben zuführt oder durch geringere Leistung als die anderen Pumpen bewirkt, daß der Vorrat an heißerem Wasser ab- und an kälterem zunimmt. Das Ventil V_3 regelt den Wasserstand im Speicher.

Die Grenzschicht zwischen kälterem und heißerem Wasser, zwischen welchen ein Temperaturunterschied von etwa 50 bis 150 °C bestehen kann, wandert also während einer Speicherperiode über die Speicherhöhe. Ein Wärmeaustausch findet nur in geringem Maße statt, solange die Trennungsfläche nicht verhältnismäßig groß ist. Da sich beim liegenden Behälter eine vielfach größere Trennungsfläche ergibt, und Undichtigkeiten leichter auftreten können, wird der Verdrängungsspeicher durchweg als stehender Behälter (Abb. 86) ausgeführt. Der Mischvorwärmer findet entweder im obersten Teil oder in einem domartigen Aufbau Platz. Die Ansicht eines Speichers zeigt Abb. 87.

Für die Messung des Ladezustandes bietet die Höhe des Wasserstandes keinen Anhaltspunkt mehr, da nur die Trennungsfläche ihre Lage mit dem Heißwasservorrat verändert. Unmittelbar lassen sich die Bewegungen der Grenzschicht nur durch Temperaturmessung über die ganze Höhe des Speichers verfolgen. Dazu werden Thermoelemente oder elektrische Widerstandsthermometer benutzt, die mit etwa 1 m Abstand über die Speicherhöhe verteilt werden und direkt die Lage der Grenzschicht auf einem Zeigerinstrument angeben. Dieses wird im Kesselhaus aufgestellt, um die Feuerführung nach dem Speicherzustand richten zu können. Die übrigen Armaturen werden wie bei den anderen Dampfspeicherarten ausgeführt.

Die Gleichdruckspeicherung mit Vorwärmung durch *Gegendruckdampf* ergibt verschiedenartige Möglichkeiten. In Hochdruckanlagen wird der Speicher für einen niedrigeren Betriebsdruck als die Kessel ausgelegt, da die Anlagekosten stärker mit dem Druck anwachsen als die erzielte Zunahme an Speicherfähigkeit. Dann ermöglicht vor allem die Vorwärmung des Speisewassers mit Gegendruckdampf (Regenerativverfahren) in Anlagen, die ausschließlich oder hauptsächlich zur Krafterzeugung dienen, einen besseren Wirkungsgrad als im Kondensationsverfahren. Schließlich erfordert auch die Angleichung des verschieden schwankenden Kraft- und Heizdampfbedarfes und die Abdampfspeicherung den Anschluß des Gleichdruckspeichers an ein Niederdrucknetz. Verglichen mit der oben dargestellten Vorwärmung mit Frischdampf ergibt sich grundsätzlich in jedem dieser Fälle die gleiche Veränderung des Speichervorganges, für die der einfache Gegendruckbetrieb kennzeichnend ist.

Die Einschaltung des Gleichdruckspeichers ist in Abb. 88 vereinfacht dargestellt (ohne Rauchgasvorwärmer und Ausgleichsbehälter bzw. Verdrängungssystem). Das Speisewasser wird im Speicher durch *Gegendruckdampf* vorgewärmt und der Kessel ständig mit Heißwasser aus dem Speicher versorgt. Die Wasserzufuhr zum Speicher kann abhängig vom Druck im Gegendrucknetz, die Zufuhr zum Kessel vom Wasserstand geregelt werden. Die vom Kessel erzeugte Dampfmenge durch-

fließt die Gegendruckmaschine und verteilt sich dann auf Niederdruckverbraucher und Speicher. Die Speicherwirkung tritt also nur beim Verbrauch an Gegendruckdampf auf, dessen Schwankungen an den Verlauf
des Kraftverbrauches angeglichen werden. Solange die anfallenden
Dampfmengen gleich dem Heiz-
dampfverbrauch einschließlich Vorwärmung der in den Kessel gespeisten
Wassermenge sind, greift der Speicher nicht ein. Überschuß an Gegendruckdampf dient zur Vorwärmung
einer zusätzlichen Speisewassermenge, während bei erhöhtem Bedarf an
Heizdampf die Dampfzufuhr zum
Speicher entsprechend verringert
wird. Schwankungen im Hochdruck-
verbrauch können gleichzeitig ausgeglichen werden, sofern eine Verbindung beider Netze durch ein Regelventil (gestrichelt eingezeichnet) hergestellt wird.

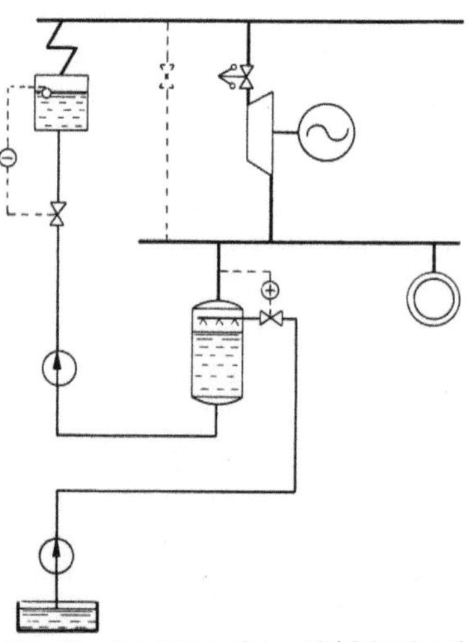

Abb. 88. Schaltung eines Gleichdruckspeichers mit Gegendruckdampfvorwärmung

Besonders wichtig für die Gleichdruckspeicherung ist die Verbindung
mit dem *Regenerativverfahren* in Kraftanlagen geworden. Man erzielt
grundsätzlich denselben Vorteil wie beim Gegendruckbetrieb; die Speisewasservorwärmung wirkt dabei wie Heizdampfverbraucher. Um die
Vorwärmung möglichst
hoch treiben zu können
und andererseits einen Gefälleverlust zu vermeiden,
muß den Kraftmaschinen
Dampf von verschiedenem
Druck, im Idealfall, an unendlich vielen Anzapf-
stellen entnommen werden.
Praktisch werden jedoch
höchstens drei bis vier
Stufen der Vorwärmung
vorgesehen. Durch die stufenweise Vorwärmung wird
am Speichervorgang nichts

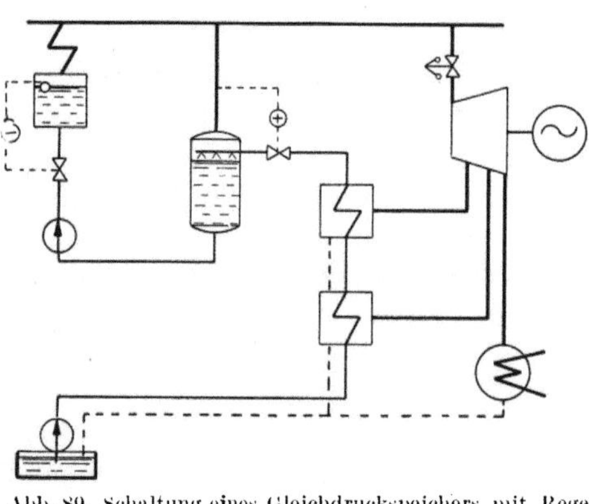

Abb. 89. Schaltung eines Gleichdruckspeichers mit Rege-
nerativ-Vorwärmung

verändert, jedoch sowohl die Speicherfähigkeit, als auch die größte
Leistungsfähigkeit beeinträchtigt. Die Schaltung des Gleichdruckspeichers bei zwei Anzapfstufen zeigt Abb. 89. Das Speisewasser wird in zwei

Oberflächenvorwärmern mit Anzapfdampf erwärmt und durch Frischdampf im Mischvorwärmer im Speicher auf die Endtemperatur gebracht. Die dem Speicher zugeführte Wassermenge wird entsprechend dem Dampfbedarf ebenso wie beim Frischdampfspeicher geregelt. Sind noch Ekonomiser vor dem Speicher geschaltet, so kann dieser als Verdrängungsspeicher ausgebildet werden. Die stufenweise Vorwärmung kann in einfacher Weise auch zur stufenweisen Speicherung ausgenutzt werden.

Die niedrigere Temperatur, auf die das Speisewasser mit Abdampf gebracht werden kann, begrenzt die Anwendung dieser Ausführungsart auf Anlagen mit Speisewassertemperaturen von höchstens 50 °C. Um die kurzzeitigen Dampfstöße von sehr großer Leistung aufnehmen zu können, müßte die Speisewasserpumpe übermäßig dimensioniert werden. Man vermeidet das durch einen über dem Speicher angebrachten Behälter, in den gleichmäßig von einer Pumpe mittlerer Leistung das Wasser gefördert wird. In die Verbindungsleitung zum Speicher ist ein Regelventil geschaltet, das besonders empfindlich auf die beim stoßweisen Anfall des Abdampfes auftretenden Drucksteigerungen anspricht. Damit sind die zum Niederschlagen des Dampfes nötigen großen Wassermengen sofort verfügbar. Den Aufbau des Abdampfspeichers zeigt Abb. 90. Zum Ausgleich der Schwankungen im Frischdampf kann gleichzeitig ein zweiter Speicher am Kesselnetz angeschlossen werden.

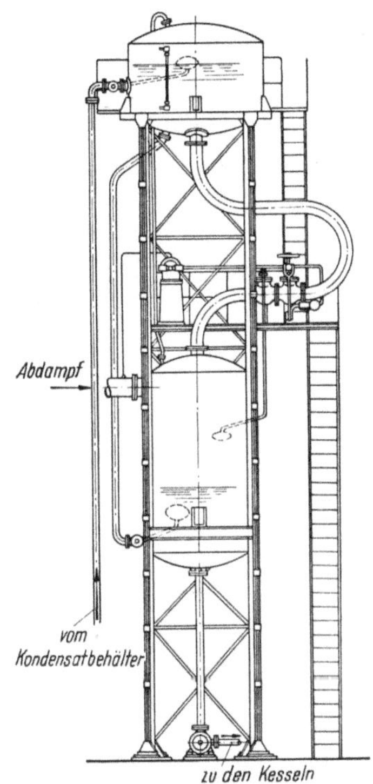

Abb. 90. Gleichdruckspeicher für Abdampf (Kraftanlagen AG., Heidelberg)

4. Gefälle-Gleichdruckspeicher

Durch die gegebenen Betriebsverhältnisse wird der Anteil an der gesamten Spitzenleistung, der vom Gleichdruckspeicher übernommen werden kann, beschränkt. Dagegen ist seine spezifische Speicherfähigkeit meist bedeutend größer als die des Gefällespeichers, der wiederum fast unbegrenzt in der Leistungsfähigkeit ist. Es ist daher naheliegend, daß man *beide Systeme zu vereinigen* sucht, um die Dampfspeicherung in wirtschaftlichster Weise auszunutzen. Möglich ist dabei, entweder einen Speicher in zweierlei Weise wirken zu lassen oder zwei verschiedene Speicher gemeinsam zum Ausgleich der Schwankungen einzusetzen.

In beschränktem Maße findet sich schon beim KIESSELBACH-Gleichdruckspeicher (s. S. 81) auch Gefällewirkung, da durch die Druckausgleichleitung der Dampfraum mit dem Kessel verbunden ist. Fällt also infolge erhöhter Belastung der Kesseldruck ab, so wird der Wasserinhalt des Speichers ebenso wie der des Kessels eine bestimmte Dampfmenge ausdampfen. Der verhältnismäßig kleine Druckabfall, der in der meisten Betrieben zugelassen werden kann, beschränkt jedoch den Ausgleich auf Spitzen von sehr kurzer Dauer. In ähnlicher Weise wurde versucht,

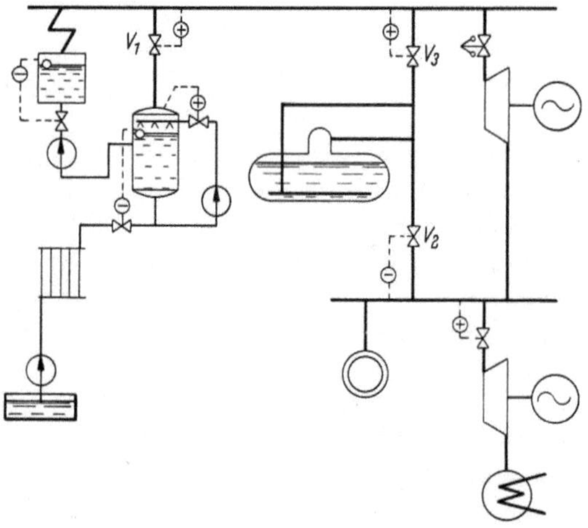

Abb. 91. Kombinierte Schaltung für Gleichdruck- und Gefällespeicher

kurzzeitige Dampfstöße durch einen *Regelspeicher* mit Gefällewirkung aufzunehmen, während der Ausgleich der Hauptschwankungen durch einen Gleichdruckspeicher bewirkt wird.

Die Vereinigung beider Speichersysteme in einer Anlage erfordert nur die zweckmäßige Einstellung der Regler, um das günstigste Zusammenarbeiten zu erzielen. Die zu speichernden Dampfmengen werden so verteilt, daß zunächst der Gleichdruckspeicher bis zur Grenze seiner Leistungsfähigkeit ausgenutzt wird. Infolge der größeren Speicherfähigkeit kann dieser Anteil der Ausgleichswirkung billiger als durch Gefällespeicherung erzielt werden. Nur für die obersten Leistungsspitzen, die auch eine kürzere Entladedauer erfordern, wird der Gefällespeicher eingesetzt. In Abb. 91 ist die Schaltung grundsätzlich wiedergegeben, wobei bei beiden Speicherarten die Ladung durch Überströmventile (nach RUTHS) geregelt wird. Übersteigt der Bedarf die Dampfleistung der Kessel, so wird zuerst die Dampfzufuhr zum Gleichdruckspeicher gedrosselt, bis bei vollständigem Schließen des Regelventils V_1 die Grenze der von diesem Speicher zu deckenden Spitze erreicht ist. Dann erst wird die Entladung des Gefällespeichers durch das Reduzierventil eingesetzt. Bei sinkender Belastung wirken die Regler in umgekehrter Reihenfolge. Die Ladung kann zweckmäßig mit dem Gefällespeicher durch das Überströmventil V_3 begonnen werden, um dessen Dampfreserve längere Zeit zur Verfügung zu haben.

Dieselbe Betriebsweise läßt sich auch dann durchführen, wenn in einem Speicher gleichzeitig beide Wirkungen nach dem Gleichdruck- und Gefälleprinzip ausgenutzt werden sollen. Die Schaltung des vereinigten Speichers zeigt Abb. 92. Zur Ladung des Speichers dient ein einziges Überströmventil V_1. Die Entladung als Gefällespeicher bewirkt ein Reduzierventil V_2, während durch den Speisewasserregler V_3 die Gleichdruckspeicherung eingesetzt wird. Im geladenen Zustand enthält

der Speicher Heißwasser bis zur oberen Grenze seines Fassungsvermögens. Sinkt der Kesseldruck bei erhöhter Belastung, so läßt das Ventil V_1 weniger Dampf zum Speicher strömen als zur Vorwärmung der vom Kessel benötigten Speisewassermenge erforderlich wäre. Infolgedessen schließt auch V_3 bis bei weiterem Lastanstieg die Dampf- und Speise-

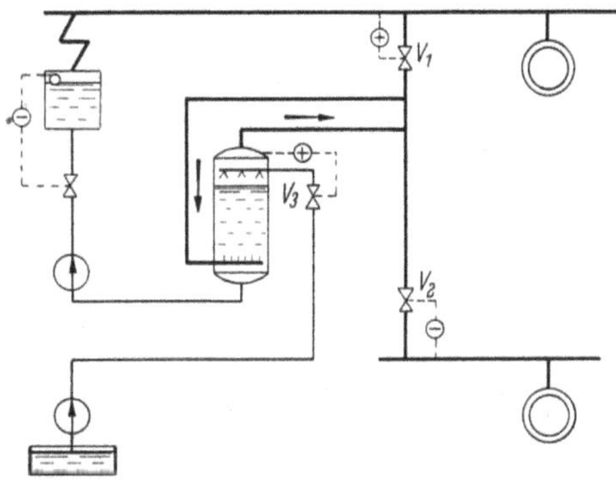

Abb. 92. Schaltung eines kombinierten Gefälle-Gleichdruckspeichers

wasserzufuhr zum Speicher vollständig eingestellt ist und die Gleichdruckspeicherung die größte Leistungsfähigkeit erreicht. Erst wenn die Belastung noch darüber hinaus ansteigt, wird durch Öffnen des Reglers V_2 die Entladung zusätzlicher Dampfmengen, wie beim einfachen Gefällespeicher, eingeleitet. Die beiden Wirkungen beeinträchtigen sich gegenseitig, da einerseits durch die Verringerung des Wasserinhaltes auch die Speicherfähigkeit als Gefällespeicher herabgesetzt wird, und andererseits der absinkende Druck die Leistungsfähigkeit als Gleichdruckspeicher verkleinert. Im Verlauf der zu deckenden Spitze wird der Anteil der Gleichdruckwirkung allmählich um so mehr abfallen, je niedriger die untere Druckgrenze im Speicher ist. Im entladenen Zustand enthält der Speicher kein Speisewasser mehr (bis auf einen „toten Raum", der zum Beginn der Dampfladung nötig ist). Da Anfangs- und Endzustand gegenüber dem einfachen Gleichdruckspeicher nicht verändert sind, muß auch die Wärmespeicherfähigkeit (in kcal/m³) dieselbe sein. Der Vorteil liegt ausschließlich in der Möglichkeit, durch gleichzeitige Gefällespeicherung die Begrenzung der Leistungsfähigkeit aufzuheben.

5. Berechnung der Speicherwirkung

Die Berechnung der gespeicherten Dampfmengen kann für alle Arten der Gleichdruckspeicherung von derselben Grundgleichung ausgehen, die weiter oben aus der prinzipiellen Wirkungsweise abgeleitet wurde (s. S. 79). Dabei interessiert in erster Linie die Steigerung der Kesselleistung in kg/h, die als Grenzfall zu erzielen ist. Man kann diese als *größte Leistungsfähigkeit* der Speicheranlage bezeichnen, obwohl die Dampferzeugung selbst im Kessel erfolgt. Im Gegensatz zum Gefällespeicher kann die Leistungsfähigkeit des Gleichdruckspeichers nicht durch Vergrößerung des Speichervolumens beliebig gesteigert werden. Durch die Betriebsdaten der Kesselanlage und den Speicherdruck ist der Höchstwert der Leistungsfähigkeit beim Gleichdruckspeicher festgelegt.

Für den allgemeineren Fall, daß Kesseldruck und Speicherdruck nicht übereinstimmen, läßt sich die größte Leistungsfähigkeit bei Speisung mit Heißwasser vom Wärmeinhalt i_h (kcal/kg) und bei einem Wärmeinhalt des Kesseldampfes i_d aus der Gleichung

$$[m_d]_{\mathrm{max}} = \frac{i_h - i_w}{i_d - i_h} \cdot 100 \qquad [\%]$$

bestimmen. Die Werte für $(i_h - i_w)$ und $(i_d - i_h)$ lassen sich mit ausreichender Genauigkeit aus der Rechentafel Abb. 93 entnehmen. *Beispiel*: Für einen Kesseldruck von 26 ata, Dampftemperatur von 400 °C wird bei einem Speicherdruck von 15 ata und einer Speisewassertemperatur von 120 °C die größte Leistungsfähigkeit des Gleichdruckspeichers

$$[m_d]_{\mathrm{max}} = \frac{8050}{573} \cdot 100 = 14. \qquad [\%]$$

Das bedeutet, daß die Kesselleistung durch den Speicher im Grenzfall um 14% erhöht werden kann. Die zusätzliche Dampfleistung hängt also immer von der jeweiligen Kesselbelastung ab. Die Vergrößerung des Speichervolumens hat, wie bereits erwähnt, keine Bedeutung für $[m_d]_{\mathrm{max}}$; das durch die meist festliegenden Betriebsverhältnisse begrenzt ist. Entscheidend ist. ob die restliche Wärme der Rauchgase zur Vorwärmung des Speisewassers oder der Verbrennungsluft ausgenutzt wird und mit welcher Temperatur bei Rückspeisung das Kondensat anfällt.

Durch die Wahl des Speicherdruckes kann der Wärmeinhalt des Heißwassers verändert werden und damit, wie Abb. 94 für ein bestimmtes Beispiel (Kesseldruck 26 ata. Dampftemperatur 400 °C, Speisewassertemperatur 50 bzw. 120 °C) zeigt. ein wirksamer Einfluß auf die Leistungs-

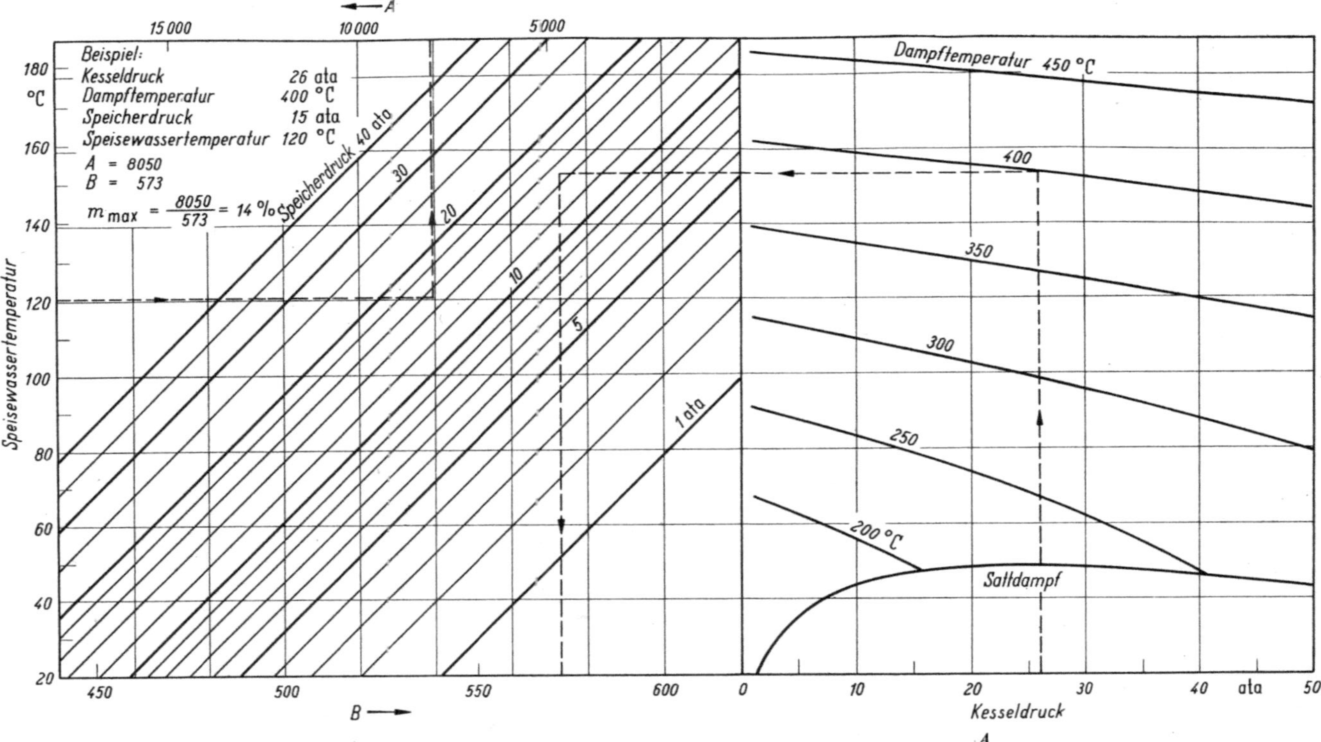

$$m_{max} = \frac{8050}{573} = 14\%$$

Abb. 93. Maximale Leistungsfähigkeit von Gleichdruckspeichern $m_{max} \rightarrow \dfrac{A}{B}$

fähigkeit erzielt werden. Da gleichzeitig auch das Speichervolumen infolge der vergrößerten spezifischen Speicherfähigkeit verkleinert werden kann, läßt sich wirtschaftlich meist die Erhöhung des Speicherdruckes rechtfertigen. Deutlich erkennbar ist aber auch der überragende Einfluß der Speisewassertemperatur, durch deren Herabsetzung von 120 auf 50 °C dieselbe Leistungssteigerung von 8,6 auf 20,3% erzielt wird, als durch Steigerung des Speicherdruckes von etwa 8 auf 26 ata. Daher wird praktisch immer zunächst die kleinstmögliche Speisewassertemperatur anzustreben sein, damit die mit dem Speicherdruck anwachsenden Kosten der Anlage nicht zu hoch werden.

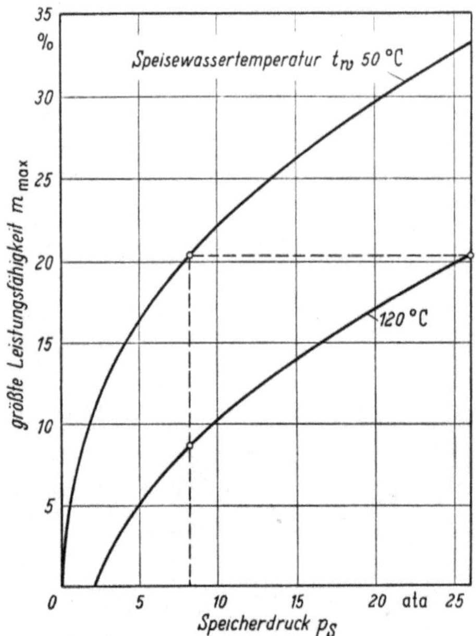

Abb. 94. Einfluß des Speicherdrucks auf die maximale Leistungsfähigkeit

Zur Bestimmung der spezifischen Speicherfähigkeit g_s kann man von der Wärmebilanz bei der Ladung oder der Entladung des Gleichdruckspeichers ausgehen. Je kg Wasserinhalt wird die Wärmemenge $(i_d - i_w)$ kcal aufgespeichert, während zur Erzeugung von 1 kg Dampf insgesamt $(i_d - i_w)$ kcal aufgebracht werden müssen. Mit Berücksichtigung des spezifischen Gewichtes des Heißwassers γ_h (in kg/m³) wird bei der Entladung die je 1 m³ Wasserinhalt mehrerzeugbare Dampfmenge

$$g_s = \frac{i_h - i_w}{i_d - i_w} \cdot \gamma_h \quad [\text{kg/m}^3].$$

Auch die Überlegung, daß im Grenzfall der Entladung die *gesamte Kesselspeisung* aus dem Speicher erfolgen muß, führt zum gleichen Ergebnis. Um durch Leistungssteigerung der Kessel um m_{max} kg/h während Z Stunden die Dampfmenge $m_{max} \cdot Z$ kg zusätzlich zu erzeugen, muß die gespeiste Wassermenge für die gesamte Kesselleistung $(1 + m_{max})$ kg/h ausreichen, also $(1 + m_{max}) Z$ kg oder $(1 + m_{max}) \dfrac{Z}{\gamma_h}$ m³ betragen. Also kann je 1 m³ Wasserinhalt eine Dampfmenge

$$g_s = \frac{m_{max}}{1 + m_{max}} \cdot \gamma_h \quad [\text{kg/m}^3]$$

gespeichert werden, woraus sich nach Einsetzen des Ausdrucks für m_{max} wieder dieselbe Form bilden läßt. Da die größte Leistungsfähigkeit m_{max} als bekannt vorausgesetzt werden kann, läßt sich damit, ohne nochmals die Wärmeinhalte festzustellen, auch die spezifische Speicherfähigkeit bestimmen. wozu Rechentafel Abb. 95 benutzt werden kann.

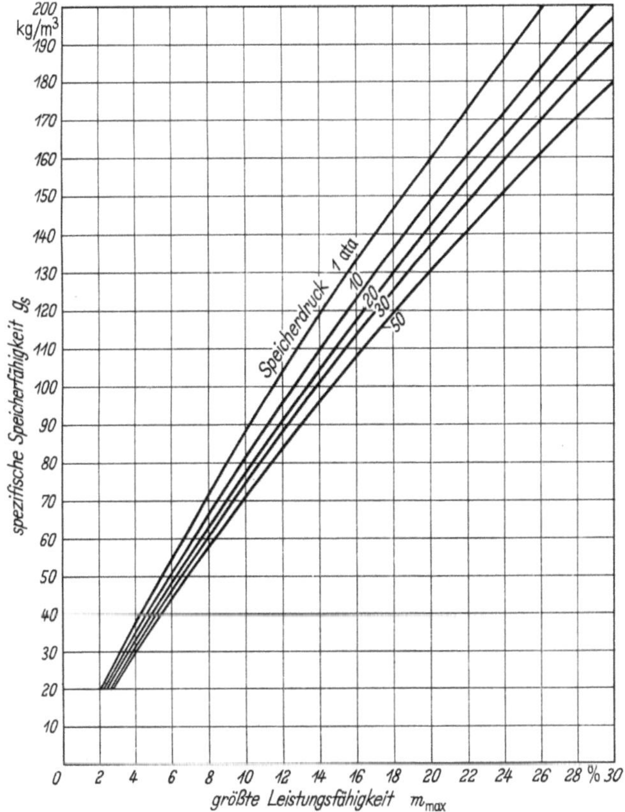

Abb. 95. Zusammenhang zwischen größter Leistungsfähigkeit und spezifischer Speicherfähigkeit

Der Speicherdruck wirkt sich durch geringeres spezifisches Gewicht erst bei höheren Drücken merkbar auf das Ergebnis aus.

Damit läßt sich nun auch das spezifische Speichervolumen für 1000 kg Dampf ermitteln, das für gegebene Verhältnisse einen Vergleich mit anderen Speicherarten zuläßt. Abb. 96 zeigt den kennzeichnenden Verlauf für die Abhängigkeit vom Speicherdruck bei verschiedenen Speisewassertemperaturen, wobei angenommen wurde, daß der Kesseldruck 21 ata und die Dampftemperatur 350 °C beträgt.

Auf Grund der allgemeingültigen Zusammenhänge soll nun noch
die Berechnung der Speicherwirkung für jeden beliebigen *Belastungsfall*
abgeleitet werden, um in einfacher Weise die jeweils vorgewärmten
Wassermengen und gespeicherten Dampfmengen bestimmen zu können.
Die Grenzfälle des Speicherbetriebes treten bei Abstellung der Speise-

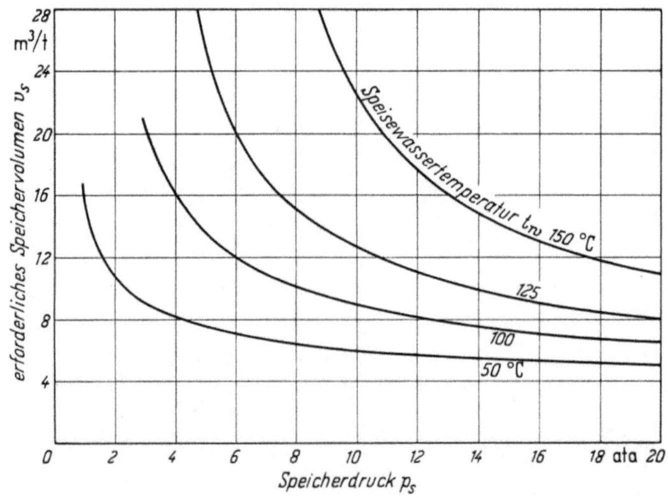

Abb. 96. Spezifisches Speichervolumen für 1000 kg Dampf (21 ata, 350 °C)

wasservorwärmung (größte Dampfleistung) und Abstellung der nutzbar
abgegebenen Dampferzeugung (größte Wasservorwärmung) auf. Dazwi-
schen liegen alle möglichen Betriebsfälle, bei denen der Gleichdruckspeicher mehr oder weniger geladen oder entladen wird, also eine beliebig
große Wassermenge vorgewärmt wird. Abb. 97 gibt das Betriebsdiagramm für Gleichdruckspeicherung bei Vorwärmung mit Dampf wieder
bei Zusammenarbeiten mit Kesseln für 15 atü Druck und 300 °C Dampftemperatur. Das Speisewasser von 125 °C wird im Speicher auf etwa
200 °C (14,5 atü) vorgewärmt. Durch die Vorwärmung wird die Dampfabgabe z. B. von 10,5 t/h bei 125 °C auf 12 t/h bei 200 °C gesteigert.
Je nach dem Anteil, der davon zur Wasservorwärmung bestimmt wird,
kann die an den Betrieb abgegebene Dampfmenge in weiten Grenzen
schwanken. Die obere bedeutet, daß kein Wasser vorgewärmt wird,
also die gesamten 12 t/h für den Betrieb zur Verfügung stehen. Die
Versorgung der Kessel mit Heißwasser erfolgt aus dem Vorrat des Gleichdruckspeichers, der dabei entladen wird und zwar mit derselben Menge
von 12 t/h. Jedem Betriebsfall bei unveränderter Kesselleistung entspricht ein Punkt auf der Senkrechten, z. B. wird bei einer Dampfabgabe an den Betrieb von nur 10,5 t/h eine Dampfmenge von 1,5 t/h
in den Speicher geführt, wodurch 10,5 t/h Speisewasser vorgewärmt

werden. Das Diagramm zeigt deutlich, daß in jedem Fall die gesamte Dampfmenge zur Wasservorwärmung verwendet werden könnte, sobald die Belastung auf Null sinkt. Allerdings würden bei hoher Kesselleistung meist die Leistung der Speisepumpen hierzu nicht mehr ausreichen.

Schwieriger wird die Berechnung der Speicherwirkung, sobald die Gleichdruckspeicherung mit dem *Regenerativverfahren* verbunden wird.

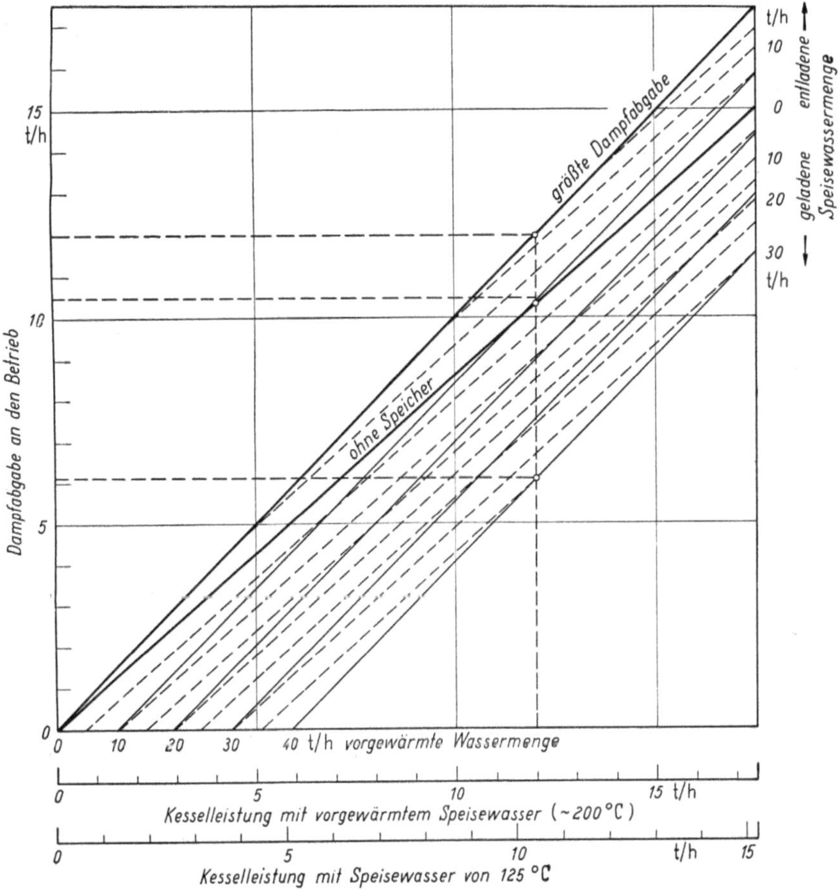

Abb. 97. Betriebsdiagramm eines Gleichdruckspeichers

Die Vorwärmung wird durch Dampf vorgenommen, der bereits zur Leistungserzeugung herangezogen wurde. Die Leistungsfähigkeit der Speicheranlage wird also nicht mehr durch die Dampfmenge allein gekennzeichnet, die bei Abstellung der Vorwärmung zusätzlich zur Verfügung steht. Es muß vielmehr die verschiedene Arbeitsfähigkeit mit berücksichtigt werden, also entweder durch Angabe des Wärmegefälles

7*

oder der elektrischen Leistung. Werden in einem Diagramm (Abb. 98) die Dampfmengen als Abszissen und das ausnutzbare Wärmegefälle in den einzelnen Maschinenteilen als Ordinaten aufgetragen, so läßt sich die Verteilung der Dampfmengen bei den typischen Betriebsfällen verfolgen und die jeweilige Arbeitsfähigkeit feststellen. Bei normalem Betrieb, also ohne Inanspruchnahme des Speichers, wird z. B. bei 3 verschiedenen Drücken Dampf zur Speisewasservorwärmung entnommen. Dann ist mit den durch Abb. 98 gegebenen Bezeichnungen

$$A_o = D_1(i_o - i_4) + D_2(i_o - i_3) + D_3(i_o - i_2) + D_4(i_o - i_1) \qquad [\text{kcal/h}].$$

Bei der Entladung kann die gesamte Dampfmenge in den nachgeschalteten Turbinenteilen eine Leistung mehr erzeugen, die durch die schraffierte Fläche A_E gekennzeichnet wird:

$$A_E = D_2(i_3 - i_4) + D_3(i_1 - i_4) + D_4(i_3 - i_4) \qquad [\text{kcal/kg}].$$

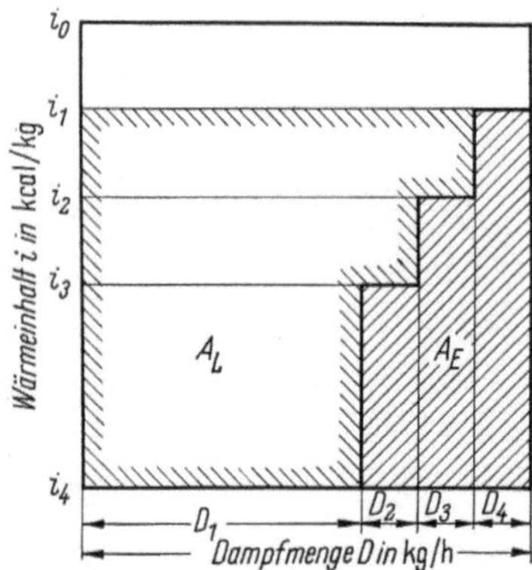

Abb. 98. Gleichdruckspeicherung bei Regenerativverfahren

Durch das Verhältnis dieser Fläche zur restlichen wird die größte Leistungsfähigkeit des Speichers bestimmt:

$$m_{\max} = \frac{A_E}{A_o} \cdot 100 \qquad [\%].$$

Die Herabsetzung der abgegebenen Leistung bei der Ladung ist nur praktisch durch die Größe der Speisepumpen begrenzt. Theoretisch kann die gesamte Kesselleistung nach dem Hochdruckteil zur Speicherladung ausgenutzt werden, also die Leistung ohne Änderung der Kesselfeuerung entsprechend der Fläche A_L verkleinert werden:

$$A_L = D_1(i_1 - i_4) + D_2(i_1 - i_3) + D_3(i_1 - i_2) \qquad [\text{kcal/h}]$$

$$m_{\min} = \frac{A_o - A_L}{A_o} \cdot 100 \qquad [\%].$$

Die Anteile der gesamten Kesselleistung, die in den einzelnen Stufen zur Speisewasservorwärmung angezapft werden können, bestimmen sich aus dem Verhältnis der Zunahme des Wärmeinhaltes des Speisewassers zur Wärmeabgabe des niedergeschlagenen Dampfes, also z. B.

$$\frac{D_2}{\Sigma D} = \frac{i''_3 - i'_4}{i_3 - i''_3}.$$

Mit Berücksichtigung des Maschinenwirkungsgrades, der mit der wechselnden Belastung der Turbine veränderlich ist, kann in ähnlicher Weise unmittelbar die Ausgleichfähigkeit der elektrischen Leistung abgelesen werden. Beispielsweise ist für folgende Anlage das Ausgleichsdiagramm in Abb. 99 aufgezeichnet: Die Kessel geben Dampf von 35 ata und 425 °C ab, der mit 29 ata und 400 °C in zwei Turbinen von je 10 000 kW geleitet wird. An 3 ungesteuerten Entnahmestellen wird Dampf zur Speisewasservorwärmung, die mit 11 ata im Mischvorwärmer am Speicher und mit 4 und 1 ata in 2 Oberflächenvorwärmern erfolgt, entzogen. Die Leistung der Maschinen erreicht den Höchstwert, sobald die Vorwärmung vollständig eingestellt wird, also die ganze Dampfmenge von 47 t/h, die von den Kesseln bei Speisung mit Heißwasser von 182,5 °C abgegeben werden kann, bis auf den Kondensatordruck von 0,04 ata arbeitet. Dabei können je 1 t Dampf 255,5 kWh erzeugt werden, insgesamt also 12 100 kWh. Für den normalen Betrieb ohne Speicher gilt die von der treppenförmigen Linie eingeschlossene Fläche, die sich durch Abzug der bei den einzel

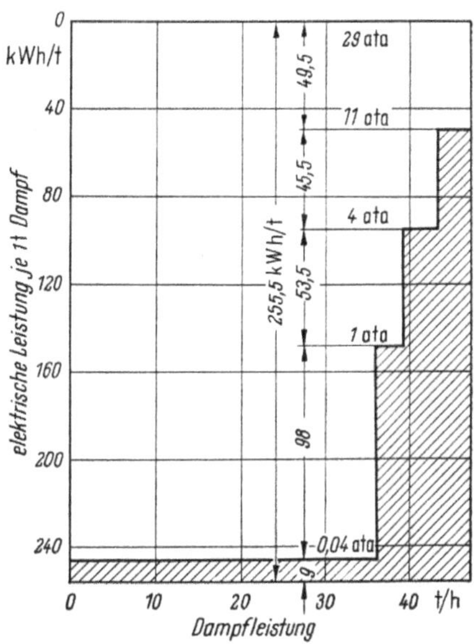

Abb. 99. Auswirkung der Gleichdruckspeicherung bei Regenerativverfahren

nen Drücken angezapften Dampfmengen und infolge des etwas geringeren Wirkungsgrades gleich 10 000 kW ergibt. Die größte Leistungsfähigkeit des Gleichdruckspeichers wird also 21%.

Könnte das Speisewasser ohne Regenerativverfahren, also nur durch den Gleichdruckspeicher, vorgewärmt werden, so wäre die größte Leistungsfähigkeit 25% bei gleicher Anfangstemperatur von 35 °C. Die mit Regenerativbetrieb erzielten 21% entsprechen einer Speisewassertemperatur von 60 °C. Da aber meist mittels Rauchgasvorwärmung eine bedeutend höhere Temperatur zu wählen wäre, ergibt die Verbindung mit dem Regenerativverfahren für die Gleichdruckspeicherung einen erweiterten Ausgleichsbereich.

VIII. Heißwasserspeicher

1. Prinzip und Berechnung

Sinngemäß schließt sich der Heißwasserspeicher an den Gleichdruckspeicher an, da es sich hier im wesentlichen um den gleichen Speichervorgang handelt. In beiden Fällen wird Überschußdampf zur Erzeugung von Heißwasser benutzt, das im Speicher aufbewahrt wird. Während der Entladung wird weniger oder kein Dampf mehr hierfür verwendet und das gespeicherte Heißwasser aus dem Speicher wieder entladen. Während es aber beim Gleichdruckspeicher ausschließlich der Kesselspeisung dient, wird hier das Heißwasser direkt den Verbrauchern zugeführt. Der Heißwasserspeicher bildet damit gewissermaßen nicht mehr einen Bestandteil der Kesselanlage wie der in den Speisewasserkreislauf eingeschaltete Gleichdruckspeicher. Er ist vielmehr unabhängig von der Dampferzeugung und kann auch örtlich beliebig, womöglich nahe bei den Wärmeverbrauchern aufgestellt werden. In dieser Eigenschaft kommt der Heißwasserspeicher wieder dem Gefällespeicher näher.

In seiner *Wirkungsweise* stellt der Heißwasserspeicher die einfachste Form der industriellen Wärmespeicherung dar. Bei der direkten Ladung wird Überschußdampf in den Speicher selbst geladen und, entweder durch Kondensation im Wasserraum oder durch Mischung im Dampfraum, die Dampfwärme an das Heißwasser abgegeben. Der Ladevorgang kann auch indirekt durch Heizschlangen im Speicher oder in besonderen Wärmeaustauschern vor sich gehen. Wesentlich ist nur, daß durch den Ladedampf der Vorrat an Heißwasser erhöht wird. Die automatische Regelung der Ladung erfordert also die Zuführung einer entsprechenden Menge von kaltem Wasser, damit eine *konstante Temperatur* des heißen Wassers eingehalten werden kann.

An sich kann man natürlich auch das im Speicher enthaltene *Wasservolumen konstant* halten, jedoch ist dann der Speichervorgang mit Temperaturschwankungen über einen weiten Bereich verbunden und im allgemeinen für industrielle Betriebsanforderungen nicht geeignet. Die Temperatur-Regelung ist daher meist ein wesentlicher Bestandteil des Heißwasserspeichers, und der Ladezustand ist durch die wechselnde Menge an gespeichertem Heißwasser gekennzeichnet. Trotz der einfachen Wirkungsweise werden die grundlegenden Beziehungen oft außer acht gelassen, wodurch Fehler in der Konstruktion und Bemessung des Heißwasserspeichers nicht ungewöhnlich sind. Für die *Berechnung der spezifischen Speicherfähigkeit* liegen beim Heißwasserspeicher die einfachsten Verhältnisse vor, vorausgesetzt, daß man mit konstanten Temperaturen rechnen kann. Sie ergibt sich dann einfach als Wärmemenge ausgedrückt zu

$$q_s = \frac{Q_s}{V_s} = (i_h - i_k)\,\gamma_h \qquad [\mathrm{kcal/m^3}],$$

bezogen auf das wirksame Wasservolumen. Zum Vergleich mit anderen Speichern ist die spezifische Speicherfähigkeit auf die Dampfmenge zu beziehen, die dieser Wärmemenge entspricht.

$$g_s = \frac{q_s}{i_d - i_k} = \frac{i_h - i_k}{i_d - i_k}\cdot\gamma_h \qquad [\mathrm{kg/m^3}].$$

Diese Gleichung ergibt sich auch aus dem Gleichgewicht der Wasser-
und Wärmemengen. $G_d + G_k = G_h \qquad [\text{kg}]$

$$G_d \cdot i_d + G_k \cdot i_k = G_h \cdot i_h \qquad [\text{kcal}]$$

durch Eliminieren von $G_k = G_h - G_d$

$$G_d(i_d - i_k) = G_h(i_h - i_k).$$

Eine Begrenzung der *Leistungsfähigkeit*, wie bei den Gleichdruckspeichern, die nur entsprechend der Speisewasservorwärmung an der Spitzenleistung teilnehmen können, ist hier nicht gegeben. Wird die gesamte Kesselleistung zur Heißwasserlieferung benötigt, so kann die Wärmehöchst-
leistung beliebig gesteigert werden, im Rahmen der möglichen Heiß-
wasserentnahme aus dem Speicher. Praktisch gesehen wird eine gewisse
Begrenzung durch den Anteil des Dampfverbrauchs für die Heißwasserversorgung am gesamten Dampfverbrauch des Werkes auftreten. Da
aber im allgemeinen die wesentliche Ursache der Belastungsschwankungen bei den Heißwasserverbrauchern liegt, kann in den meisten Betrieben ein weitgehender Ausgleich der Belastungsschwankungen erzielt
werden.

2. Gebrauchswasserspeicher

Das im vorigen Kapitel beschriebene Prinzip erlaubt eine große
Zahl von *Schaltungsmethoden*, je nachdem, ob die Speicheranlage voll-
oder teilautomatisch oder von Hand aus geregelt wird. Man kann durchaus feststellen, daß eine fehlerhafte Regelung nicht nur den Wert der
Anlage stark reduzieren kann, sondern daß u. U. sogar die Speicherung,
statt ausgleichend zu wirken, zusätzliche Schwankungen und Spitzen
hervorrufen kann. Man braucht hier nur an temperaturgeregelte Heiß-
wasserbereitungsanlagen zu denken, die oft ein beträchtliches Wasservolumen beinhalten. Bei Unterschreiten einer Mindesttemperatur öffnet
der Temperaturregler schlagartig die volle Dampfzufuhr und verursacht
eine Spitzenbelastung der Kesselanlage, die sogar größer sein kann als
die von den Wärmeverbrauchern wirklich benötigten Wärmemengen.
Solche Fälle illustrieren die Tatsache, daß Speicherung an sich noch
nicht eine Ausgleichwirkung erzielt; erst der zweckmäßige Einsatz durch
automatische Regelung kann dies erreichen.

Die grundlegende *Schaltung* des Gebrauchswasserspeichers bei Ladung
mit Gegendruckdampf ist in Abb. 100 dargestellt. Die · ausgleichende
Wirkung ist durch einen Überströmregler bewirkt, der ähnlich wie bei
den früher beschriebenen Speichern, den Kesseldruck konstant hält, in-

dem die überschüssigen Dampfmengen zum Speicher abgeleitet werden. Im einfachsten Fall wird der Dampf, durch geeignete Ladeeinbauten, in den untersten Teil des meist in stehender Bauart ausgeführten Speicherbehälter geleitet. Dadurch wird der Wasserinhalt erwärmt und beeinflußt durch die höhere Temperatur einen Regler in der Kaltwasserleitung, der dadurch öffnet. Kaltes Wasser strömt in den Speicher bis die normale Temperatur im Speicher wieder hergestellt ist. Im Gleichgewichtszustand ist der Zulauf des kalten Wassers gleich dem momentanen Bedarf an Heißwasser, und der Wasserspiegel bleibt daher konstant. Während der Spitzenzeit gibt der Speicher mehr Heißwasser ab, als ihm durch den verfügbaren Dampf zugeführt werden kann, so daß der Wasserspiegel absinkt. Im umgekehrten Fall, wenn mehr Dampf zur Verfügung steht, wird mehr Heißwasser vorgewärmt, als gerade benötigt wird, und der Wasserspiegel steigt wieder an.

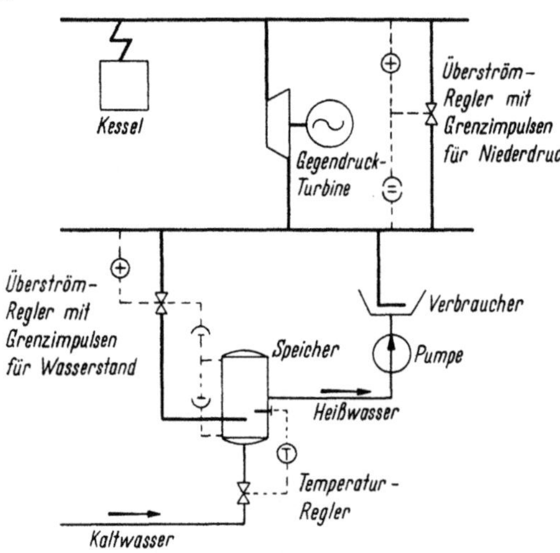

Abb. 100. Schaltung eines Gebrauchswasserspeichers

Im allgemeinen wird angestrebt, daß durch reichliche Bemessung des Speichervolumen die Veränderungen des Wasserinhalts im mittleren Teil des Speichers vor sich gehen. Dahingehend ist auch die Anweisung an das Kesselpersonal, das ja durch Änderung der Kesselfeuerung einen Einfluß auf die Menge des verfügbaren Dampfes hat. Wird trotzdem die obere oder untere Grenze des zulässigen Schwankungsbereichs erreicht, so treten *Grenzregler* in Aktion, die in der Abbildung angedeutet sind. Bei Überschreiten des höchsten Wasserstandes wird der Überströmregler jedenfalls geschlossen, unabhängig vom jeweiligen Kesseldruck, um ein Überlaufen des Speichers zu verhindern. In umgekehrter Weise wirkt ein zweiter (Mindest)-Grenzimpuls auf den Regler, wenn der unterste Wasserstand erreicht wird; damit die Heißwasserversorgung, die für die Produktion unbedingt nötig ist, nicht unterbrochen wird. Natürlich wird durch den Einfluß der Höchst- und Mindestreglung die Überströmwirkung aufgehoben, und damit fällt die automatische Regelung des Kesseldrucks fort, der infolge des Minder- oder Mehrbedarfs an Dampf sofort ansteigt bzw. abfällt. Die Grenzregelung ist also nicht für den normalen Betrieb gedacht und kann durch zweckmäßige Dimensionierung des Speichers und rechtzeitige Änderung der Kesselfeuerung auf den Notfall beschränkt werden.

Eine Weiterentwicklung dieser Schaltung ist die Verwendung eines *Verdrängungsspeichers*, der für die Speisewasserspeicherung bereits beschrieben wurde (s. S. 87) und dessen Schaltung in Abb. 101 gezeigt ist. Dadurch kann der Kaltwasserbehälter in Fortfall kommen; andererseits erfordert diese Ausführung eine zusätzliche Umwälzpumpe. Eine allgemeine Überlegenheit kann hier für den Verdrängungsspeicher nicht festgestellt werden, da u. U. ein ausreichender Wasserbehälter vorhanden ist oder auch mit genügender Kaltwasserzufuhr gerechnet werden kann. Andererseits kann für den Betrieb von Bedeutung sein, daß der Verdrängungsspeicher immer bis zum höchsten Wasserstand gefüllt ist und daher als Reserve für den Fall einer Unterbrechung in der Wasserversorgung dienen kann. Die oben angegebene Grenzregelung ist auch hier nötig, nimmt aber die Form der Temperaturregelung an, da die Grenzzustände nicht mehr durch den Wasserinhalt, sondern durch die Temperatur gekennzeichnet werden.

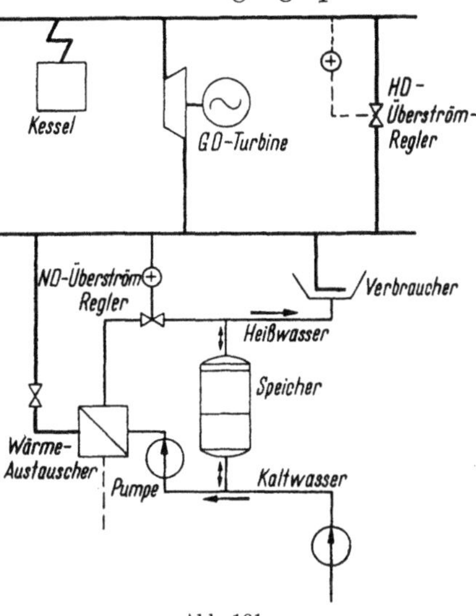

Abb. 101.
Schaltung eines Heißwasser-Verdrängungsspeichers

Ebenso kann der Ladezustand nicht mehr einfach vom Wasserstandanzeiger abgelesen werden, sondern muß (wie beim Gleichdruckspeicher) durch Temperaturanzeige an mehreren Niveaustellen kenntlich gemacht werden.

Ein wesentlicher Punkt beim Gebrauchswasserspeicher ist der *Korrosionsschutz*. Ohne geeignete Vorkehrungen, zum Schutze des Behälters, muß man damit rechnen, daß besonders bei Speichertemperaturen, die nahe bei 100 °C liegen, nach verhältnismäßig kurzer Zeit Korrosion auftritt, und daß die Lebensdauer nur einige Jahre beträgt. Je nach der Zusammensetzung des gespeicherten Wassers kommen verschiedene Schutzmittel und Anstriche in Betracht, die nach einer gewissen Zeit wieder erneuert werden müssen. Durch Einbrennlack ist eine wesentlich längere Schutzdauer zu erreichen, die dazu beiträgt, die Wirtschaftlichkeit der Gebrauchswasserspeicher zu erhöhen, obwohl die Kosten dieser Schutzmethoden entsprechend höher liegen.

3. Heizwasserspeicher

Da beim Heizwasserspeicher sowohl die Ladung als auch Entladung durch Heißwasser erfolgt und ihre Anwendung vor allem auf nicht industriellem Gebiet liegt, gehört diese Speicherart eigentlich nicht mehr in den Rahmen dieses Buches. Andererseits ist keine genaue Abtrennung möglich; vielfach ist die industrielle Wärmeanlage auf Raumheizung beschränkt oder mit einer Heißwasser-Wärmeversorgung ausgerüstet. In beiden Fällen ist der Heizwasserspeicher von Bedeutung; darüber hinaus vor allem auf dem Gebiet der Fernwärmeversorgung und Städteheizung. Schließlich ist diese Speicherart nur noch dadurch von der im vorigen Kapitel beschriebenen unterschieden, daß auch die Ladung mit Heißwasser erfolgt und nicht mehr mit Dampf.

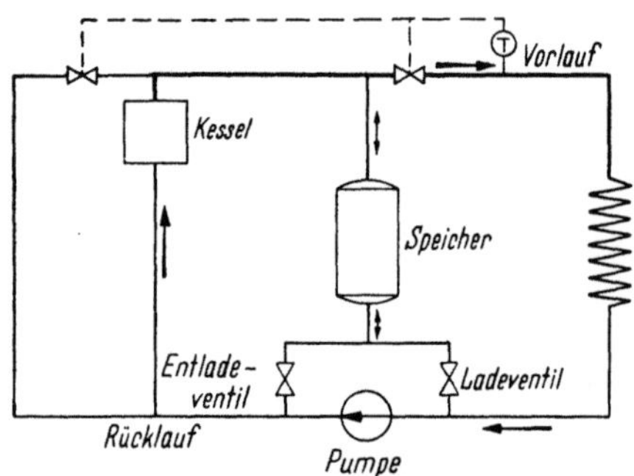

Abb. 102.
Heißwasserspeicher zwischen Vor- und Rücklauf

Die wesentliche Kennzeichnung jedoch liegt in der *Schaltung*: Das Heißwasser fließt hier nicht durch den Speicher zum Verbraucher, sondern der Speicher ist in den Heißwasser-Kreislauf eingeschaltet. Dabei ergeben sich verschiedene prinzipielle Möglichkeiten, die im folgenden dargestellt sind.

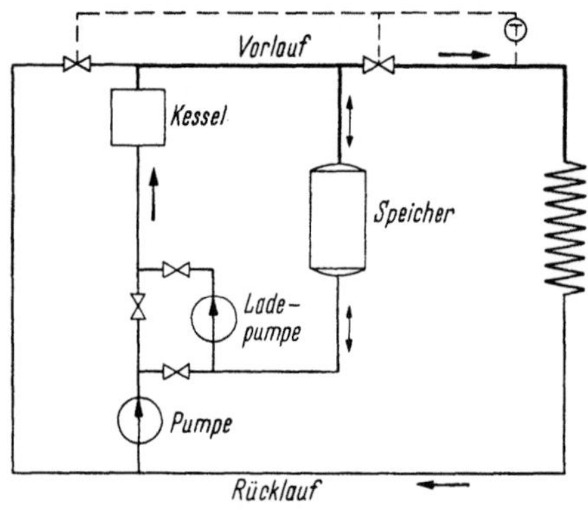

Abb. 103.
Heißwasserspeicher mit besonderer Ladepumpe

Die Einschaltung *zwischen Vor- und Rücklauf* ermöglicht die größte Speicherfähigkeit im Grenzbereich zwischen beiden Temperaturen. Abb. 102 zeigt die einfachste Schaltung ohne zusätzliche Pumpe. Durch wahlweises Öffnen und Schließen der Ventile in der Rücklaufleitung wird die Ladung des Speichers mit heißem Vorlaufwasser erzielt, das in den oberen Teil des Speichers strömt und eine entsprechende kältere Wassermenge in die Rücklaufleitung drückt. Umgekehrt wird bei der Entladung das kältere Rücklaufwasser in den unteren Teil des Speichers geleitet und das heiße Wasser aus dem oberen Teil dem

Vorlauf zugeführt. Ein Nachteil dieser Schaltung ist, daß die Pumpe das gesamte zirkulierende Wasser auf den vollen Vorlaufdruck bringen muß, obwohl der durch den Speicher fließende Teil nur den geringeren Widerstand des Speicherdurchflusses zu überwinden hat. Die Schaltung Abb. 103 vermeidet dies, durch Einschalten einer besonderen Ladepumpe.

Die *Großwasserraumspeicher* (R. O. MEYER) stehen unter Atmosphärendruck und können maximal mit Wasser von 95 °C geladen werden. Die Schaltung ohne Ladepumpe ist in Abb. 104 gezeigt. Die Höchsttemperatur wird durch Mischung mit Rücklaufwasser erzielt. Die bekannteste Anlage nach dieser Methode ist im Fernheizbetrieb der Hamburger Elektrizitätswerke im Jahre 1930 aufgestellt worden.

Auch für die Einschaltung *in den Rücklauf* ergeben sich eine Anzahl von Möglichkeiten, wie z. B. durch die Schaltung in Abb. 105 gezeigt. Diese Schaltungen haben natürlich den Nachteil, daß die Speicherfähigkeit durch den Schwankungsbereich der Rücklaufleitung begrenzt ist. Bei niedriger Belastung ergibt sich eine höhere Temperatur des Rücklaufwassers, das durch Regler in dieser Leitung zum Teil in den oberen Teil des Speichers geführt wird. Im Grenzfall kann so der gesamte Speicher mit der höchsten Rücklauftemperatur geladen sein. Bei der Entladung infolge höherer Belastung

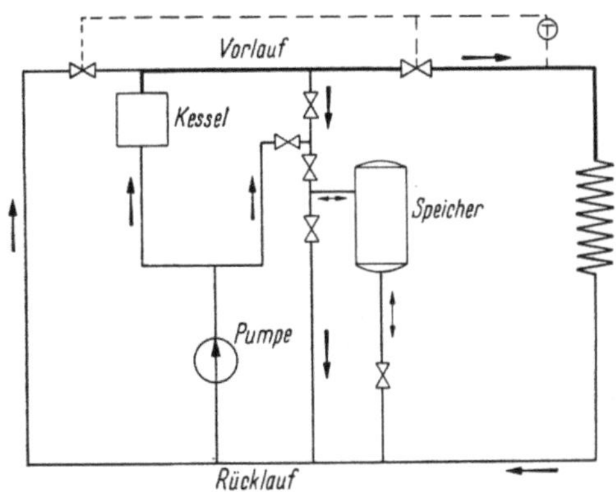

Abb. 104. Heißwasserspeicher ohne Ladepumpe (Großwasserraumspeicher)

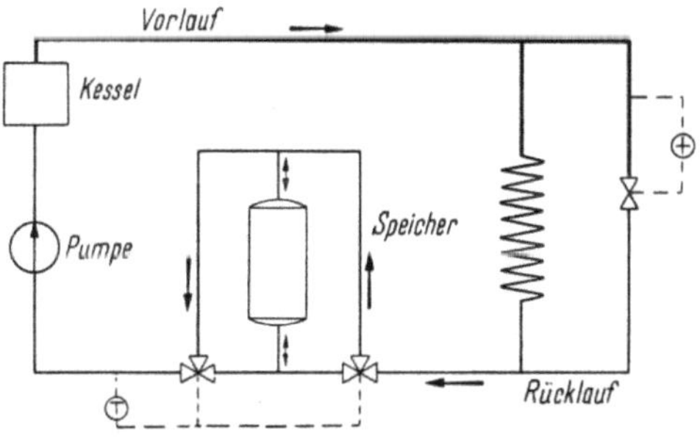

Abb. 105. Heißwasserspeicher im Rücklauf

wird umgekehrt das Rücklaufwasser mit niedrigerer Temperatur in den unteren Teil des Speichers geleitet und eine entsprechende Menge mit höherer Temperatur aus dem oberen Teil dem Kessel zugeführt. Diese Temperaturunterschiede sind wesentlich geringer als zwischen Vor- und Rücklauf, wodurch sich die geringere Speicherkapazität ergibt.

IX. Anwendung der Dampfspeicherung

1. Schwankungen im Dampfbedarf

Die genaue Kenntnis des zeitlichen Verlaufs des Dampfbedarfs ist von allergrößter Bedeutung, sowohl für die Planung als auch für den wirtschaftlichen Betrieb jeder Dampfanlage. Vor der allgemeinen Einführung registrierender Meßinstrumente war es oft schwierig, das Auftreten von Lastschwankungen zu verfolgen, und es bestand manchmal auch die Neigung, sie zu vernachlässigen. Die Bedeutung der Schwankungen wechselt sehr stark, je nach Industrie, Brennstoff und Feuerungsanlage; jedoch ist es in jedem Fall lohnend, die Eigenart des Last-

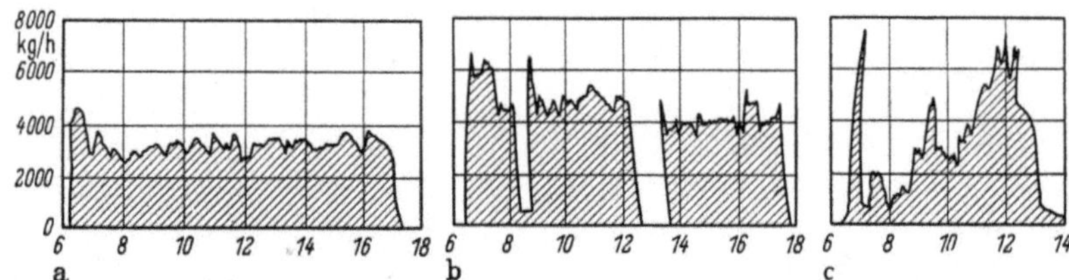

Abb. 106a—c. Charakteristische Formtypen des Dampfbedarfs

diagramms zu untersuchen, das Auftreten und die Ursachen der Bedarfsspitzen zu verfolgen und festzustellen, wie sie sich auf den Dampfbetrieb und seinen Wirkungsgrad auswirken.

Grundsätzlich läßt sich der Dampfverbrauch einer einzelnen Maschine, ebenso wie einer gesamten Fabrik in eine der folgenden 3 Formtypen einreihen, die in Abb. 106 für typische Verbraucher der Textilindustrie dargestellt sind:

a) Gleichmäßiger Verbrauch

Derartige Verbraucher, die ohne jegliche Unterbrechung Dampf von dauernd gleicher Leistung benötigen, gibt es in der Industrie nur äußerst selten. Häufiger ist der Fall einer Maschine, deren Bedarf nach einer Anheizzeit mit maximaler Spitze einen praktisch konstanten normalen Wert aufweist. Als Beispiel ist in Abb. 106 das Diagramm einer Tuch-Trockenmaschine dargestellt.

b) Verbrauch mit bekannten Schwankungen

Allgemeiner ist der Fall, daß eine dampfverbrauchende Maschine zu bestimmten Zeiten an- und abgestellt wird; wie dies hier am Verbrauchsdiagramm einer Rohwolle-Trockenmaschine gezeigt ist, deren Betrieb zu ganz bestimmten Zeiten unterbrochen wird.

Ähnliches gilt von typischen Dampfverbrauchern in einer großen Zahl von Industrien, die einem gesetzmäßigen zeitlichen Verlauf unterworfen sind, mit Periodendauern von wenigen Minuten bis zu vielen Stunden.

c) Verbrauch mit unbekannten Schwankungen

Hier läßt sich der Bedarf überhaupt nicht mehr vorausbestimmen, da er wie z. B. in einer großen Stückfärberei, durch das An- und Abstellen einer großen Zahl kurzzeitiger Einzelverbraucher beeinflußt wird. Der Gesamtverbrauch kann sich fast jederzeit auf jeden beliebigen Wert zwischen Null und maximaler Last einstellen.

Solche Verhältnisse findet man auch noch in Stahlwerken, Gummifabriken, Lederfabriken u. a., deren spezielle Dampfbedarfsbedingungen im einzelnen in dem folgenden Kapitel näher behandelt werden. Das gemeinsame Kennzeichen ist die *Unmöglichkeit*, den Dampfverbrauch vorherzubestimmen.

Die Verbrauchsdiagramme mehrerer Tage sind für eine Lederfabrik in Abb. 107 wiedergegeben und zeigen deutlich, wie stark sich der Dampfbedarf von Tag zu Tag ändern kann. Diese Diagramme lassen kaum irgendwelche Schlüsse zu, abgesehen etwa von allgemeinen Angaben über Beginn und Ende der Tagesschicht und dem Höchst- und Mindestwert

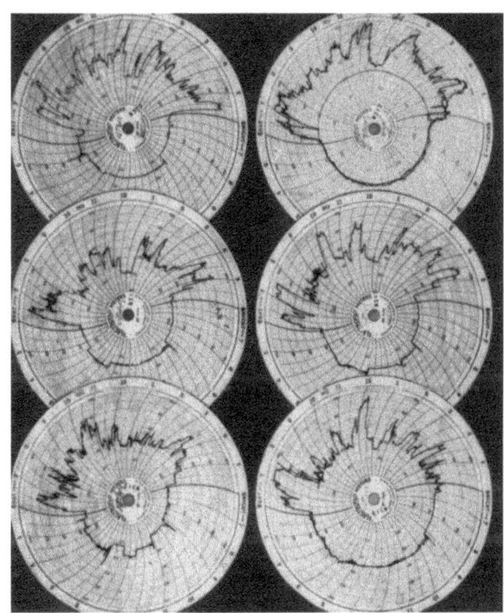

Abb. 107.
Unterschiede in der täglichen Belastung einer Lederfabrik

während dieser Zeit. Man kann in manchen Fällen etwas weiterkommen, indem man das Meßinstrument mehrere Tage auf demselben Blatt aufzeichnen läßt. Wie in Abb. 108 gezeigt, können die Verbrauchslinien dabei gewisse Gesetzmäßigkeiten aufweisen, die es ermöglichen, den zeitlichen Verlauf des Dampfbedarfs etwas deutlicher festzulegen.

Der nächste Schritt ist sinngemäß ein Versuch, die *Ursachen* der Verbrauchsschwankungen zu finden. Das Belastungsdiagramm einer Fabrik setzt sich meist aus einer großen Anzahl von Einzelverbrauchern zusammen, die jeweils verschiedenen Einflüssen an Zeit und Höhe des Bedarfs unterworfen sind.

Alle Produktionsprozesse, die Wärme benötigen und *periodisch* verlaufen, können zum Auftreten solcher Schwankungen beitragen. Für die Auswirkung auf den Dampfverbrauch sind besonders die Dauer der Periode, die Sekunden und Minuten, aber auch Stunden und Tage betragen kann, und die Größenordnung der benötigten Dampfmengen von Bedeutung.

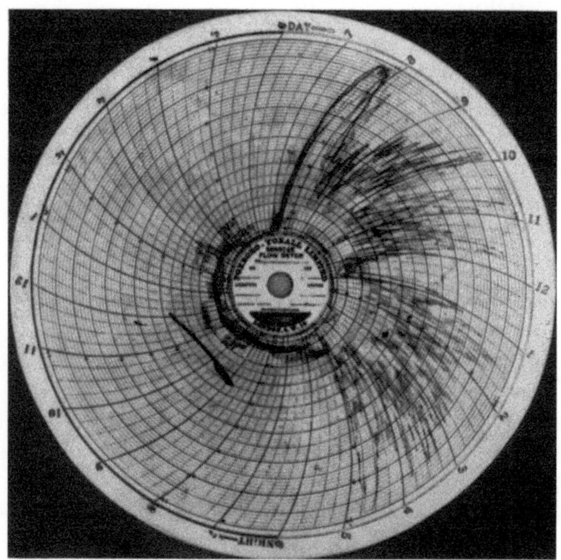

Abb. 108. Bestimmung der typischen Lastkurve

Beim *Kochprozeß* z. B. wird Wärme benötigt, um eine Flüssigkeit auf die Verdampfungstemperatur zu bringen und entweder diese Temperatur eine bestimmte Zeit einzuhalten oder einen Teil der Flüssigkeit zu verdampfen. Dazu gehören z. B. der Sudprozeß in Brauereien, der Färbprozeß in Textilfabriken und der Kochprozeß in Zellstoff-Fabriken.

Grundsätzlich läßt sich ein Kochprozeß am Beispiel eines *Färbbottichs* darstellen (Abb. 109). Die benötigte Dampfmenge dient zum Teil zur Anwärmung der Flüssigkeit und zum Teil zur Deckung der Wärmeverluste. Hieraus läßt sich eine Gleichung für den Wirkungsgrad ableiten. Wichtig in diesem Zusammenhang ist die Feststellung, daß die Wärmeleistung um so höher sein muß, je schneller die volle Temperatur erreicht wird; danach fällt der Wärmebedarf stark ab. Beide Faktoren tragen zum schwankenden Charakter bei, auch wenn die Verluste im 2. Teil, nach Erreichen der vollen Temperatur, verringert werden können, wie z. B. durch geschlossene Farbbottiche.

Je nach dem Produkt und der Größe der Kochapparate sind die *Periodendauern* sehr verschieden. jedoch zerfällt der kennzeichnende Verlauf des Dampfbedarfes fast stets in drei ausgeprägte Teile. 1. Solange

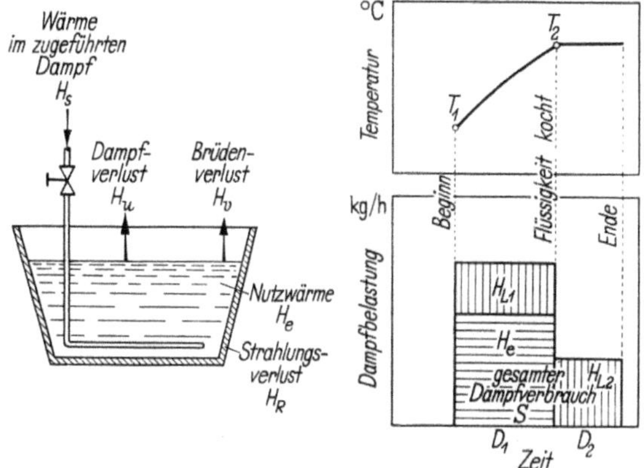

Abb. 109. Wärmebilanz eines Färbbottichs

die Kocher entleert und nachgefüllt werden, wird kein Dampf gebraucht. 2. Zum Anwärmen und Ankochen des Kochgutes wird die Dampfzufuhr bis zur technologisch zulässigen Grenze gesteigert, da meist die eigentlichen Produktionsvorgänge erst einsetzen, wenn die notwendige Temperatur erreicht ist. 3. Dann aber wird der Dampf nur zum Ersatz der Wärmeverluste benötigt. so daß die Zufuhr stark herabgesetzt werden kann.

Im *Kraftverbrauch* treten ähnliche periodische Vorgänge beim

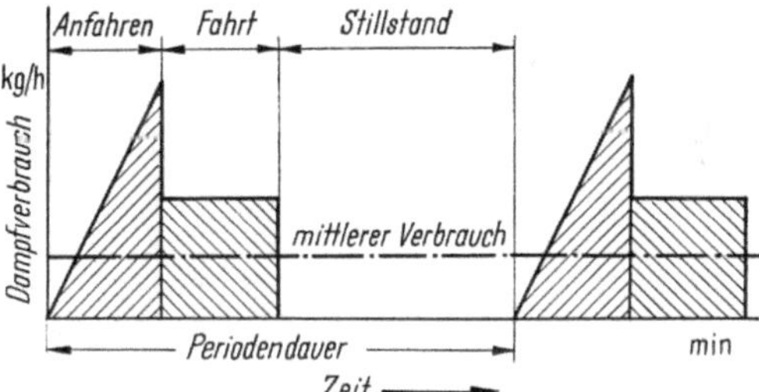

Abb. 110. Dampfbedarf einer Fördermaschine

Antrieb von Beförderungsmaschinen aller Art (z. B. Fördermaschinen, Walzenzugmaschinen) auf. Auch hier finden sich in ähnlicher Weise drei Teile der Periode (Abb. 110): 1. Stillstand — 2. größter Verbrauch (zur Überwindung der Trägheit, bis die erforderliche Geschwindigkeit erreicht ist) — 3. herabgesetzter Verbrauch (während der Fahrt zur Überwindung der Reibungsverluste). Die Anfahrspitzen, die sich im Gesamtdiagramm am deutlichsten ausprägen. haben meist nur eine Dauer von einigen Minuten.—Schließlich treten noch kürzeste Schwankungen durch den Verbrauch von Kolbenmaschinen auf. die sich in einer Sekunde bereits einige Male wiederholen. in einer Form. wie sie in Abb. 111 wiedergegeben ist.

Neben diesen gesetzmäßig verlaufenden Arbeitsprozessen kommen im praktischen Dampfbetrieb zahlreiche Verbraucher mit unregelmäßigem, nicht vorher bestimmbarem Bedarf vor. Andere werden gelegentlich eingesetzt. z. B. zum Reinigen oder Dämpfen der Apparate und Leitungen. Ebensowenig sind die zufällig auftretenden Pausen durch Störungen an den Arbeitsmaschinen u. ä. zu erfassen. Im *Gesamtdiagramm* eines

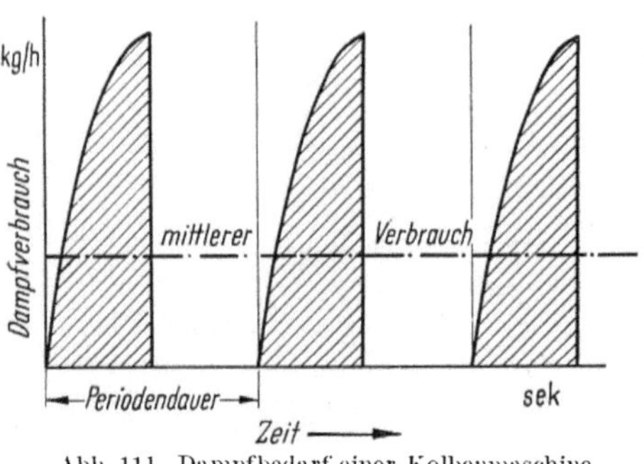

Abb. 111. Dampfbedarf einer Kolbenmaschine

Werkes jedoch überlagern sich diese den regelmäßigen Schwankungen, die infolge des gleichzeitigen Betriebes mehrerer Apparate wiederum einander überdecken können, so daß meist ein völlig regelloser Verlauf entsteht. Wird nicht ein fester Fahrplan eingehalten, so kann nicht damit gerechnet werden, daß die Schwankungen durch die Zusammenfassung mehrerer Einzelverbraucher ausgeglichen werden könnten. Vielmehr verschärfen sich diese meist, sobald z. B. zwei oder mehr Ankochspitzen gleichzeitig eintreten.

Hinzu kommen die Einflüsse der periodisch wechselnden *Tages- und Jahreszeiten*; also zunächst der Wechsel der täglichen Betriebszeit mit dem Stillstand des Werkes während einer Periode von 24 Stunden. Außer in der Begrenzung der täglichen Dampfanforderung hat das Stillsetzen der Apparate zur Folge, daß diese sich stärker abkühlen und vor der Inbetriebnahme am nächsten Tag angewärmt werden müssen. Ähnlich, aber noch deutlicher, prägt sich meist die Anwärmspitze nach der wöchentlichen Pause des Sonntags aus. Kennzeichnend ist die Wirkung des Zeitenwechsels auf die Außenbedingungen für Raumheizung und Beleuchtung, also auf die Außentemperatur und Außenhelligkeit. Die Belastung von öffentlichen Kraftwerken z. B. weist im Winter meist zwei ausgeprägte Leistungsspitzen am Morgen und Abend auf (Abb. 112), die durch den erhöhten Lichtbedarf in den dunkleren Tageszeiten entstehen. Im Verlauf des Jahres wechseln die täglich benötigten Strommengen zwischen einem Höchstbedarf im Winter und einem Mindestbedarf im Sommer. Ähnlich wird die für Heizung aufgewandte Wärme beeinflußt, die täglich nach einer Spitze am Morgen allmählich abnimmt. Für den Ausgleich durch Dampfspeicher ist allein der Wechsel im Verlauf des Tages wichtig.

Insbesondere äußern sich plötzlich auftretende Wetterumschläge z. B. Schneestürme oder Gewitter, durch erhöhten Energiebedarf. In erster Linie wird der Lichtverbrauch beeinflußt, während bei der Heizung die Eigenspeicherung der versorgten Objekte ausgleichend wirkt. Abb. 113 zeigt eine scharfe zusätzliche Bedarfsspitze im Stromverbrauch.

Hervorgehoben soll noch der wesentliche Unterschied der auszugleichenden Bedarfsschwankungen werden, der die beiden wichtigsten Möglichkeiten für die Wirkung von Dampfspeichern kennzeichnet:

1. *Leistungsspitzen* von längerer Dauer, die mit starken Absenkungen wechseln und nur wenige Male am Tage auftreten (Kraftwerksbelastung).

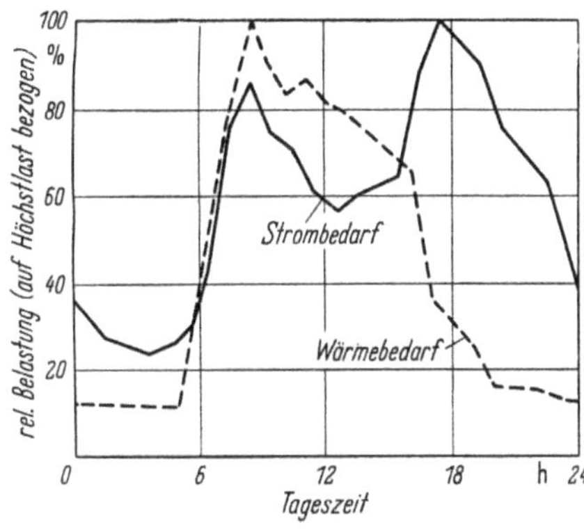

Abb. 112.
Relative Belastung von Kraft- und Heizwerken

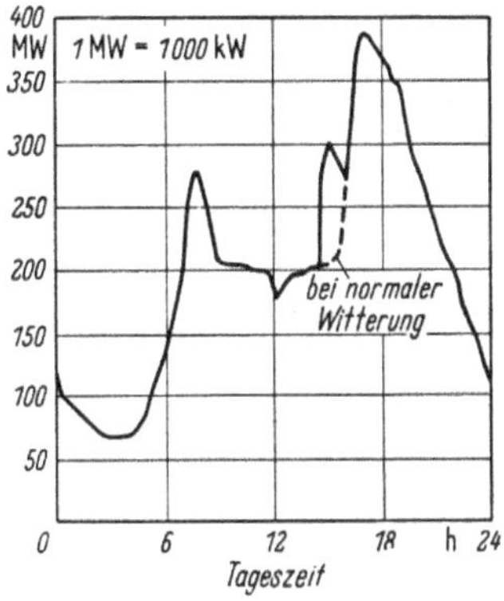

Abb. 113. Unerwartete Bedarfsspitze infolge Wettersturz

2. *Schwankungen um den Mittelwert* von meist kürzerer Zeitdauer, wobei nur der augenblickliche Dampfbedarf stark veränderte Werte annimmt, dagegen der stündliche Mittelwert ungefähr gleich bleibt (Industriebelastung).

Zur Deckung von Leistungsspitzen erfolgt der Einsatz des Speichers nur ein- bis zweimal täglich. Ladung und Entladung fallen auf ganz bestimmte Tageszeiten, die vorher bekannt sind. Im zweiten Fall wird der Dampfspeicher dauernd beansprucht, wobei er mehrere Male am Tage voll ausgenutzt werden kann.

2. Speicherwirkung und Speicherfähigkeit

Die Überwindung der oben gezeigten Schwankungen im Dampfbedarf und die Beseitigung der damit verbundenen Nachteile ist daher eine der Hauptaufgaben der industriellen Wärmespeicherung. Im Sinne der dargestellten drei Verbraucher-Formtypen läßt sich dies folgendermaßen ausdrücken:

Der Speicher übernimmt die Umwandlung der ungünstigsten Formtype mit unbekannten Schwankungen in die günstigste Formtype des gleichmäßigen Verbrauchs.

Durch den Einsatz der Speicheranlage wird eine *elastische Verbindung* zwischen Dampferzeuger und Dampfverbraucher erzielt, wodurch scharfe Belastungsschwankungen vom Speicher aufgenommen werden

8 Goldstern, Dampfspeicheranlagen, 2. Aufl.

können. Die Dampferzeugung kann vergleichmäßigt werden und je nach Betrieb und Kessel- bzw. Feuerungsbauart über so lange Zeiträume

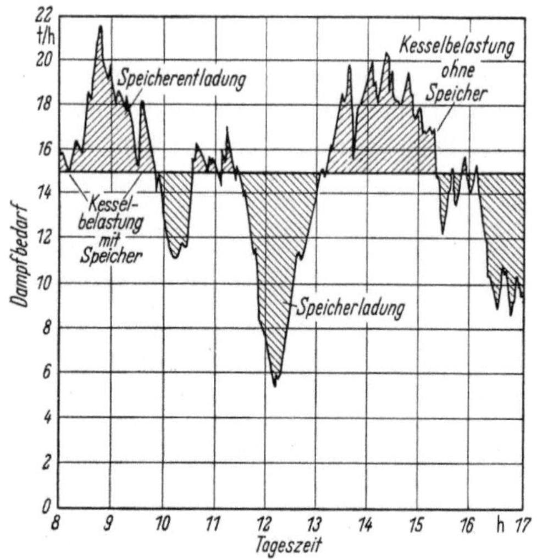

Abb. 114.
Speicherbemessung bei unzureichender Kesselanlage

konstant gehalten werden, daß der beste Wirkungsgrad erzielt werden kann.

Ein weiterer wesentlicher Gesichtspunkt bei der Bestimmung der Speichergröße ist vor allem noch, ob die *vorhandene Kesselanlage* groß genug ist, um den Bedarf jeder Zeit zu decken. Im Wachstum jedes dampfverbrauchenden Industriebetriebes treten notwendigerweise Perioden auf, wenn die steigende Produktion mehr Dampf verlangt, als die bestehenden Kessel liefern können. Die Anlage wird dann, besonders während der Spitzenzeit, erheblich überbelastet, wobei man etwaige Verluste im Wirkungsgrad in Kauf nimmt. Erfahrungsgemäß wird die Anschaffung eines neuen Kessels oft mit der Begründung hinausgeschoben, daß man die vorhandenen Geldmittel zunächst zur Anschaffung neuer oder besserer Produktionsmittel benötigt. Die Folge dieser Entwicklung ist oft eine ausgesprochene Dampf-

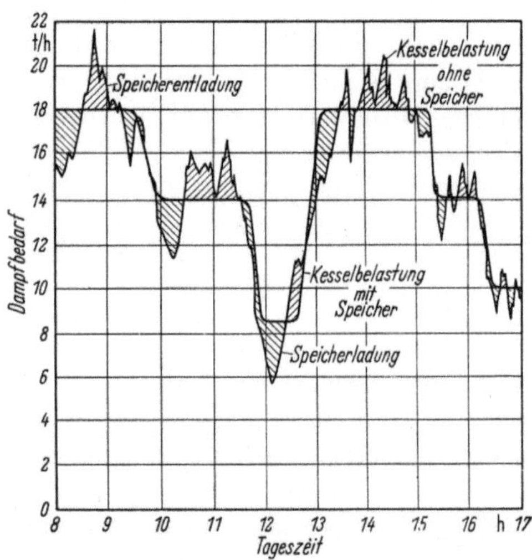

Abb. 115. Speicherbemessung bei ausreichender Kesselanlage

knappheit während der Spitzenzeit, die sich darin ausdrückt, daß der Dampfdruck im Kesselhaus und bei den Verbrauchern nicht aufrechterhalten werden kann. Mit sinkendem Druck tritt eine Beschränkung der Dampflieferung ein, bis das Gleichgewicht zwischen Erzeugung und Verbrauch auf einer entsprechend niedrigeren Leistung wieder hergestellt ist.

In einem solchen Fall des deutlichen *Dampfmangels* muß die Speicheranlage groß genug bemessen werden, um die fehlende Leistungsfähigkeit der Kesselanlage zu ersetzen. In Abb. 114 ist dargestellt, wie die Lastverteilung zwischen Kessel und Speicher erfolgt: Die Dampferzeugung liefert den *mittleren* Bedarf (etwa 15 t/h) gleichmäßig während der gesamten Betriebszeit, unabhängig von den Schwankungen. Der Speicher wird geladen, wenn die Last unter dem Mittelwert liegt und steht voll aufgeladen zu Beginn der größten Spitze um etwa 8 Uhr zur Verfügung. Der Inhalt dieser Spitze bestimmt die nötige Speicherfähigkeit und damit die Größe und Kosten der Speicheranlage, die entsprechend hoch ausfallen. Nur ein Vergleich mit den Kosten für die Anschaffung und Betrieb einer *gleichwertigen* Kesselanlage kann zeigen, ob die Kosten wirtschaftlich und betrieblich zu rechtfertigen sind.

Zum Vergleich ist dasselbe Dampfdiagramm herangezogen, für den Fall, daß eine *ausreichende Kesselanlage* zur Verfügung steht (Abb. 115). Eine Knappheit an Dampf tritt nicht auf, da der Bedarf die Leistungsgrenze der Kessel nicht überschreitet; aber die Feuerung muß fast ununterbrochen verändert werden und kann nicht einmal kurzzeitig den Zustand einer gewissen Stabilität erreichen. In diesem Fall kann eine wesentliche Speicherwirkung durch einen verhältnismäßig kleinen Speicher erzielt werden, wie sie durch die Linie des Lastausgleichs angedeutet ist. Ein voller, dauernder Ausgleich wird hier gar nicht angestrebt, ebensowenig wie es auf das Maß ankommt, in dem die Kessel entlastet werden, also auf die Höhe der „abgeschnittenen" Spitze. Wesentlich ist hier vielmehr, mit einem möglichst kleinen Speicher, also mit geringsten Kosten, die größte Wirkung zu erzielen, d. h. die Feuerführung so lange unverändert zu halten, daß stabile Verbrennungsverhältnisse erzielt werden und die nötigen Laständerungen allmählich, rechtzeitig und unter Anpassung der Luftzufuhr vorgenommen werden, ohne Auftreten zusätzlicher Verluste.

Es läßt sich feststellen, daß solche *kleinen Speicheranlagen*, die in großer Zahl während Zeiten des Brennstoffmangels eingebaut wurden, der Dampfspeicherung eine neue Existenzbasis verschafft haben. Für lange Zeit war das Hauptinteresse auf die großen Speicher, besonders in der Kraftwirtschaft konzentriert; jedoch ließen sich die hohen Kosten in den meisten Fällen nur schwer vertreten. Die starke Entwicklung zu immer höheren Drucken erschwerte die Verwendung von Speichern immer mehr, so daß sie zeitweise als völlig überholt galten. Die heutigen Bestrebungen gingen z. T. vom gegensätzlichen Standpunkt aus: nicht mehr „Wie groß und bis zu welchem höchsten Druck lassen sich Speicher bauen?", sondern „Wie klein kann ein Speicher sein, und mit welchem niedrigsten Druck kann er noch seine Funktion erfüllen?"

8*

In ähnlicher Weise kann man aus dem Verlauf der Schwankungen, also z. B. aus dem gesamten Belastungsdiagramm einer Dampfanlage, die notwendige Speicherfähigkeit bestimmen, für die man die Speicheranlage zu bemessen hat, und zwar zunächst noch ohne Rücksicht auf die Wahl des Systems. Entsprechend der Belastungsart ändert sich die Speicherwirkung und auch die Bestimmung der Speicherfähigkeit.

Im ersten Fall, der Spitzendeckung, hat man ausschließlich die vom Speicher zu übernehmende *Leistungsspitze* der Berechnung zugrunde zu legen. Die Speicherladung, ebenso wie die Möglichkeit, gleichzeitig noch weitere Spitzen im Laufe des Tages zu decken, können außer acht gelassen werden, sofern der Speicher zu Beginn der eigentlichen Leistungsspitze voll geladen sein kann. Der Speicher muß so groß bemessen werden, daß die durch seine Entladung zusätzlich verfügbare Energiemenge (kg Dampf oder kWh Strom) gleich dem Arbeitsinhalt des abgeschnittenen Spitzenanteiles ist. Durch Planimetrieren dieser Fläche kann also unmittelbar die Speicherfähigkeit festgestellt werden.

Folgen dagegen Belastungsspitzen und Absenkungen derart aufeinander, daß keine ausgeprägte Leistungsspitze vorhanden ist, so muß die *Ausgleichswirkung über die ganze Betriebszeit* verfolgt werden. Es wird nach einer ähnlichen Methode, wie bei der Berechnung von Schwungmassen (die bei jeder Art der Speicherung angewandt werden kann) zunächst der Mittelwert der Belastung (Abb. 116) ermittelt. In ein zweites Diagramm wird der Verlauf der Dampfmengen (Integralkurve) eingezeichnet, die sich durch Addition der über und Subtraktion der unter dem Mittelwert liegenden Flächen ergibt. Die Integralkurve gibt also in jedem Zeitpunkt die Dampfmengen an, die von Beginn der Betriebszeit insgesamt gegenüber der mittleren Belastung zusätzlich durch die Speicherung zu liefern bzw. von ihr aufzunehmen sind. Sie stimmt daher bei vollständigem Ausgleich mit dem Verlauf des Ladezustandes im Speicher überein, so daß man aus dem gesamten Bereich (Höchstwert + Mindestwert) die notwendige Kapazität des Speichers entnehmen kann. Im aufgezeichneten Beispiel muß die Speicherfähigkeit $12{,}2 + 1{,}6 = 13{,}8$ (t Dampf) betragen.

Weist das Dampfverbrauchsdiagramm erkennbare Zeiträume mit verschieden hoher mittlerer Belastung auf, wie z. B. infolge geringerer Betriebsbeanspruchung bei Nacht (s. Abb. 116), so wird man eine Änderung der Kesselfeuerung zulassen, um zu einer wesentlich kleineren Speicheranlage zu gelangen. Auch hierbei kann das Dampfmengendiagramm benutzt werden, um Speicherfähigkeit und Ladezustand festzustellen. Die Veränderung der Feuerführungslinie gegenüber dem Mittelwert kennzeichnet sich durch verschieden geneigte Linien des gleichen Ladezustandes, da die Abweichungen des Dampfverbrauches entsprechend der angepaßten Dampferzeugung verringert werden. Wird also die Integralkurve des Verbrauches durch parallele Gerade eingefaßt, so gibt deren Abstand in Richtung der Ordinaten die herabgesetzte Speicherfähigkeit (im Beispiel 4 t Dampf) an. Aus der Neigung der ansteigenden Erzeugungsgeraden kann man die Erhöhung der Kesselleistung entnehmen, die in diesem Fall nur 0,85 t/h beträgt. Hierdurch erreicht man eine Verkleinerung der Speicheranlage von fast 14 auf 4 t und einen unzweifelhaft wirtschaftlicheren Ausgleich.

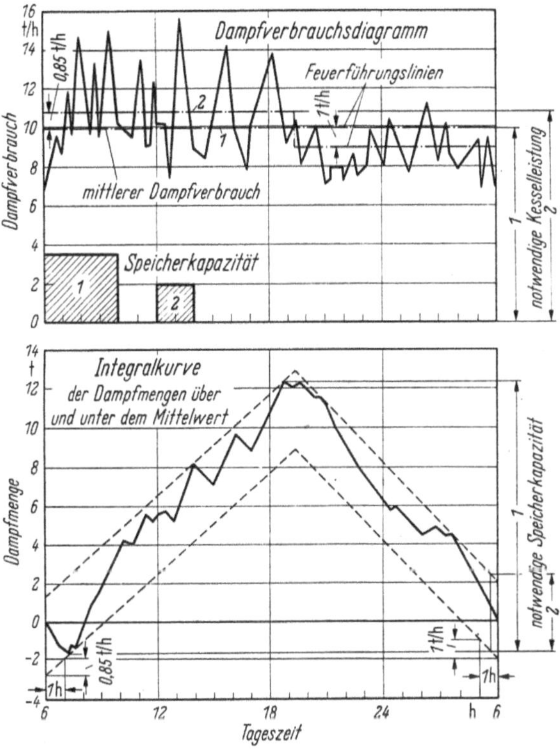

Abb. 116. Bestimmung der notwendigen Speicherfähigkeit

Andererseits haben die Betriebserfahrungen an ausgeführten Speicheranlagen gezeigt, daß die Wirksamkeit bei zu *knapp bemessener Speicherfähigkeit* stark beeinträchtigt wird und unter Umständen gänzlich verlorengehen kann. Dann muß aber auch berücksichtigt werden, daß im allgemeinen die zu erwartende Belastung nicht im voraus bekannt ist und daher Änderungen der Feuerführung oft nicht rechtzeitig einsetzen können. Der Speicher wird daher normal nur in einem engeren Bereich arbeiten können, damit bis zu den zulässigen Grenzen eine gewisse Reserve bleibt. Die in Abb. 117, 118 und 119 wiedergegebenen Druckdiagramme eines Textilbetriebes lassen deutlich erkennen, daß ein zu kleiner Speicher praktisch ohne Wirkung bleibt. Während bei Betrieb ohne Speicher (Abb. 117) heftige Schwankungen zwischen 6,5 und 11 atü auftreten, läßt sich mit dem ausreichend bemessenen Speicher

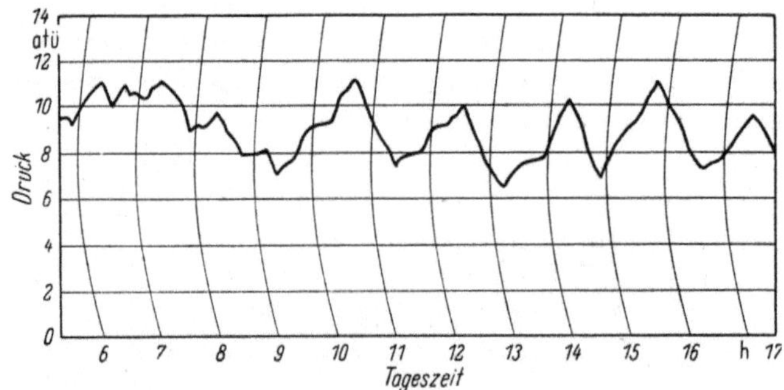

Abb. 117. Druckverlauf ohne Speicher

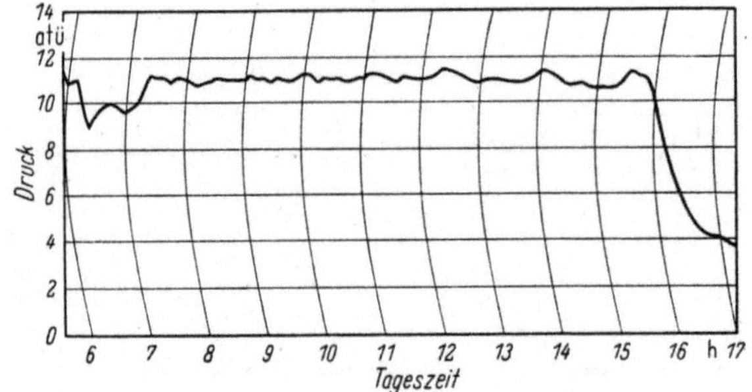

Abb. 118. Druckverlauf mit Speicher von ausreichender Größe

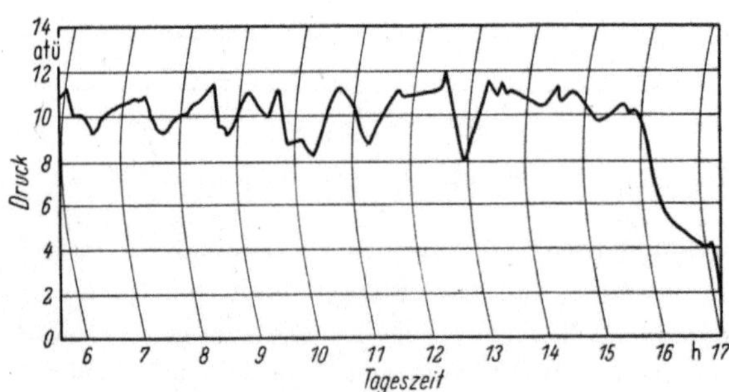

Abb. 119. Druckverlauf mit Speicher von unzureichender Größe

(Abb. 118) der Druck fast dauernd unverändert halten. Abb. 119 zeigt den Druckverlauf, wenn die Speicherfähigkeit auf weniger als die Hälfte herabgesetzt wird. Der Druck schwankt hier fast ebenso stark wie ohne Speicherung.

Die Speicherwirkung ist keineswegs auf den Ausgleich von Schwankungen im Dampfverbrauch beschränkt, zur Vergleichmäßigung der Kesselbelastung. In vielen Fällen arbeitet der Speicher gar nicht im Zusammenhang mit der Kesselanlage, sondern seine Aufgabe ist vielmehr, einen Ausgleich in Dampfnetzen von niedrigerem Druck zu erzielen. Allgemein übernimmt die Speicheranlage den *Ausgleich zwischen anfallenden und benötigten Dampfmengen*. Es handelt sich also nicht mehr darum, Belastungsschwankungen *auszugleichen*, indem bei Minderbelastung geladen und bei Spitzenlast entladen wird. Vielmehr wird eine Übereinstimmung angestrebt zwischen dem Dampfanfall, der bestimmten Schwankungen unterworfen ist, und dem Dampfbedarf, der gänzlich verschiedenen Änderungen unterliegt.

Typisch ist der Ausgleich in Heizkraftwerken oder allgemein in Anlagen mit *Gegendruck-Kraftmaschinen*. Der anfallende Gegendruckdampf wird im zeitlichen Verlauf vom Kraftbedarf aus bestimmt. Er ist daher den Schwankungen der Kraftverbraucher unterworfen, die meist von unregelmäßigen Produktionsprozessen abhängen und durch zusätzlichen Strombedarf für Beleuchtungszwecke zeitweise ausgeprägte Spitzen aufweisen. Umgekehrt wird der Wärmeverbrauch, der durch den Gegendruckdampf gedeckt werden soll, gänzlich verschiedene Schwankungen aufweisen. Die Anpassung dieser Verschiedenheiten im zeitlichen Verlauf von anfallendem Dampf und benötigten Dampf bzw. Wärmemengen, kann durch Speicherung erreicht werden, vorausgesetzt, daß gewisse betriebliche Bedingungen erfüllt werden können. Beispiele solcher Lösungen sind für verschiedene Industrien im nächsten Kapitel beschrieben.

Grundsätzlich ist die *Reihenschaltung*, d. h. die Einschaltung des Speichers zwischen dem dampfliefernden und dampfverbrauchenden Netz möglich. Da jedoch die spezifische Speicherkapazität beim *Gefällespeicher* (s. S. 39) von der Druckdifferenz abhängt, ergeben sich praktisch sehr große Anlagen, falls nicht ein beträchtliches Druckgefälle zwischen dem Gegendruck der Kraftmaschine und dem Verbraucherdruck zugelassen werden kann. Von Bedeutung kann dieser einfachste Fall der Speicherung nur dort sein, wo sehr kleine Dampfmengen genügen, um einen Ausgleich zu erzielen, insbesondere wo es sich um sehr kurze Schwankungsperioden handelt. Für größere Speicherkapazitäten kommt die Reihenschaltung nur in Frage, falls *Heißwasserspeicherung* (s. S. 101) angewendet werden kann. Diese ermöglicht die Entladung der gespeicherten Wärmemengen auf ein wesentlich geringeres Temperaturniveau, bzw. ein vergrößertes Temperaturgefälle zwischen dem gespeisten kalten Wasser und dem vom Speicher entladenen Heißwasser. Falls die Speisewasserverhältnisse günstig liegen, kann auch durch *Gleichdruckspeicherung* (s. S. 89) dieser Ausgleich zwischen Anfall und

Bedarf an Niederdruckdampf erzielt werden. Der nicht für die Niederdruckverbraucher benötigte Dampf dient dann zur Vorwärmung von überschüssigen Mengen an Speisewasser, die wiederum durch eine erhöhte Dampferzeugung einen zusätzlichen Kraftbedarf decken können. Schließlich kommt auch die *Parallelschaltung* eines Gefällespeichers in Frage, der aber nicht mit überschüssigem Niederdruckdampf geladen wird und daher nicht im gleichen Sinne einen Ausgleich zwischen Anfall und Bedarf erzielen kann. Für scharfe, kurze Bedarfspitzen, die über die Schluckfähigkeit der Gegendruckturbine hinausgehen, kann diese Speichermethode angewandt werden. Dabei wird der Speicher parallel zur Kraftmaschine geschaltet, erhält also Kesseldampf oder Anzapfdampf höheren Drucks. Infolge der relativ geringen Dampfmengen, die durch den Speicher gehen, handelt es sich um eine oft vernachlässigbare Erhöhung des Hochdruck-Dampfverbrauches.

Schließlich kann die Aufgabe und Wirkung der Speicherung *im weitesten Sinne* aufgefaßt werden, über die Erzielung einer gleichmäßigen Kesselbelastung oder der Angleichung anfallender und benötigter Dampfmengen hinaus. Die Speicheranlage dient dann ganz allgemein als Einrichtung, zu beliebigen Zeiten beliebige Mengen an Dampf oder Wärme in den Grenzen ihrer Speicherkapazität aufzunehmen oder abzugeben. Meist handelt es sich um eine *Dampfreserve* irgendwelcher Art, also die Bereithaltung einer bestimmten Dampfmenge für den Fall eines unvorhergesehenen Bedarfs, der so plötzlich auftritt, daß keine Zeit zur normalen Dampferzeugung in der verfügbaren Kesselanlage ist. Insbesondere, in lebenswichtigen Betrieben oder Prozessen, im Falle des Versagens der normalen Dampf-, Wärme- oder Kraftlieferung übernimmt der Speicher äußerst wichtige Aufgaben. Schließlich tritt auch der umgekehrte Fall auf, daß der Speicher bereitgehalten werden muß, um Dampf- oder Wärmemengen aufzunehmen, deren sofortige Verwertung zu Schwierigkeiten führen würde oder unmöglich wäre. Die Speicheranlage übernimmt hier u. U. fast einmalige Funktionen, dient mehr durch ihr Vorhandensein als ihr Eingreifen, gewissermaßen als Versicherung gegen das Auftreten von Mangel oder Überfluß an Dampf, der beiderseits zu größten Schwierigkeiten führen würde.

Diese allgemeinen Betrachtungen über die Wirkung von Dampfspeicheranlagen werden im folgenden spezieller in ihrer Anwendung in verschiedenen Industrien ergänzt und an Beispielen typischer Anlagen illustriert.

3. Dampfspeicher in Industriebetrieben

Der Dampfspeicherung werden in den einzelnen Industrien sehr verschiedene Aufgaben gestellt, da sowohl die Art und Größe der auszugleichenden Schwankungen als auch der Aufbau der Dampfanlage vom

Charakter der Fabrikationsprozesse beeinflußt werden. Ohne auf die technologischen Einzelheiten näher eingehen zu können, sollen die kennzeichnenden Unterschiede der Dampf- und Kraftverbraucher und ihr Einfluß auf die Arbeitsbedingungen der Dampfspeicher beschrieben werden.

Die Bedeutung der Dampfspeicherung hängt dabei in erster Linie davon ab, welchen Schwankungen der Bedarf der wichtigsten Dampfverbraucher unterworfen ist. Durch sie wird vielfach das Diagramm der gesamten Belastung eines Betriebes bestimmt, das für die notwendige Ausgleichswirkung der Speicheranlage maßgebend ist. Wichtig ist, daß in vielen Fällen die Dampferzeugungsanlage nicht den tatsächlichen Dampfbedarf decken kann, wie er sich bei einer unbeschränkten, betriebswirtschaftlich günstigsten Produktion einstellen würde. Zahlreiche Prozesse müssen u. U. in längerer Zeit durchgeführt werden, um scharfe Spitzen zu vermeiden, oder es müssen Wartezeiten eingeschoben werden, damit nicht durch das gleichzeitige Anstellen mehrerer Apparate ein unzulässig hoher Dampfbedarf entsteht. Schließlich kann auch durch das Zuschalten großer Verbraucher der Druck so stark absinken, daß alle übrigen nur bedeutend weniger Dampf erhalten (sog. „Dampfdiebstahl"). Um den wirklichen Belastungsverlauf zu beurteilen, wird man nur solche Diagramme gebrauchen können, die den Bedarf bei der günstigsten Produktion zeigen. Daher gibt u. U. ein berechnetes Diagramm eine richtigere Darstellung der Anforderungen als ein gemessenes.

Schließlich ist noch vorauszuschicken, daß die Behandlung einzelner Industriegruppen und der diesen eigenen Dampfanlagen und Wärmebedarfsverhältnisse infolge des engen Rahmens dieses Buches zu einer etwas einseitigen Betrachtung führen muß. Einmal handelt es sich darum, diejenigen Betriebe auszuwählen, die für die Anwendung der Wärmespeicherung am interessantesten sind. Es ist also eine *Beschränkung* auf solche Werke nötig, deren Wärmeversorgung für die Produktion von entscheidender Bedeutung ist und die weiterhin solchen Betriebsbedingungen unterliegt, daß ohne Wärmespeicherung Schwierigkeiten auftreten. So sind z. B. Stahlwerke, deren Hämmer und Pressen durch Preßluft betrieben werden und praktisch keine Dampfanlage benötigen, in diesem Zusammenhang ohne Interesse; ebenso auch in der Textilindustrie solche Werke, die nur Spinnerei oder Weberei umschließen und die ihren Kraftbedarf durch Strombezug decken.

Die hier beschriebenen Beispiele sind natürlich nicht gleichermaßen für alle Betriebe der betreffenden Industrieart kennzeichnend, sie können aber andererseits für ähnliche Dampfverhältnisse in ganz anderen Industriezweigen angewandt werden. Diese *Verallgemeinerung* ist bereits in dem Kapitel über „Schwankungen im Dampfbedarf" angedeutet, da die dort behandelten Prozesse, wie Kochen, Verdampfen, Pressen u. ä.

ziemlich unverändert in den verschiedensten Industrien auftreten. So werden typische Färbprozesse nicht nur in Textilwerken, sondern ganz ähnlich in Lederfabriken benutzt oder Dampfpressen gleicher Art in der Papier- wie in der Kunststoff-Industrie betrieben. In der Darstellung der Anwendungsbeispiele wurde daher versucht, sich auf die typischen Einzelheiten zu beschränken, insbesondere in der Abbildung der Schaltung und des Dampfverbrauchs, so daß eine Übertragung der Speicherlösungen auf andere Industriearten mit ähnlichen Betriebsbedingungen ohne weiteres möglich wird.

a) Textil-Industrie

Um die Bedeutung der Wärmespeicherung in Textilbetrieben beurteilen zu können, ist es wesentlich, sich ein Bild über die wichtigsten wärmeverbrauchenden Prozesse zu machen und ihren Einfluß auf die Belastungskurve des Werkes.

Krafterzeugung für direkten oder elektrischen Antrieb. Der Dampfbedarf der Kraftmaschinen ist im allgemeinen keinen großen Schwankungen unterworfen, da er durch eine verhältnismäßig große Anzahl von Antriebsmaschinen verursacht wird. Vielfach ist der Lastverlauf durch Beginn und Ende der Arbeitszeit und durch Unterbrechungen für Mahlzeiten charakterisiert, im übrigen praktisch unveränderlich.

Wärmeverbraucher für Produktionsprozesse umfassen insbesondere:

1. Maschinen zum Waschen der Rohmaterialien, Zwischen- oder Endprodukte. Diese benötigen beträchtliche Mengen von Warmwasser im Temperaturbereich 40 bis 70 °C, die oft einen Hauptanteil der Wärmeerzeugung beanspruchen.

2. Maschinen zum Färben, Drucken und Bleichen arbeiten im allgemeinen mit Temperaturen um 100 °C und sind meist die Ursache scharfer Belastungsspitzen.

3. Maschinen zum Trocknen der gewaschenen oder gefärbten Fasern oder Produkte sind im allgemeinen konstante Wärmeverbraucher, abgesehen von ziemlich stark ausgeprägten Anfahrspitzen.

4. Maschinen für Appretur, Veredlung und ähnliche Prozesse benötigen verhältnismäßig wenig Wärme.

Raumheizung kann einen vollständig gleichmäßigen Wärmebedarf aufweisen, wenn in drei Schichten gearbeitet wird. Sonst wird sich eine deutliche Anheizspitze ausprägen, dadurch bedingt, daß die durch Abkühlung der Räume und Maschinen verursachten Wärmeverluste möglichst rasch ersetzt werden müssen.

Der gesamte Wärmebedarf eines Textilbetriebes nach Größe und Belastungsverlauf hängt daher wesentlich vom Anteil der obengenannten einzelnen Verbraucher ab. Die Krafterzeugung beansprucht vielfach den größten, die Raumheizung den kleinsten Anteil. Wo kein Dampf für

Färberei benötigt wird, ist die Belastung meist ziemlich konstant. Im Falle einer Färberei findet man andererseits oft eine äußerst unregelmäßige Belastung mit zwei oder drei ausgeprägten Spitzen in jeder Schicht, die den mittleren Bedarf um 100 bis 150% übersteigen. In den meisten Betrieben wird die benötigte Wärme in Form von Dampf geliefert, jedoch gelten die folgenden Bemerkungen entsprechend auch für Heißwasser-Anlagen.

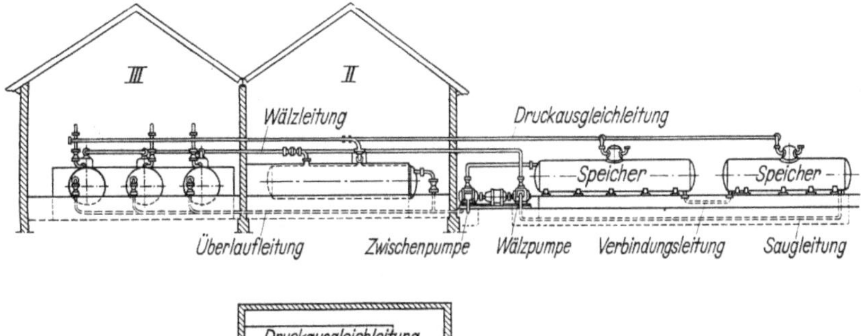

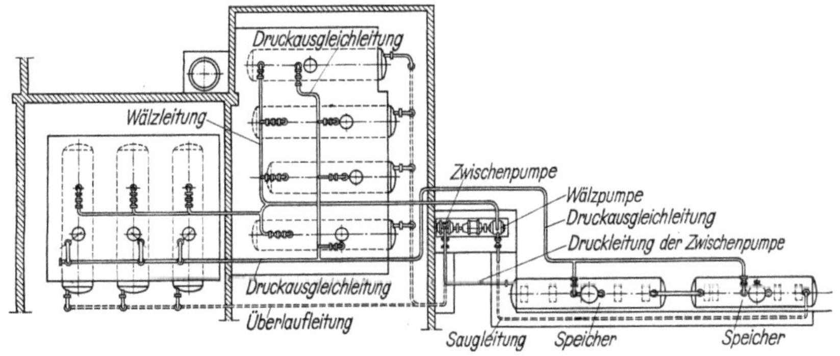

Abb. 120. KIESSELBACH-Gleichdruckspeicher in Textilwerk

Typische Beispiele (s. S. 150 u. 146) für die Anwendung der Wärmespeicherung in der Textilindustrie sind die Beschreibungen einer englischen Teppichfabrik mit großer Färberei und eines deutschen Textilwerkes; in beiden Fällen handelt es sich um Gefälle-Dampfspeicherung. *Gleichdruckspeicherung* findet ebenfalls Anwendung, soweit die Verbrauchsspitzen nicht zu stark ausgeprägt sind. Durch seinen einfachen Betrieb konnte früher der KIESSELBACH-Gleichdruckspeicher, vor allem auch in kleineren Werken der Textilindustrie, vielfach angewandt werden. Soweit der Kesseldampf nur zu Fabrikationszwecken benutzt wird, war die Möglichkeit gegeben, dabei die Gefällewirkung in stärkerem Maße heranzuziehen. Die kurzzeitigen höchsten Leistungsspitzen werden unter Drucksenkung um mehrere at aus dem Wasserraum von Kessel und Speicher gemeinsam gedeckt. Die Einordnung einer Speicheranlage in eine Stückfärberei- und Appreturanstalt zeigt Abb. 120. Da Kessel und Speicher in gleicher Höhe liegen, muß eine Zwischenpumpe das überlaufende Kesselwasser in den Speicher fördern.

Schließlich kommt noch die *Heißwasserspeicherung* für Fabrikationszwecke in Frage, da in vielen Textilbetrieben große Mengen an Heißwasser mit Temperaturen von 50 bis 90°C benötigt werden, insbesondere für Waschzwecke sowie zum Ansetzen der Bottiche in der Färberei und Bleicherei. Der Speicher wird meist mit Abdampf der Kraftmaschine geladen und arbeitet daher im ND-Gebiet von 2 bis 4 atü; siehe Ausführungsbeispiel S. 148.

Das Heißwasser wird vom Speicher meist durch Pumpen über das Versorgungsnetz, zu den Verbrauchern geleitet. Übersteigt die Abnahme an Heißwasser die jeweilige Lademenge, die vom Anfall an ND-Dampf abhängt, so entlädt sich der Speicher, wobei der Wasserspiegel absinkt, bzw. der Heißwasserinhalt beim Verdrängungsspeicher kleiner wird. Ein wesentlicher Vorteil des Heißwasserspeicher ist, daß durch die Versorgung mit Produktionswasser von der jeweils benötigten Temperatur die Zeit erspart wird, die sonst für die Aufwärmung durch Dampf nötig wäre. Wenn diese Speicherform noch nicht in viel größerem Maße Verbreitung gefunden hat, so ist dies zum großen Teil durch ungünstige Wasserbeschaffenheit zu erklären, durch das Auftreten von Korrosion und die dadurch verkürzte Lebensdauer des Speicherbehälters.

b) Brauereien

Bei der Bierherstellung beansprucht der periodisch verlaufende Sudprozeß einen Hauptteil des Dampfverbrauches, wodurch auch in erster

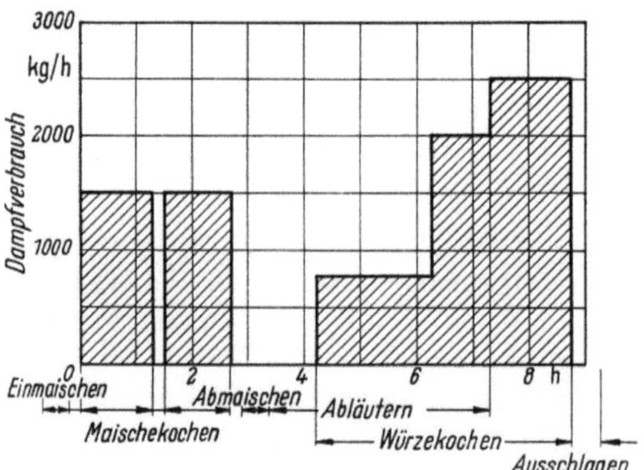

Abb. 121. Berechneter Dampfverbrauch eines Sudprozesses

Linie die Schwankungen verursacht werden. Die vorgewärmte Bierwürze wird im Sudzeug auf Siedetemperatur gebracht und in bestimmten Teilvorgängen (Maische) gekocht. In Abb. 121 ist der berechnete Dampfverbrauch während eines Sudes aufgezeichnet und hieraus der Gesamtverbrauch des Sudhauses bei 3 Sud/Tag bestimmt worden (Abb. 122). Da noch vor dem Ende eines Sudprozesses schon mit dem nächstfolgenden begonnen werden muß, überdecken sich die angeforderten Dampfleistungen und ergeben in regelmäßigen Abständen stark ansteigende Bedarfsspitzen. Darüber können sich noch, je nach der Fabrikationsweise, Stoßspitzen von sehr kurzer Dauer (5 bis 10 Minuten) lagern, so daß sich oft im Gesamtdiagramm Leistungsschwankungen bis zum doppelten Wert des mittleren Verbrauches ausbilden. Dagegen wirkt der Wärmebedarf zur Heißwassererzeugung ausgleichend.

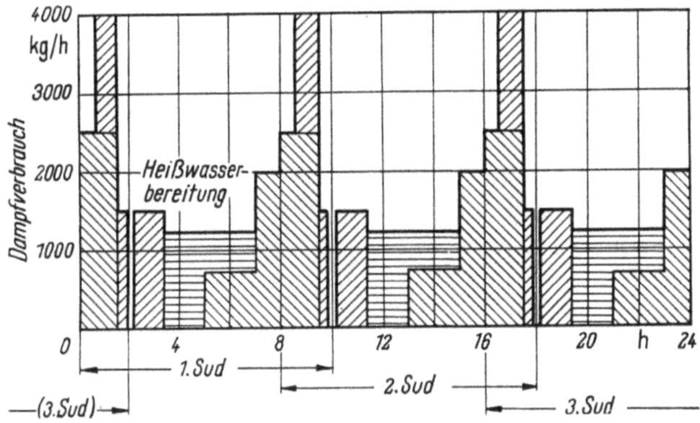

Abb. 122. Berechneter Dampfverbrauch einer Brauerei

Da sowohl für den Sudprozeß als auch für die übrigen Verbraucher nur Dampf von 2 bis 3 at Druck benötigt wird, ergibt sich meist ein einfacher Aufbau der Anlage bei Gegendruckbetrieb.

Auch in Brauereien kommt die *Gebrauchs-Heißwasser-Speicherung* in Frage, da große Mengen an vorgewärmten Wasser mit Temperaturen zwischen 50 und 100 °C benötigt werden. Dabei ist zu unterscheiden zwischen dem Bedarf für Waschzwecke und dem Bedarf für die Bierherstellung. Zum Reinigen der Fässer und Flaschen wird das heiße Wasser oft an Ort und Stelle durch Mischen mit kaltem Wasser auf die gewünschte Temperatur eingestellt. Dieser Wärmebedarf kann zum großen Teil durch Wärme-Rückgewinnung bei Abkühlprozessen gedeckt werden und benötigt dann relativ geringe Dampfmengen. Eine Wärmespeicherung wird dabei nötig, da die anfallenden und benötigten Wärmemengen sehr verschiedenen zeitlichen Verlauf aufweisen. — Die Vorwärmung des für die Bierherstellung nötigen Wassers wird vielfach getrennt vom Waschwasser durchgeführt. Zunächst hat die Beschaffenheit des Wassers, Reinheit und Zusammensetzung der gelösten Stoffe auf das Endprodukt einen großen Einfluß. Darüber hinaus folgt der Erwärmungsvorgang aus Produktionsgründen einem gewissen Programm und ist daher an bestimmte Zeitabschnitte gebunden. Die Speicherung dieses Wassers kann daher nicht so erfolgen, daß dadurch ein Einfluß bzw. eine ausgleichende Wirkung auf den Dampfbedarf und die Kesselbelastung erzielt werden kann. In manchen Fällen läßt sich ein teilweiser Ausgleich, wie in Abb. 122 gezeigt, erzielen, während in anderen Fällen die Verbrauchspitzen des Sudprozesses noch verschärft werden.

c) Eisen- und Stahlwerke

Der Dampfverbrauch in Hütten-, Walz- und Preßwerken zeigt kurzzeitige Schwankungen, die durch die einzelnen Arbeitsvorgänge von Walzenzugmaschinen, Dampfpressen und Dampfhämmern entstehen, und daneben längerdauernden Veränderungen infolge der verschieden starken Beanspruchung der Maschinen. Da zum Teil der Dampf in Kesseln erzeugt wird, die zur Ausnutzung der unregelmäßig anfallenden Abhitze und Abgase der Hoch- und Wärmeöfen dienen, ist auch der Verlauf der Dampferzeugung zum Teil fixiert und Angleichung an den Bedarf erforderlich.

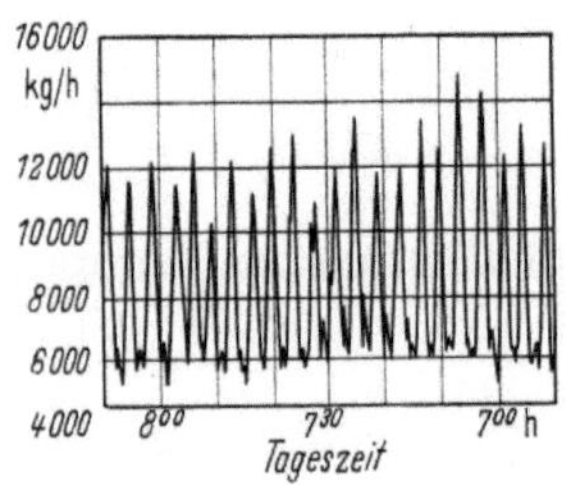

Abb. 123. Minutenschwankungen einer Walzenzugmaschine

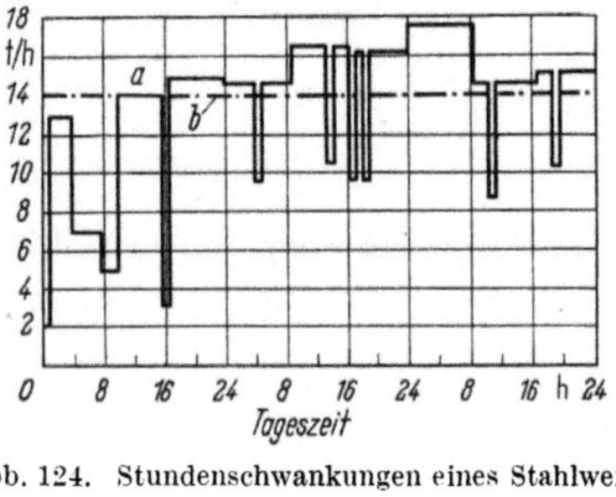

Abb. 124. Stundenschwankungen eines Stahlwerkes

In Abb. 123 und 124 ist der Dampfverbrauch eines Walzwerkes wiedergegeben, und zwar sowohl (mit vergrößertem Zeitmaßstab) die Minutenschwankungen als auch die Veränderungen im Laufe der Betriebszeit. Letztere kennzeichnen sich in diesem Falle besonders durch sehr starke Lastabsenkungen. Die Schaltung des hier eingebauten *Gleichdruckspeichers* von 46 m³ Rauminhalt zeigt Abb. 125. Der Kesseldruck regelt die Speisewasserzufuhr zum Mischvorwärmer *f* und damit die Temperatur des in den Speicher *g* fließenden Heißwassers, die sich über einen Temperaturregler *T* auf die Ladedampfmenge auswirkt. Da der Dampf fast ausschließlich von Abhitzekesseln *b* geliefert wird, ergaben sich ohne Speicher große Abblaseverluste und Schwierigkeiten, den Kesseldruck zu halten (s. a. Ausführungsbeispiel S. 152).

Die Einordnung eines *Gefällespeichers* richtet sich danach, welche Schwankungen ausgeglichen werden sollen. Meist schaltet man den Speicher zum Ausgleich der Stundenschwankungen zwischen zwei Verbraucher-netze verschiedenen Druk-kes (wie in Abb. 126 ge-zeigt). Zur Deckung von Stoßspitzen kann ein be-sonderer Speicher im Mittel-drucknetz wertvoller sein, der einen gleichmäßigen Durchfluß des Hochdruck-teiles der Turbine ermög-licht. Da die zu speichernde Dampfmenge verhältnis-mäßig klein ist, kann der Druckbereich des Speichers auf 1 bis 2 at beschränkt werden. Zur Abdampfspei-cherung wird u. U. noch ein dritter Speicher mög-lich, der ohne Druckregler ein-geschaltet wird und nur 0,2 bis 0,4 at Druckunterschied aufweist.

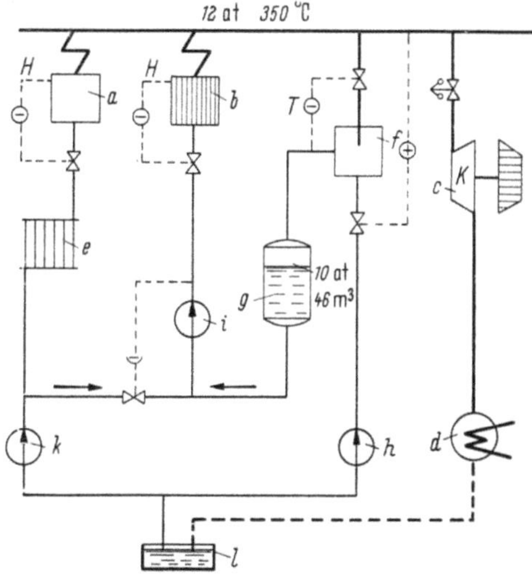

Abb. 125. Gleichdruckspeicher in einem Walzwerk
a gefeuerte Kessel; *b* Abhitzekessel; *c* Walzenzugmaschine; *d* Kondensator; *e* Ekonomiser; *f* Mischvorwärmer; *g* Gleichdruckspeicher; *h* Kaltwasserpumpe; *i* Heiß-wasserpumpe; *k* Speisepumpe; *l* Speisewasserbehälter

Das Anwendungsgebiet der unmittelbaren Dampfspeicher be-schränkt sich ausschließlich auf diese letztere Aufgabe.

In neuerer Zeit hat sich durch das *LD-Verfahren* eine interessante Aufgabe für die Dampfspeiche-rung bei der Stahlerzeugung er-öffnet. Infolge der hohen Abgas-temperaturen ist Abhitzeverwer-tung, meist zur Dampferzeugung, eine betriebliche und wirtschaft-liche Notwendigkeit. Da ferner der Betrieb periodisch verläuft und die Dampferzeugung nur während etwa der halben Periodendauer

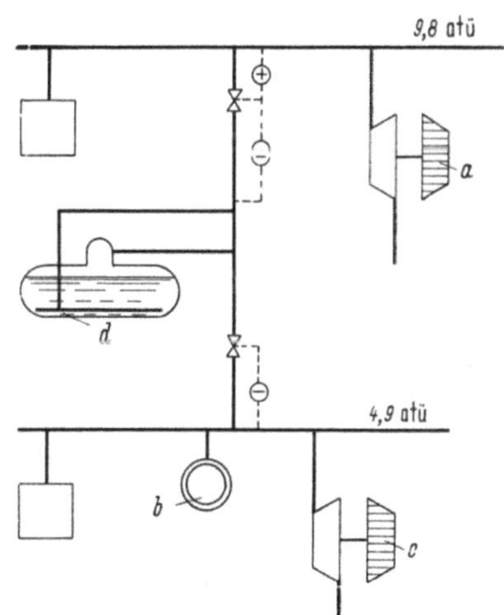

Abb. 126. Gefällespeicher in einem Stahlwerk
a Hochdruckteil der Turbine; *b* Wärmever-braucher; *c* Niederdruckteil der Turbine; *d* Gefällespeicher

möglich ist, ergibt sich die Aufgabe, den überschüssigen Dampf wäh-rend der Blasezeit zu speichern, um die folgende Pause durch Dampflieferung aus dem Speicher zu überbrücken. Verschiedene Schaltungen sind möglich je nachdem, ob eine Zusatzfeuerung zur Dampferzeugung während der Pause vorgesehen ist. Falls keine Zusatzfeuerung vorgesehen ist, kommt nur Gefällespeicherung in Frage, damit der gespeicherte Dampf während der Pause an die Verbraucher abgegeben werden kann (vgl. Ausführungsbeispiel S. 154).

d) Bergwerke

Die Schwankungen im Dampfverbrauch entstehen in Bergwerken besonders durch den Betrieb der dampfangetriebenen Fördermaschinen. Zunächst treten kurzzeitige Schwankungen von etwa 1 bis 2 Minuten Periodendauer bei jedem einzelnen Zug auf. Da die Antriebsmaschinen meist mit Auspuff arbeiten, fällt stoßweise Abdampf an, der zur günstigeren Verwertung in besonderen Abdampfturbinen oder für Heizzwecke gespeichert wird. Daneben aber äußert sich noch die ungleichmäßige Folge der einzelnen Züge im Laufe der Betriebszeit durch Veränderung des mittleren (etwa stündlichen) Dampfverbrauches. Im Tagesbelastungsdiagramm sind nur diese längerdauernden Schwankungen erkennbar, die meist mehrere ausgeprägte Leistungsspitzen und das tiefe Belastungstal der Mittagspause aufweisen. Die übrigen Dampfverbraucher (Kompressoren u. ä.) haben fast gleichmäßigen Bedarf.

Für die Dampfspeicherung ergeben sich zweierlei Aufgaben, die meist auch getrennt gelöst werden:

1. Ausgleich der Kesselbelastung,
2. Speicherung des stoßweise anfallenden Abdampfes.

Vielfach tritt die Notwendigkeit zum Einbau eines Dampfspeichers dann auf, wenn der vorhandenen Kraft-Anlage eine *Hochdruckturbine* vorgeschaltet wird. Beim Übergang zu höheren Drücken wird allgemein die Wirkung des stoßweisen Verbrauchs auf die Anlage verschärft, wodurch ohne Speicherung unzulässig heftige Druckschwankungen auftreten würden.

Bei *Gefällespeicherung* kommt entweder die Parallelschaltung zur Gegendruckmaschine in Betracht, wobei ein relativ kleiner Teil des Dampfes, während der Spitze, nicht zur Krafterzeugung ausgenutzt werden kann; oder Reihenschaltung nach der Maschine, wofür ein gewisses Druckgefälle nötig wird und der gesamte Dampf nur bis auf einen entsprechend höheren Gegendruck ausgenutzt werden kann; s. a. Ausführungsbeispiel S. 156.

Die *Gleichdruckspeicherung* mit Vorwärmung des Speisewassers durch Dampf ermöglicht es, beide Aufgaben, also Ausgleich der Schwankungen, sowohl der Kesselbelastung als auch des anfallenden Abdampfes vereinigt zu lösen. Zu diesem Zweck wird die zweistufige Speicherung von

Frisch- und Abdampf angewandt. Der Frischdampfspeicher arbeitet
mit Verdrängung, damit der vorgeschaltete Ekonomiser gleichmäßig
durchflossen wird.

e) Zucker-Industrie

Der größte Dampfverbrauch fällt auf die Verdampfstation, die
aus mehreren Stufen besteht, die jeweils durch den Brüdendampf der
vorhergehenden Stufe beheizt werden. Beim Verdampfen des Saftes
handelt es sich um einen kontinuierlich verlaufenden Prozeß, so daß
sich ein fast völlig gleichmäßiger Bedarf einstellt. Dennoch weist
der Gesamtdampfverbrauch der Zuckerfabrikation dauernde Schwan-

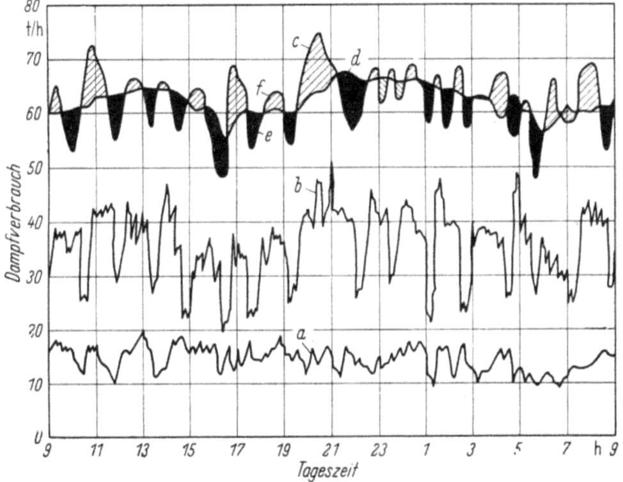

Abb. 127. Dampfverbrauch einer Zuckerfabrik
a Niederdruck-Verbraucher; b Mitteldruck-Verbraucher; c Gesamtverbrauch; d Kesselleistung;
e Speicherladung; f Speicherentladung

kungen auf, die, abgesehen vom periodischen Kochvorgang der Dick-
saftkocher, durch Unregelmäßigkeiten in der Rübenbeschaffenheit und
bei den meisten Betriebsvorgängen hervorgerufen werden. Weiterhin
verläuft auch der Kraftbedarf meist sehr ungleichmäßig, so daß der
anfallende Gegendruckdampf dem Heizdampfbedarf angeglichen werden
muß. Da in Zuckerfabriken der gesamte Kraftbedarf schon bei mäßigen
Kesseldrücken im Gegendruckbetrieb erzeugt werden kann, ist hier die
Angleichung von größter Bedeutung.

Ein typisches Belastungsdiagramm mit Unterteilung des Dampfverbrauches auf Mittel- und Niederdrucknetz ist in Abb. 127 wiedergegeben. Die auftretenden Spitzen betragen höchstens 25% des Mittelwertes. Sie sind also nicht so stark ausgeprägt wie in Zellstoff- oder Textil-

werken. Man erkennt deutlich, daß vor allem durch den stark schwankenden Verbrauch des Mitteldrucknetzes, an das die Vakuumkocher angeschlossen sind, der ungleichmäßige Verlauf hervorgerufen wird, während die Niederdruckverbraucher (Verdampfer, Vorwärmer u. ä.) nur geringe Schwankungen zeigen. Damit ergeben sich für die Einordnung des Gefällespeichers ähnliche Möglichkeiten wie in Zellstoffabriken: entweder der Speicher arbeitet im Hochdruckgebiet und gleicht die Kocherschwankungen unmittelbar aus, oder man schaltet ihn zum indirekten Ausgleich in das Niederdruckgebiet. Letztere Anordnung zeigt die Schaltung desselben Werkes (Abb. 128). Hier ist noch eine weitere Verbindung des Speichers mit dem Kocher vorgesehen, um zu

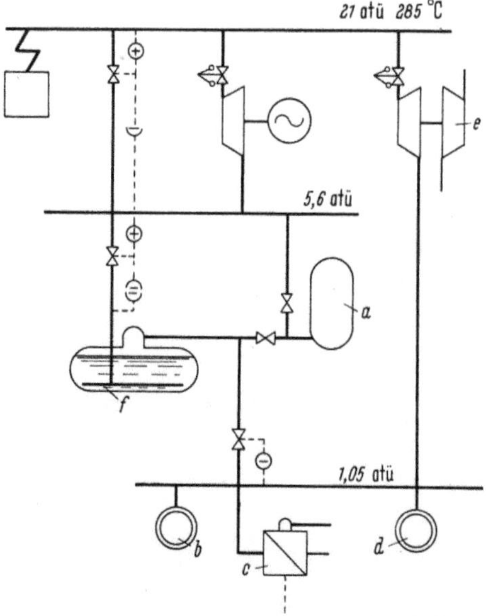

Abb. 128. Gefällespeicher in einer Zuckerfabrik
a Kocher; *b* Vorwärmer; *c* Verdampfer; *d* andere ND-Verbraucher; *e* Pumpen; *f* Gefällespeicher

Beginn des Kochvorganges Speicherdampf direkt verwenden zu können.

f) Papier-Industrie

Die Kocher, die zur Herstellung von Zellstoff aus dem vorbearbeiteten Holz und Lauge dienen, gehören zu den größten der in der Industrie verwendeten Kochapparate (bis 300 m³ Volumen). Der *Kochprozeß* verbraucht den größten Teil des gesamten Dampfbedarfs der Zellstofferzeugung. Die Umlaufzeit hängt von dem Kochverfahren und der Kochergröße ab und beträgt etwa 18 bis 20 Stunden, wobei sehr hohe Dampf- und Ankochspitzen auftreten (s. Abb. 129). Durch das Dämpfen der in den Kocher gefüllten Holzschnitzel brauchen diese nicht gestampft zu werden. Da es in etwa 20 Minuten durchgeführt werden kann, entsteht ebenfalls eine sehr scharfe Spitze im Dampfverbrauch. Nach Einfüllen der Lauge werden die Kocher geschlossen, worauf durch direktes Einleiten von Dampf oder indirekte Erwärmung durch Heizschlangen der Kocherinhalt bis auf Siedetemperatur gebracht wird. Die Ankochzeit soll auf die kürzeste Zeit beschränkt werden, da erst anschließend der eigentliche Fabrikationsprozeß beginnt. Bei diesem Fertigkochen steigt die Temperatur noch bis etwa 140 °C, wobei die benötigte Dampfleistung stark zurückgeht.

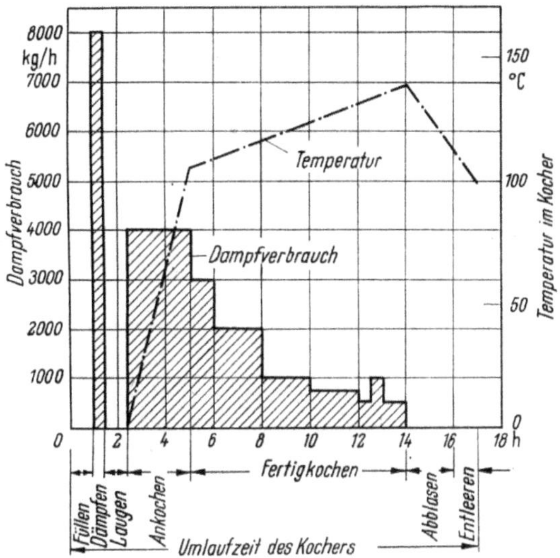

Abb. 129. Dampfverbrauch und Temperaturverlauf eines Zellstoffkochers

Das Belastungsdiagramm eines Zellstoffwerkes (Abb. 130) weist deutlich die scharfen Ankochspitzen auf, die entsprechend der Zahl der verwendeten Kocher ganz unregelmäßig aufeinander folgen und sich zum Teil auch überdecken. Wenn man zusätzliche Wartezeiten vermeiden will, läßt sich ein bestimmter Fahrplan der Kocher nicht einhalten, so daß mit einem Zusammentreffen zweier Ankochzeiten gerechnet werden muß. Dadurch ergeben sich die hohen Dampfbedarfsspitzen, die bis 100% des Mittelwertes erreichen können und die vollständig nur mit Hilfe des Gefällespeichers gedeckt werden können. Der

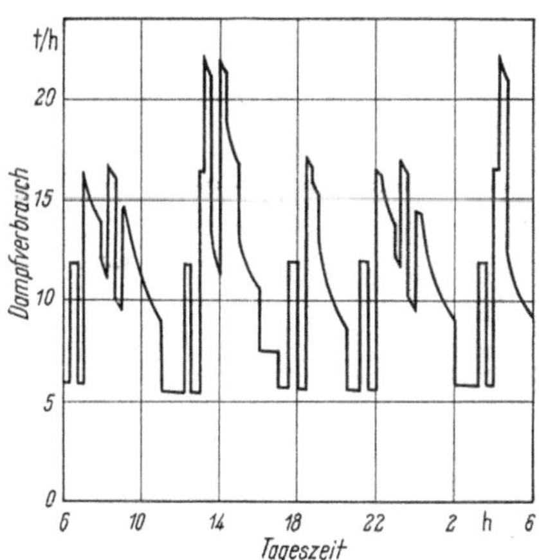

Abb. 130. Dampfverbrauch einer Zellstoff-Fabrik

übrige Dampfbedarf zum Trocknen und Bleichen des Zellstoffes, zur Papierherstellung u. a. weist keine nennenswerten Schwankungen auf.

9*

Die Kocher werden meist mit etwa 7 bis 10 at betrieben, während
für die übrigen Dampfverbraucher nur ein Druck von 2 bis 3 at benötigt
wird. Hierdurch entstehen 3 getrennte Netze, zu denen u. U. noch ein
viertes durch Niederdruckkessel mit etwa 10 bis 15 at kommen kann,
wie beispielsweise in der in Abb. 131 dargestellten Anlage. Für die
Einschaltung des Gefällespeichers kommen hierbei drei Möglichkeiten
in Betracht, die allgemein bereits früher beschrieben wurden. Da die

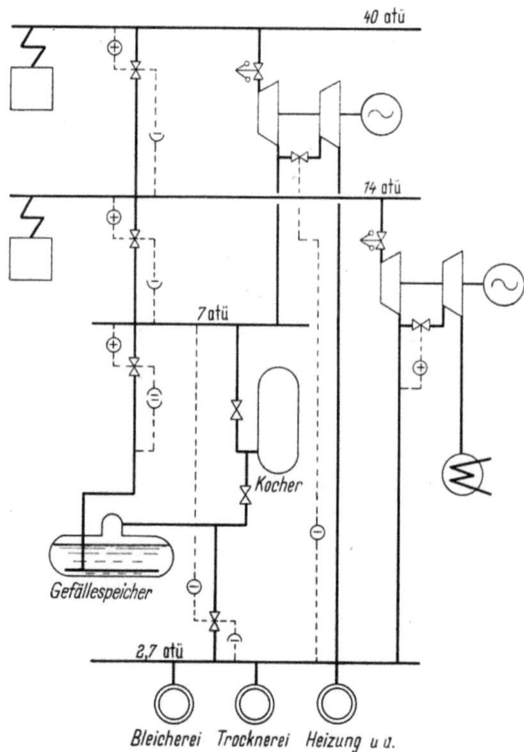

Abb. 131. Gefällespeicher in einer Zellstoff-Fabrik

Niederdruckverbraucher in diesem Falle einen ausreichenden Bedarf
haben, können die Schwankungen der Kocherei indirekt ausgeglichen
werden. Also wird der Speicher beim Ankochen in das 2,7 at-Netz entladen, wodurch die gleiche Dampfmenge mit 7 at für die Kocherei frei
wird. Nur die sehr hohen Dämpfspitzen werden direkt aus dem Speicher
gedeckt, der für diesen Zweck von Hand mit dem neuangesetzten Kocher
verbunden wird.

Die *Papiermaschinen* selbst haben im normalen Betrieb einen völlig
gleichmäßigen Dampfbedarf (für die zum Trocknen benötigte Wärmemengen) von oftmals bis zu 50 t/h und mehr je Maschine. In Papierfabriken

mit eigener Zellstofferzeugung, stellen daher diese Maschinen eine sehr wertvolle Grundlast dar, die zu einer Vergleichmäßigung der Kesselbelastung führt. Bei bestimmten Papiersorten, besonders auch Zeitungspapier, von geringer Festigkeit, kommt es jedoch häufig vor, daß das durch die Maschine laufende Papier abreißt. Das bedeutet aber Stillsetzen der Maschine und Einführung eines neuen Papierstreifens, wodurch eine Unterbrechung im Wärmeverbrauch der Trocknertrommeln entsteht, die je nach der Größe der Maschine etwa 5 bis 15 Minuten dauern kann. Während dieser Zeit wird die Dampfzufuhr abgestellt und die Kesselbelastung sinkt völlig unerwartet steil ab. In manchen Fabriken geschieht dies so häufig, daß die Sicherheitsventile fast jede Stunde abblasen, wodurch beträchtliche Brennstoffverluste entstehen, abgesehen von der unangenehmen Belästigung der Umgebung. Die Einschaltung eines Dampfspeichers führt hier zu einer völligen Lösung, da beim Abreißen des Papiers, ohne plötzliche Änderung der Kesselfeuerung, der überschüssige Dampf geladen und nach Wiederaufnahme des Betriebs durch Entladung in das ND-Netz wieder ausgenützt werden kann.

Eine derartige Speicheranlage kann sich, unter günstigen Umständen, durch Beseitigung der Verluste in weniger als einem Jahre bezahlt machen.

g) Chemische Industrie

Eine große Anzahl von Speicheranlagen arbeiten in den verschiedensten Zweigen der chemischen Industrie; es ist jedoch schwierig, diese in ein bestimmtes System oder ihre Wirkung auf einen gemeinsamen Nenner zu bringen (vgl. Beispiel S. 158). Man findet aber auch hier die Anheiz- und Ankochprozesse von großen Flüssigkeitsmengen, das Eindampfen in periodisch arbeitenden Anlagen, mit Dampf beheizte und mit Dampf betriebene Pressen usw. Da diese Vorgänge und ihre Auswirkungen auf die Dampfanlage, sowie die geeigneten Speicherwirkungen bei den anderen Industriezweigen behandelt wurden, erübrigt es sich, diese hier zu wiederholen. In manchen Zweigen der chemischen Industrie verlaufen alle Produktionsprozesse kontinuierlich, wodurch sich ein gleichmäßiger Dampfbedarf ergibt, so z. B. in der Destillation von Erdöl, Teer u. ä.

h) Sonstige Industrien und ähnliche Anwendungen

Außer in den obengenannten Industrien finden sich Dampfspeicheranlagen noch in den verschiedensten Betrieben, deren Dampfbedarf aus technologischen, örtlichen u. a. Gründen ungleichmäßig ist. Es ist nicht möglich, alle hier einzeln aufzuführen, doch sind die folgenden Anwendungen häufig anzutreffen:

Fabriken, die leicht verderbliche Rohstoffe unmittelbar nach der Anlieferung verarbeiten müssen, haben oft kurze Betriebszeiten mit heftigen Schwankungen. Zahlreiche Dampfspeicher sind in Lebensmittelbetrieben eingebaut, z. B. in Molkereien, Konservenfabriken, Fischverwertungswerken und Schlachthäusern.

In Wäschereien werden große Mengen von Heißwasser benötigt, deren stoßweiser Verbrauch durch Speicherung ausgeglichen werden kann. Da Krankenhäuser und Hotels oft eigene Wäschereien betreiben, sind die Kessel auch hier sehr unregelmäßig belastet und können durch Heißwasserspeicher in ihrem Betrieb verbessert werden.

Es soll noch besonders darauf hingewiesen werden, daß dauernd *neue Anwendungsgebiete* auftreten, infolge neuer Prozesse oder neuartiger Wärmeversorgung, wobei Probleme auftreten, die durch Dampfspeicherung günstig gelöst werden können; siehe Ausführungsbeispiel S. 162.

4. Dampfspeicher in Kraftwerken

Die Anwendung der Dampfspeicherung in Werken, die der öffentlichen Energieversorgung dienen, unterscheidet sich schon dadurch von der oben beschriebenen industriellen Verwendung, daß die Belastung durch die Notwendigkeiten der Abnehmer bedingt ist. Abhängig von der Art der Energieverbraucher stellt sich ein bestimmter zeitlicher Verlauf ein, der nur zum geringen Teil durch tarifliche Maßnahmen ausgleichend beeinflußt werden kann. Starke Schwankungen weist das Belastungsdiagramm städtischer Elektrizitätswerke auf, das im Winter scharf ausgeprägte Spitzen am frühen Morgen und in den Abendstunden enthält (s. Abb. 112). Diese werden in erster Linie durch den fast gleichzeitigen Einsatz aller Lichtverbraucher verursacht, wodurch ein steiler Belastungsanstieg entsteht. Beliefert das Werk auch Industrieabnehmer in größerem Maße, so verbessert sich zwar der Belastungsfaktor; doch bleibt die Abendspitze im wesentlichen unverändert, da meist der erhöhte Lichtverbrauch noch vor Schluß der Fabrikzeit einsetzt.

Da die höchsten Leistungsspitzen nur wenige Stunden täglich während der Wintermonate auftreten, sind die gesamten Kosten, einschließlich Kapitaldienst der notwendigen Anlagen, bezogen auf die erzeugten Kilowattstunden außerordentlich hoch und betragen bis zum 20fachen der durchschnittlichen Erzeugungskosten. Die Frage der wirtschaftlichen Spitzendeckung gehört daher zu den dringlichsten der modernen Elektrizitätswirtschaft. Der Einbau von Dampfspeichern ist eine der Möglichkeiten zur Lösung, da bei Spitzen von nicht zu langer Dauer die Anlagekosten niedriger sein können als für gleichwertige Kesselanlagen. Der Dampfspeicher hat also die Aufgabe, durch Entladung des während der Zeit niedrigerer Belastung aufgenommenen Dampfes die

Kesselleistung zur Spitzenzeit zu ergänzen. Da sich meist auch die Mittagspause durch ein tiefeinschneidendes Belastungstal ausprägt, kann der Speicher im Laufe eines Tages zweimal zum Einsatz kommen.

Für die Wahl des Speichersystems sind die wirtschaftlichen Gesichtspunkte maßgebend. Im allgemeinen wird die Leistungsfähigkeit von Gleichdruckspeichern hierzu noch ausreichen und nur bei besonders scharfen Spitzen oder bei Verteilung der Last auf getrennte Grundlast- und Spitzenlastwerke ausschließlich der Gefällespeicher geeignet sein. Der größeren Unabhängigkeit in der Verwendung steht aber u. U. der Nachteil des veränderten Speicherdampfes entgegen, wodurch auch besondere Speicherturbinen erforderlich werden.

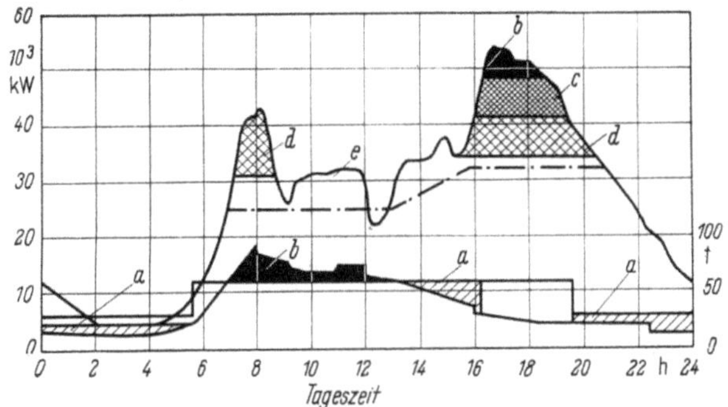

Abb. 132. Strom- und Heizbelastung eines Heizkraftwerkes mit Gefällespeicher
(Kraftwerk Leipzig-Nord)
a Speicherladung; *b* Speicherentladung; *c* Leistung aus Frischdampf; *d* Batterie-Einsatz;
e Leistung aus Gegendruckbetrieb

Schließlich ist hier noch die Verwendung von Dampfspeichern in öffentlichen Heizkraftwerken zu erwähnen, die einen Übergang zu den im vorigen Abschnitt beschriebenen industriellen Werken bilden. Der Heizdampfbedarf weist im Gegensatz zur Strombelastung nur eine Spitze am Morgen auf und fällt dann allmählich im Verlauf des Tages (s. Abb. 132). Der Dampfspeicher kann zur Deckung der höchsten Spitzen im Strom- und Heizbedarf dienen und dadurch den Verlauf beider Belastungen einander angleichen (vgl. Ausführungsbeispiel S. 160).

Die Entwicklung der Kraftwirtschaft zu immer höheren Dampfdrücken, zu größeren Leistungseinheiten und besonders auch zum Zusammenschluß in Versorgungsgebieten über mehrere Länder beschränkt den Einsatz der Dampfspeicherung auf Sonderfälle. Obwohl die Entwicklung des Höchstdruckspeichers und sein Einsatz als Momentanreserve Beweis erbracht haben, daß die Speicherung auch im Bereich höchster Drücke möglich ist, wird die Wirtschaftlichkeit ungünstig beeinflußt und die erzielbare Leistung durch das nötige Druckgefälle stark verkleinert. Ein wichtiger Faktor *gegen die allgemeinere Ein-*

schaltung von Dampfspeichern scheint auch die gesteigerte Elastizität der Kesselfeuerung und die kurzzeitige Überlastbarkeit der Kesseleinheiten zu sein. Diese im Zusammenhang mit dem durch Verbundbetrieb großer Gebiete erzielten Reduzierung des Spitzenanteils haben jedenfalls heute (1962) die Speicherung aus der Kraftwirtschaft verdrängt. Dieses Bild kann sich jedoch schon in den nächsten Jahren zugunsten der Dampfspeicherung verändern, falls die Entwicklung der Atomkraft Fortschritte macht. Man muß erwarten, daß sie infolge der höheren Anlagekosten den Grundlastanteil der Belastung übernimmt, während Brennstoff-Kraftwerke für die mehr oder weniger kurzzeitigen Belastungen eingesetzt werden. Dadurch wird für diese Kraftwerke der Spitzenanteil wesentlich höher, und es ergibt sich eine Wirtschaftlichkeit für den Einsatz der Dampfspeicherung zur Deckung der kurzzeitigen Bedarfspitze. Durch große Speichereinheiten und die Verbindung von Gefälle- und Gleichdruckspeicherung können niedrige Anlagekosten erzielt werden [*41*]. In diesem Zusammenhang sind auch die Bestrebungen zu erwähnen zum Ausgleich der geringen Nachtbelastung, wobei durch Verwendung von Elektrokesseln mit Dampfspeicherung eine wertvolle zusätzliche Belastung erzielt werden kann; s. a. Ausführungsbeispiel S. 164.

X. Wirtschaftlichkeit der Dampfspeicherung

1. Vorteile und Ersparnisse durch Speicherbetrieb

Die wirtschaftliche Berechtigung für den Einbau einer Speicheranlage muß durch die Vorteile und Ersparnisse nachgewiesen werden, die gegenüber dem Betrieb ohne Speicher erzielt werden können. Von den im folgenden behandelten günstigen Folgen des Ausgleiches der Bedarfsschwankungen wird für den besonderen Fall jeweils ein bestimmter Bereich der Ersparnisse den Ausschlag geben. Ein Teil davon läßt sich, mit mehr oder weniger großer Genauigkeit, in Geldwert ausdrücken. Dies betrifft die Ersparnisse an Anlagekapital, Brennstoff- und Lohnkosten, sowie gelegentlich an sonstigen Kosten des Dampfbetriebes. Andere Vorteile hingegen lassen sich in ihrer finanziellen Auswirkung nicht einmal angenähert abschätzen. Die Sicherung und Vereinfachung der Dampflieferung, die Gleichhaltung des Dampfzustandes und das Vorhandensein eines bestimmten Wärmevorrats sind betriebliche Vorteile, die nicht nur eine Erleichterung für das Betriebspersonal bringen, sondern in vielen Fällen sich auch durch gleichmäßige und sogar bessere Qualität der erzeugten Produkte ausdrücken. Diese nicht direkt bewertbaren Vorteile hatte ein führender englischer Industrieller (Sir OLIVER LYLE) im Sinne, als er schrieb: „Im Zweifelsfall sollte die Entscheidung *für* den Einbau des Speichers getroffen werden, der weitere nicht voraussehbare Vorteile herbeiführen kann."

Die wichtigsten Ersparnisse, die durch Dampfspeicher zu erreichen sind, bestehen in der Verringerung der notwendigen Kesselleistung. Der Speicher enthält im geladenen Zustand eine bestimmte Dampfmenge, die zur Zeit geringerer Belastung überschüssig erzeugt wurde. Bei Überschreiten des mittleren Dampfbedarfes wird der Speicher entladen und die Spitzenlast durch den Speicher gedeckt. Die dabei erzielbare Leistung hängt also nur von der Dauer der Entladung ab, die durch die mittlere Spitzenbreite gekennzeichnet wird. Die Ersparnisse an Kesselleistung wird um so größer sein, je kurzzeitigere Spitzen das Belastungsdiagramm aufweist. Für den Fall, daß eine ungefähr dreieckförmige Spitze zu decken ist, vergrößert sich mit dem Anteil des Speichers an der Spitzenleistung auch die Spitzendauer und damit die je Leistungseinheit erforderliche Speicherkapazität proportional. Bis zu einem Grenzwert der Spitzenleistung kann daher immer die Speicheranlage billiger sein als die Kesselanlage. — Wechseln die Belastungsspitzen mit Zeiten erniedrigten Dampfbedarfes, so wird die Speicheranlage häufiger am Tage voll ausgenutzt. Die Ersparnis an Kesselleistung wird gleichfalls durch den Anteil der Speicherleistung an der *höchsten* Leistungsspitze bestimmt.

Die Möglichkeit, durch den Einbau von Dampfspeichern mit einer kleineren Kesselanlage den Bedarf zu decken, ist meist der ausschlaggebende Vorteil bei der Feststellung der Wirtschaftlichkeit. Erst in zweiter Linie kommen die wärmewirtschaftlichen Verbesserungen der Dampferzeugung in Betracht, die durch Ausgleich der Bedarfsschwankungen zu erzielen sind. Die Höhe der Brennstoffverluste, die durch den ungleichmäßigen Kesselbetrieb gegenüber der dauernden Vollast zusätzlich entstehen, wechselt stark mit der Anpassungsfähigkeit der Kesselbauart. Durch Vergleichsversuche wurden bisher widersprechende Werte festgestellt, in denen sich auch die Fortschritte in der Anpassungsfähigkeit der Kessel ausdrücken. Unzweifelhaft ist, daß der Wirkungsgrad seinen *Höchstwert* erreicht, wenn die Kesselbelastung unverändert auf voller Höhe gehalten werden kann. Den Entstehungsursachen nach lassen sich die zusätzlichen Verluste unterscheiden in:

1. Verluste durch Teilbelastung,
2. Verluste durch raschen Belastungswechsel,
3. Verluste durch Stillstand.

Bei Teilbelastung haben Kessel — wie fast alle anderen Betriebsmittel — einen geringeren Wirkungsgrad, der sich durch den von der Belastung unabhängigen Anteil der Verluste ergibt. Die Stillstandsverluste äußern sich vor allem bei Spitzenkesseln, die nur einige Stunden am Tage betrieben werden und sich während der übrigen Zeit abkühlen, so daß beim Anheizen und Einlaufen ein erhöhter Kohlenverbrauch auftritt. Der Betrieb mit Dampfspeicher befreit nicht nur die Kesselanlage von der Deckung der Leistungsspitzen, sondern erhöht auch den Belastungsfaktor während der Ladeperiode und damit wiederum den Kesselwirkungsgrad.

Durch Ausgleich der Kesselbelastung werden weiterhin auch alle nachteiligen Einflüsse der Lastschwankungen auf den Dampfzustand beseitigt, die sich in den Veränderungen des Kesseldruckes, der Überhitzungstemperatur und des Wassergehaltes des Dampfes äußern. Am wichtigsten ist die Wirkung des Speichers auf die Druckschwankungen. Während ohne Dampfspeicherung alle Belastungsänderungen zu entsprechenden Druckveränderungen führen, kann bei Betrieb mit Speicher der Kesseldruck dauernd unverändert gehalten werden. Der Ausgleich bringt dabei neben dem Wegfall der Dampfverluste beim Ablassen der Sicherheitsventile noch Vorteile für die Leistungserzeugung und Fabrikationsprozesse. Die erzielbare Leistung wird durch oft auftretende Druckabsenkungen von mehreren at, besonders bei kleinem Gesamtgefälle (etwa bei Gegendruckbetrieb), merkbar beeinträchtigt. Für zahlreiche wärmeverbrauchende Vorgänge ist gleichbleibender Dampfdruck außerordentlich wertvoll.

Schließlich muß auf die erhöhte Beanspruchung der Kesselanlage hingewiesen werden, die gerade durch die Möglichkeit, mit neuzeitlichen Feuerungen auch die schärfsten Bedarfsschwankungen aufzunehmen, gegenüber dem dauernd gleichmäßigen Kesselbetrieb hervorgerufen wird. Die Lastveränderungen führen zu rasch wechselnden Temperaturen des Feuerraumes, wodurch sowohl Mauerwerk als auch Eisenteile, z. B. Roststäbe, betroffen werden. Im Mauerwerk treten durch die Temperaturunterschiede zusätzliche Spannungen auf. Die Folge des unregelmäßigen Kesselbetriebes wird eine stärkere Abnutzung der Baustoffe sein, wodurch häufigere Reparaturen und kürzere Lebensdauer der Kesselanlage verursacht werden.

Der im Dampfspeicher vorhandene Energievorrat übt einen günstigen Einfluß auf die Betriebssicherheit aus, da er in verhältnismäßig großer Menge fast ohne jeden Zeitverlust eingesetzt werden kann. Unvorhergesehene, plötzliche Leistungsanforderungen sind zum Ersatz von Kesseln, deren Erzeugung plötzlich gestört wurde, oder zur Deckung zusätzlicher Verbrauchsspitzen nötig. Die Möglichkeit, hierbei auf den Dampfspeicher zurückzugreifen, führt zu einer Beruhigung und Sicherung des ganzen Betriebes.

Besondere zur Momentanreserve aufgestellte Dampfspeicheranlagen übernehmen die Dampflieferung bis ausreichend Kesselreserve angeheizt werden konnte. Für zahlreiche Fabrikationsvorgänge würde die Unterbrechung der Dampflieferung eine schwere Gefährdung und Verluste bedeuten, wie z. B. bei der Biererzeugung das Produkt verderben kann, wenn die Kochung (Sud) unterbrochen werden muß.

2. Kosten der Speicheranlage

Da die absolute Höhe der Kosten von der Zeit, also den augenblicklich geltenden Preisen, stark beeinflußt wird, kann nur auf das gegenseitige Verhältnis und die entscheidenden Kenngrößen näher eingegangen werden. Zunächst wirkt sich die Größenordnung der Anlage, ebenso wie die der einzelnen Behälter dadurch aus, daß die von der Kapazität weniger abhängigen Kosten bei kleineren Speichern stärker in Erscheinung treten. Das sind besonders alle zur Ausrüstung und Regelung gehörenden Armaturen. Bei größeren Anlagen von über 300 m³ dagegen werden die Anlagekosten fast ausschließlich vom Speicherbehälter (mit Wärmeschutz) bestimmt.

Die Kosten des Speicherbehälters wachsen in einem gewissen Bereich direkt mit dem Gewicht des verarbeiteten Eisens. Dieses ergibt sich zunächst proportional dem Produkt von Oberfläche mal Blechstärke und nach einfachen Umrechnungen der Gleichungen dieser Größen (s. S. 17) auch proportional dem Produkt von Volumen mal Betriebsüberdruck des Speichers. In Abb. 133 ist das hieraus bestimmbare Verhältnis der Kosten zu einem Behälter von 100 m³ bei 15 ata als Bezugspunkt dargestellt. Für heute gültige Preise betragen die Kosten eines solchen Behälters etwa 60000 DM. Dabei sind die Kosten der Lade- und Entladevorrichtungen am Behälter selbst, also beim Gefällespeicher die Düsen und Umlaufrohre, beim Gleichdruckspeicher der Mischvorwärmer, nicht eingeschlossen. Neben den eigentlichen Behälterkosten treten sie meist wenig in Erscheinung. Behälter in stehender Bauart sind im Preise etwas höher als die angegebenen für liegende Bauart. Bei großem Speichervolumen von niedrigerem Druck stimmt der Zusammenhang mit dem Produkt beider nicht mehr vollständig, da die Herstellungskosten nicht in gleichem Maße wie das Eisengewicht abnehmen. Bemerkenswert sind die weitgehenden Bestrebungen zur Verbilligung der Anlagekosten, die besonders bei kleineren Betrieben mit Kesseln älterer Bauart oft angewandt werden. Durch Umbau vorhandener Flammrohrkessel können bei wenigen Änderungen (durch Anordnung der nötigen Einbauten und Abschließen der Flammrohre) die Kosten auf einen Bruchteil herabgesetzt werden.

Die Kosten für den Wärmeschutz sind, abgesehen vom Material, abhängig von der Isolierstärke und der Behälteroberfläche. Da die spezifische Oberfläche (je Raumeinheit) mit wachsendem Durchmesser kleiner wird, sind auch die Wärmeschutzkosten größerer Behälter verhältnismäßig geringer. Die Bemessung der Auftragstärke hängt von der Bedeutung der Wärmeverluste ab, wie bereits weiter oben (S. 25) dargestellt wurde.

Die Armaturen am Behälter nehmen angenähert mit seiner Größe zu; nur die Sicherheitsventile werden durch die höchste Ladeleistung bestimmt. Die Kosten dieser Armaturen sind besonders bei kleineren Einheiten zu berücksichtigen. — Dagegen spielen die Kosten der in die Zuleitungen eingebauten Armaturen eine größere Rolle. Meist müssen Absperrschieber oder Rückschlagklappen mit geringstem Durchflußwiderstand gewählt werden. Die Kosten steigen mit den notwendigen

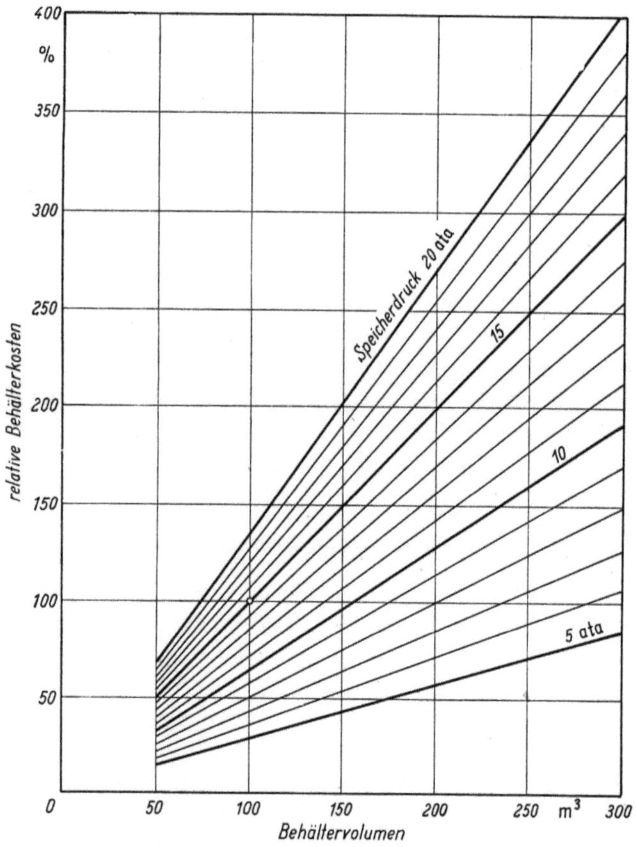

Abb. 133. Relative Behälterkosten

Leistungen (bei schnellster Ladung bzw. Entladung), die die Leitungsdurchmesser festlegen. — Schließlich sind bei Gleichdruckspeichern noch die Kosten der Pumpen einzuschließen, deren Zahl, Förderhöhe und Druck durch die gewählte Schaltung bestimmt sind.

Während sämtliche bisher behandelten Teile der Speicheranlage mit der Zahl der Behältereinheiten zusammenhängen, ist die Regelung nur einmal für die ganze Anlage nötig. Die Kosten sind wie für die anderen

Leitungsarmaturen vom Durchmesser der geregelten Leitungen abhängig. Bei mehr als 3 Einheiten verschwindet der Kostenanteil fast vollständig gegenüber den Ausgaben für die übrigen Teile der Anlage.

Da in jedem Anwendungsfall außer der Kapazität und dem Dampfdruck auch die größten Leistungen bei Ladung und Entladung veränderlich sind, und damit die Durchmesser der Leitungen und die übrigen Bedingungen, können die Gesamtkosten nur unter bestimmten Annahmen festgestellt werden. Für Speicheranlagen über 100 m³ Volumen muß bei einem Betriebsdruck von etwa 12 atü mit durchschnittlich 1000 bis 1500 DM/m³ als Anlagekosten gerechnet werden, und zwar sowohl für Gleichdruck- als für Gefällespeicher. Es wird also von der unteren Druckgrenze bzw. von der Speisewassertemperatur abhängen, welche Speicherung günstiger ist. Ist beispielsweise der Entladedruck $p_u = 4$ ata, so ergibt sich aus Abb. 26 ein spezifisches Volumen des Gefällespeichers von etwa 12 m³/t gegen nur etwa 8 m³/t des Gleichdruckspeichers, wenn die Speisewassertemperatur t_w nur 100 °C beträgt. Mit Berücksichtigung der Wasserfüllung (95%) werden die spezifischen Kosten je 1 t Kapazität:

beim Gefällespeicher etwa   DM 13000—18000
beim Gleichdruckspeicher etwa   DM 10000—14000.

Diese Zahlenwerte dürfen jedoch nicht verallgemeinert werden, da sie mit der unteren Speichergrenze (p_u bzw. t_u) veränderlich sind.

3. Wirtschaftlichkeitsgrenzen

Für die Dampfspeicheranlagen muß, wie für alle Betriebsmittel, die Ersparnisse gegenüber den bisherigen Verfahren der Energieversorgung bringen, der Anwendungsbereich durch wirtschaftliche Überlegungen festgestellt werden. Den Vorteilen und Ersparnissen müssen die notwendigen Ausgaben für die Errichtung und den Betrieb der Speicheranlage, sowie für die entstehenden Verluste gegenübergesetzt werden. Trotz der Versuche, die Kosten des Speichers durch Vereinfachung und technische Weiterentwicklung herabzusetzen, sind sie noch immer verhältnismäßig hoch und ein Hauptgrund für die bisher noch beschränkte Verbreitung.

Der korrekte *Wirtschaftlichkeitsvergleich* muß von den gesamten Kosten ausgehen, die jährlich aufzuwenden sind, um den gestellten Anforderungen zu entsprechen. Die Gegenüberstellung der für die verglichenen Betriebsmittel notwendigen Jahreskosten ergibt die Grenze, bis zu welcher bei wechselnden Betriebsbedingungen (z. B. Benutzungsdauer) und Preisen noch eine wirtschaftliche Berechtigung vorliegt. Die Wirtschaftlichkeitsgrenzen kennzeichnen also:

1. bei gegebenen *Preisvoraussetzungen* für die einzelnen Betriebsmittel, Brennstoff usw. den Anteil des Einsatzes an Leistung, Betriebsdauer usw., der zu den geringsten Gesamtkosten führt;

2. bei *festliegenden Anforderungen* bestimmter Betriebsarten den Anwendungsbereich, innerhalb dessen die Preisvoraussetzungen zu einem wirtschaftlichen Einsatz gegeben sind.

Die gesamten Jahreskosten K $\left(\text{in } \dfrac{\text{DM}}{\text{Jahr}}\right)$ kann man in einen Anteil, der von der angeforderten Höchstleistung abhängig ist, und einen Anteil, der sich mit der im Jahr abgegebenen Energie verändert, zerlegen. Die leistungsabhängigen Kosten umfassen vor allem die Ausgaben für den Kapitaldienst (Zinsen und Amortisation) für die errichteten Anlagen, weiterhin lassen sich aber auch die Kosten der Bedienung und Instandhaltung ebenso wie die Generalunkosten (für Steuern, Versicherung u. ä.) gut angenähert von der ausgebauten Leistung abhängig ansetzen. Legt man der Berechnung die Anlagekosten A (in DM) zugrunde, so lassen sich die leistungsabhängigen Jahreskosten mit einer Jahresziffer γ (in %/Jahr) im Verhältnis zu den Anlagekosten ausdrücken. — Die arbeitsabhängigen Jahreskosten umfassen die Brennstoff- und Betriebskosten, die sich je abgegebener Energieeinheit spezifisch ausdrücken lassen: b (in DM/t Dampf oder DM/kW) für die spez. Brennstoffkosten und c für die spez. Betriebskosten. Bezeichnet noch a die spez. Anlagekosten $\left(\text{in } \dfrac{\text{DM}}{\text{t/h}} \text{ oder } \dfrac{\text{DM}}{\text{kW}}\right)$ und t die Benutzungsdauer (in h/Jahr), so ist die allgemeine *Kostengleichung der Energieerzeugung* für die spezifischen Jahreskosten

$$k = \gamma \cdot a + t(b + c) \qquad \left[\frac{\text{DM}}{\text{t/h} \cdot \text{Jahr}} \text{ oder } \frac{\text{DM}}{\text{kW} \cdot \text{Jahr}}\right].$$

Für die einzelnen grundsätzlichen Möglichkeiten, die Dampfspeicherung anzuwenden, läßt sich von dieser Grundgleichung — unter Abscheidung der unverändert bleibenden Kostenanteile — jeweils diejenige Gegenüberstellung der Kosten ableiten, durch die der wirtschaftliche Anwendungsbereich bestimmt ist. Im wesentlichen handelt es sich um Anwendung:

1. zur Deckung von Leistungsspitzen.
2. zum Ausgleich der Kesselbelastung.
3. zur Angleichung des Kraft- und Heizdampfverbrauches.
4. zur Momentanreserve.

1. Kennzeichnend für den ersten Fall ist der Vergleich von Kessel und Dampfspeicher bei Deckung einer *begrenzten Leistungsspitze*. Da die jährliche Benutzungsdauer des obersten Spitzenanteiles oft nur wenige hundert Stunden beträgt, spielen ausschließlich die leistungsabhängigen Kosten eine Rolle. Mit dem Index $_K$ für Kessel und $_S$ für

Speicher lautet die vergleichende Gleichung:

$$k_K = \gamma_K \cdot a_K = k_S = \gamma_S \cdot a_S.$$

Wie bereits im vorigen Kapitel abgeleitet, können die spezifischen Anlagekosten für Dampfspeicher a'_S nur von der gespeicherten Energie abhängig gesetzt werden, so daß die Kosten je Leistungseinheit a_S erst nach Feststellung der Entladedauer, also der Spitzenbreite τ (h) zu ermitteln sind. Also wird

$$a_S = \tau_S \cdot a'_S$$

und damit der Kostenvergleich

$$\gamma_K \cdot a_K = \gamma_S \cdot a'_S \cdot \tau.$$

Der Grenzwert der wirtschaftlichen Entladedauer ist

$$\tau_{gr} = \frac{\gamma_K}{\gamma_S} \cdot \frac{a_K}{a'_S} \qquad [\text{h}].$$

Das bedeutet also zunächst, daß Kostengleichheit zwischen Kessel und Speicher besteht, wenn für eine bestimmte Leistung die Einsatzdauer der Speicheranlage τ_{gr} (h) beträgt. Betrachtet man beispielsweise eine dreieckförmige Leistungsspitze (Abb. 134), so nimmt die Entladedauer τ linear mit der Leistung M zu. Die Kosten je Leistungseinheit bleiben für Kessel unverändert gleich $a_K \cdot \gamma_K$, während sie für Speicher mit der Dauer τ zunehmen, bis sie bei τ_{gr} ebenso hoch sind wie die Kesselkosten. Die Kostendifferenz wird immer kleiner. Eine Erweiterung der Speicheranlage über die Grenzdauer τ_{gr} würde Mehrkosten gegenüber der Kesselanlage verursachen. Schließlich sind noch die Gesamtkosten K für die ganze Leistung angegeben, die als Integralkurve der spezifischen Werte für Kessel linear, für Speicher parabelförmig ansteigen. Die Grenzdauer τ_{gr} kennzeichnet das Maximum der Kostendifferenz ΔK, die von diesem Punkt wieder abnimmt. Die Grenze der mittleren Spitzenbreite $(\tau_m)_{gr}$ erst ist von der Spitzenform abhängig. Für Dreieckform wird:

$$(\tau_m)_{gr} = \frac{\tau_{gr}}{2} = \frac{\gamma_K}{\gamma_S} \cdot \frac{a_K}{2a'_S} \qquad [\text{h}].$$

Für das *Verhältnis der Jahresziffern* ist in erster Linie der Kapitaldienst maßgebend, der für beide Betriebsmittel die Zinsen in gleicher Höhe enthält. Dagegen wirkt sich beim Anteil der Amortisation die längere Lebensdauer der Speicheranlage aus. Gerade beim Vergleich mit Spitzenkesseln, die sehr ungleichmäßig und rasch wechselnd beansprucht werden, muß die geringere Abnutzung des einfachen Speichers berücksichtigt werden. — In der Jahresziffer sind weiterhin alle leistungsabhängigen Kosten enthalten. Während die Generalunkosten beider Betriebsmittel ungefähr gleichgesetzt werden können, fallen die Ausgaben für Bedienung und Instandhaltung bei der Speicheranlage praktisch vollständig fort. Das Verhältnis der Jahresziffern wechselt je nach dem gültigen Zinsfuß und beträgt durchschnittlich

$$\frac{\gamma_K}{\gamma_s} = 1.3 \text{ bis } 1.6.$$

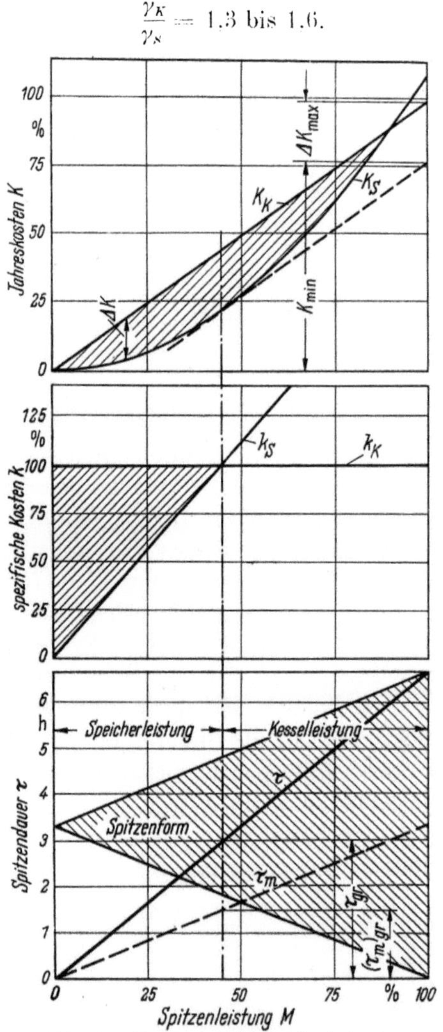

Abb. 134. Kostenvergleich bei Dreieckspitze

Mit einem Durchschnittswert $\dfrac{a_K}{a'_s} = 2$ (für Gefällespeicher) wird

$$\tau_{gr} = 2,6 \text{ bis } 3,2 \qquad [\text{h}]$$

und bei Dreieckspitze

$$(\tau_m)_{gr} = 1,3 \text{ bis } 1,6 \qquad [\text{h}].$$

Die bisher ausgeführten Speicheranlagen zur Spitzendeckung sind vorwiegend für Entladedauern in diesem Bereich angelegt worden.

Erst bei längerer Benutzungsdauer t muß auch der Unterschied der *Brennstoffkosten* berücksichtigt werden. Gegenüber den nur für kurze Zeit in Betrieb genommenen Kesseln, deren Wirkungsgrad infolge der Abkühlungsverluste während des Stillstandes stark verschlechtert wird, kann man durch zusätzliche Dampflieferung mittels Speicher den Kohlenverbrauch verringern. Der in den Speicher geladene Dampf kann in Zeiten niedriger Belastung von Kesseln geliefert werden, die bereits in Betrieb sind, also mit bestem Wirkungsgrad. Die Abkühlung des isolierten Speicherbehälters ist gering im Vergleich zu den Verlusten des Kessels [61], so daß der gesamte Wirkungsgrad bei Spitzendeckung mit Speicher beträchtlich verbessert werden kann. Bei der Krafterzeugung muß für den Gefällespeicher allerdings noch der Gefälleverlust berücksichtigt werden, der meist den größten Teil der Ersparnisse wieder ausgleicht.

2. Ist die Dampferzeugungsanlage zur Lieferung der angeforderten Leistung vollständig ausreichend, so müssen sich die Kosten der Speicheranlage aus den Ersparnissen, die durch *Ausgleich der Kesselbelastung* allein zu erzielen sind, amortisieren. Sobald also die jährliche Ersparnis an Brennstoff- und Betriebskosten kleiner wird als die Jahreskosten der Speicheranlage, ist die Grenze der wirtschaftlichen Anwendung überschritten. Es handelt sich also nicht mehr um die Bestimmung des wirtschaftlichsten Ausgleiches, da auch im allgemeinen der vollständige Ausgleich der Belastungsschwankungen erst zu merklichen Ersparnissen führt. Damit sind aber die notwendige Größe und die Kosten der Speicheranlage festgelegt.

Man erhält als Gleichung der Grenzbedingung:

$$\gamma_S \cdot a_S' \cdot \sigma \leqq t(b_1 - b_2) + (c_1 - c_2),$$

wenn man mit σ die je Leistungseinheit (bezogen auf die mittlere Belastung) erforderliche Speicherkapazität bezeichnet. Diese Größe von der Dimension $\frac{t}{t/h}$ oder $\frac{kWh}{kW}$, also h, gibt an, wie lange Spitzenleistungen von 100% über dem Mittelwert durch den Speicher gedeckt werden könnten. Die Ersparnis an spezifischen Brennstoffkosten $b_1 - b_2$ kann aus der Wirkungsgradverbesserung von η_1 auf η_2 abgeleitet werden, wenn die Kosten der Rohenergie r (in DM/1000 kcal) und die Dampferzeugungswärme i_D (kcal/kg) bekannt sind.

Sind durch den Einbau des Speichers ausschließlich Brennstoffersparnisse zu erzielen, so wird also

$$t \cdot r \cdot i_D \left[\frac{1}{\eta_1} - \frac{1}{\eta_2} \right] \geqq \gamma_S \cdot a_S' \cdot \sigma.$$

Aus dieser Bedingung läßt sich der Mindestwert der Wirkungsgradverbesserung bei feststehenden Kostengrößen bestimmen, sofern aus den Belastungsverhältnissen t und σ ermittelt wurden.

10 Goldstern, Dampfspeicheranlagen, 2. Aufl.

XI. Ausführungsbeispiele

Ausführungsbeispiel 1: Textilfabrik mit Färberei
(Deutschland)

1. Bestehende Anlage

Im Kesselhaus stehen 2 Wasserrohr-Kessel für eine Leistung von 9,0 bzw. 6,4 t/h Dampf von 28 bis 30 atü bei 370 °C. Der gesamte Dampf wird mit reduziertem Druck an das Werk geliefert, und zwar mit 7 atü für die Trockner, die bis zu 2 t/h benötigen und mit 2,5 atü für die Heißwassererzeugung in Gegenstromapparaten, durch die der Wärmebedarf aller anderen Verbraucher gedeckt wird.

Wie aus dem Dampfverbrauchsdiagramm (Abb. 135) hervorgeht, ist die Kesselbelastung außerordentlich unregelmäßig, verursacht insbesondere durch den Bedarf der Färberei. Der Spitzenbedarf im Winter überschreitet die Leistungsfähigkeit des größeren Kessels. Dadurch entstehen Schwierigkeiten im Kesselbetrieb, der vor allem auch durch den raschen Wechsel der Kesselbelastung ungünstig beeinflußt wird.

Der Kesseldruck wurde im Hinblick auf eine geplante Gegendruck-Krafterzeugung gewählt, die jedoch wegen der heftigen Schwankungen der Belastung und des Kesseldrucks nicht durchgeführt wurde.

2. Speicheranlage

Infolge der günstigen Druckverhältnisse kann ein voller Ausgleich durch einen verhältnismäßig kleinen *Gefällespeicher* erzielt werden. Der Speicher arbeitet zwischen Kesseldruck und Verbraucherdruck, also parallel zum vorhandenen Reduzierventil und zu einer zukünftigen Gegendruckmaschine (Abb. 136). Der Speicher wird über ein Überströmventil geladen, das den Kesseldruck konstant hält. Da der Speicherdruck aus Gründen der billigsten Herstellung auf 10 atü beschränkt wurde, erhält das Überströmventil noch einen zusätzlichen Impuls; dieser schließt das Ventil, sobald der Höchstdruck von 10 atü im Speicher erreicht ist, unabhängig vom Kesseldruck. Die Entladung wird in üblicher Weise durch ein Reduzierventil geregelt, das den Druck im 2,5-atü-Netz unverändert und unabhängig von der jeweiligen Belastung hält, indem die benötigten Dampfmengen aus dem Dampfspeicher entnommen werden. Der horizontale Speicherbehälter hat bei einem Durchmesser von 2,0 m und einer zylindrischen Länge von 8,0 m eine Kapazität von 2000 kg Dampf. Die Ladeleitung ist für 4 t/h, die Entladeleistung für 8 t/h bemessen.

3. Speicherwirkung

Die Speicherkapazität genügt, um im Winter einen vollständigen Ausgleich zu erzielen, wodurch die Kesselbelastung dauernd auf 8 t/h gehalten werden kann. Im Sommer genügt eine gleichmäßige Kessellast von 3 bis 5 t/h. Außerdem kann der geringe Dampfbedarf in den Abendstunden, besonders im Sommer, aus dem Speicher entnommen und der Kesselbetrieb bis zu 3 Stunden früher beendet werden. Infolge der gleichmäßigen Belastung werden die Druckschwankungen eliminiert, wodurch es möglich wird, die geplante Gegendruckmaschine aufzustellen.

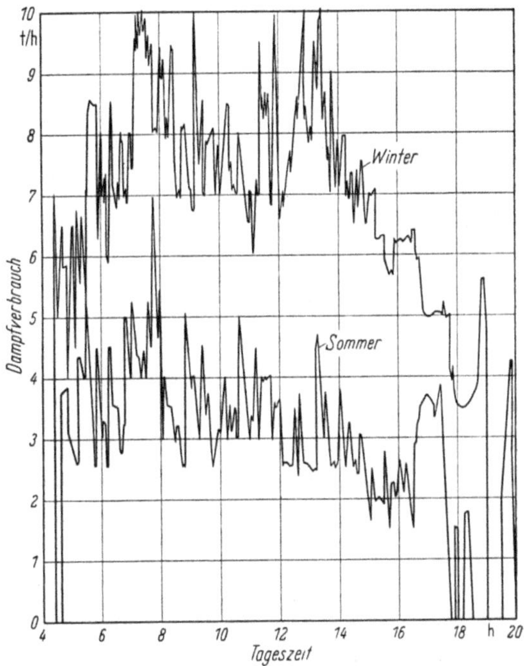

Abb. 135. Dampfverbrauch einer Textilfabrik im Winter und Sommer

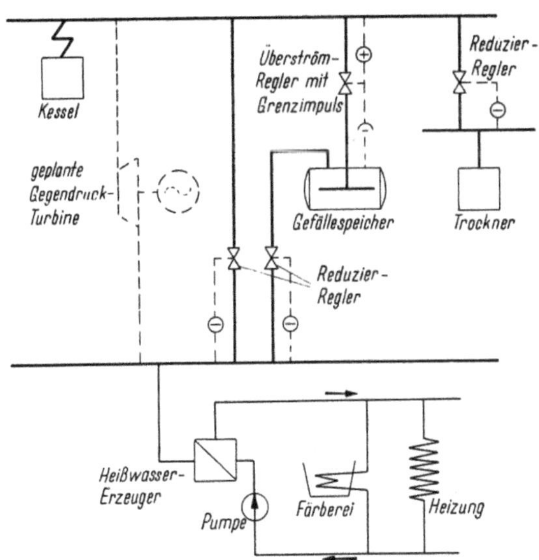

Abb. 136. Schaltschema der Textilfabrik

10*

Ausführungsbeispiel 2: Teppichfabrik

(Deutschland)

1. Vorhandene Dampfanlage

Das Beispiel einer bekannten Teppichfabrik wurde gewählt, weil es typisch ist für die Betriebsverhältnisse, wie sie in vielen Textilfabriken mit eigener Färberei auftreten. Zum Ansetzen der Färbbottiche wird vielfach kaltes Wasser benutzt, das in relativ kurzer Zeit zum Kochen gebracht werden muß und daher große Dampfbedarfsspitzen verursacht. Nach Erreichen der vollen Temperatur sind dann nur noch viel kleinere Wärmemengen erforderlich. Dies läßt sich im Dampfverbrauchsdiagramm Abb. 137 deutlich erkennen, dessen Spitzenleistungen durch den gleichzeitigen Betrieb mehrerer Färbbottiche noch verschärft werden.

2. Speicheranlage

Zum Ausgleich dieser Verbrauchsschwankungen wurde ein *Heißwasserspeicher* von 3 m Durchmesser und 12 m Höhe aufgestellt. Wie aus der Schaltung Abb. 138 ersichtlich, wird der Speicher mit Turbinenabdampf geladen, sobald der Bedarf an ND-Dampf für die Färberei und andere Verbraucher geringer ist als der Anfall von der Turbine. Der Dampf strömt in den unteren Teil des vertikalen Speicher und erwärmt das hier vorhandene Wasser. Dadurch öffnet ein Regler in der Zuflußleitung des kalten Wassers und stellt ein Gleichgewicht zwischen den in den Speicher strömenden Dampf- und Wassermengen ein, so daß im Speicher selbst dauernd eine konstante Wassertemperatur eingehalten wird. Übersteigen die verfügbaren Dampfmengen die zur Erwärmung des jeweiligen Heißwasserbedarfs nötigen Dampfmengen, so vergrößert sich der Wasservorrat im Speicher und der Wasserspiegel steigt an; umgekehrt wird bei höherem Heißwasserbedarf der Wasserspiegel absinken. Beim Erreichen des höchsten bzw. niedrigsten Wasserstandes wird der Temperaturregler geschlossen bzw. geöffnet, unabhängig von der Temperatur des Wassers, um ein Überfließen bzw. Wassermangel zu verhindern. Der Speicher ist jedoch so reichlich bemessen, daß diese Grenzzustände im normalen Betrieb kaum auftreten.

3. Speicherwirkung

Die Angleichung der anfallenden ND-Dampfmengen an den Dampfbedarf für die Heißwassererzeugung ermöglicht es, die Färbbottiche mit heißem Wasser anzusetzen. Dadurch werden die Verbrauchsspitzen stark reduziert und die Kesselbelastung wesentlich vergleichmäßigt. Darüber hinaus bringt diese Methode eine wertvolle Abkürzung der Betriebszeit, da der Zeitbedarf zum Anwärmen der Flüssigkeit in der Färberei zum großen Teil eingespart wird.

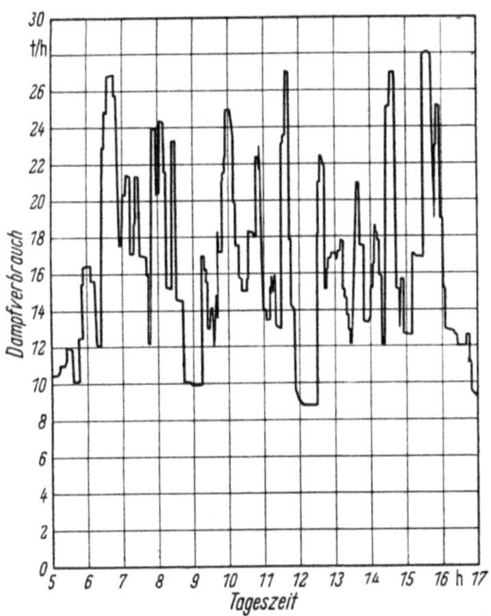

Abb. 137. Dampfverbrauch einer Teppichfabrik mit Färberei

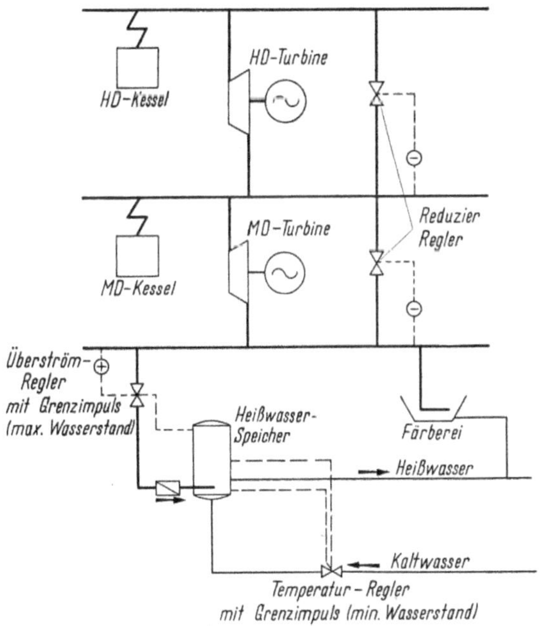

Abb. 138. Schaltschema mit Heißwasserspeicher

Ausführungsbeispiel 3: Teppichfabrik
(England)

1. Vorhandene Anlage

Die Dampfversorgung erfolgt durch 2 ölgefeuerte Flammrohrkessel mit etwa 10 atü (150 psig) Dampfdruck und etwa 6 t/h (12000 lb/hr) Leistung. Obwohl die Ölfeuerung den raschen Verbrauchsschwankungen im allgemeinen folgen kann, ergeben sich bei den höchsten Spitzen betriebliche Schwierigkeiten und zusätzliche Verluste. Die scharfen Spitzen (Abb. 139) werden von der Färberei verursacht, die aus nur zwei großen Färbkufen mit je etwa 30 m³ (6000 gls) Flüssigkeitsinhalt besteht. Diese außergewöhnlichen Maße sind bedingt durch das Färben der Teppichrollen von bis zu etwa 7 m (20 ft) Breite. Diese Maschinen werden mit kaltem Wasser angesetzt und müssen in höchstens 30 Minuten zum Kochen gebracht werden. Das gleichzeitige Anwärmen von beiden Färbkufen wurde vermieden, da sonst der Dampfbedarf die Leistungsfähigkeit der Kesselanlage übersteigt. Weitere Dampfverbraucher sind die Trockenmaschinen und die Heißwasserheizung im Winter, die einen ziemlich gleichmäßigen Bedarf aufweisen.

2. Speicheranlage

Zur Aufstellung gelangte ein Gefällespeicher von etwa 3 m (8 ft 6 in) Durchmesser bei etwa 10 m (30 ft) Länge, dessen Dimensionen infolge beschränkter Platzverhältnisse kleiner gewählt wurden, als die Berechnung ergab. Dadurch war es möglich, den Speicher im Kesselhaus auf dem Raum unterzubringen, der für einen 3. Flammrohrkessel vorgesehen war. Die Abb. 140 zeigt die einfache Reihenschaltung des *Gefällespeichers*, der infolge der günstigen Druckverhältnisse und sehr hohen Spitzen allein in Frage kam. Die Färberei arbeitet mit etwa 3 atü (45 psig), jedoch zeigte es sich im praktischen Betrieb, daß bei der ausreichenden Dampfversorgung mit Hilfe des Speichers und genauer Druckregelung der Betriebsdruck um etwa 1 at (15 psig) herabgesetzt werden konnte.

3. Speicherwirkung

Nach Einbau des Dampfspeichers konnte zunächst bei unveränderter Produktion der Betrieb mit einem Flammrohrkessel ohne Beschränkungen durchgeführt werden, wobei sich ein um 10% niedrigerer Ölbedarf ergab. Später wurde eine 3. Färbkufe aufgestellt, wofür es nötig wurde, wieder beide Kessel zu betreiben. Der Hauptvorteil der Speicheranlage kann also in der Erhöhung der Produktion bzw. in der Ersparnis der Anlagekosten eines weiteren Kessels gesehen werden.

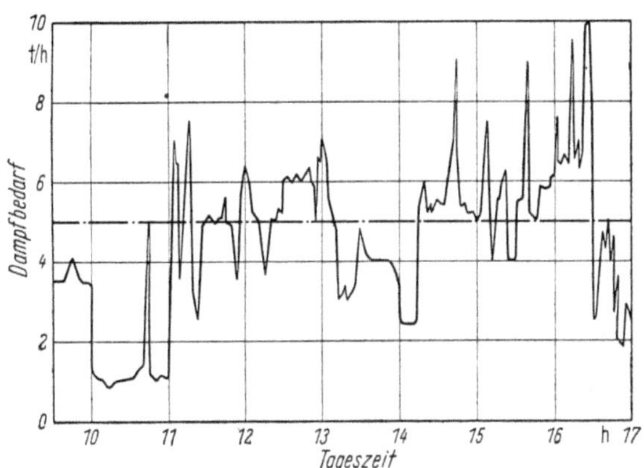

Abb. 139. Dampfverbrauch einer Teppichfabrik

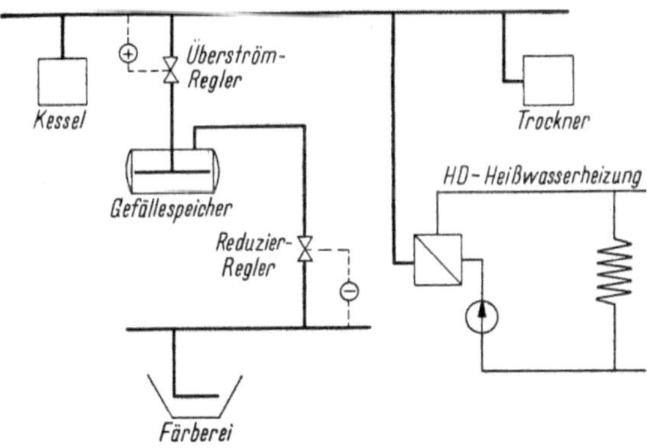

Abb. 140. Schaltschema der Teppichfabrik mit Gefällespeicher

Ausführungsbeispiel 4: Stahlwerk
(England)

1. Vorhandene Anlage

Durch die Zusammenfassung der Dampferzeugung in einem zentralen Kesselhaus konnten eine größere Zahl lokaler Abhitzekessel und das alte Kesselhaus mit Flammrohrkesseln stillgelegt werden. Dadurch wurde zwar der Wirkungsgrad stark verbessert, gleichzeitig aber auch die Elastizität der Dampferzeugung wesentlich herabgesetzt. Das typische Verbrauchsdiagramm Abb. 141 zeigt die hohen und relativ kurzzeitigen Spitzen, die vom Betrieb einer großen Zahl von Dampfhämmern und Pressen herrühren und die beträchtliche Betriebsschwierigkeiten zur Folge hatten. Die 3 Rauchrohrkessel von je etwa 10 t/h (22000 lb/hr) Leistung bei einem Dampfdruck von etwa 12 atü (180 psig) konnten den normalen Druck während der Spitzenzeit nicht unverändert aufrechterhalten.

2. Speicheranlage

In diesem Falle kam ein Gefällespeicher überhaupt nicht in Frage, da der gesamte Dampfverbrauch schon infolge der großen Ausdehnung des Werkes mit vollem Kesseldruck zu decken war. Andererseits waren keine Rauchgas-Vorwärmer vorhanden, so daß die Kessel mit Wasser von etwa 40 °C (100 °F) gespeist wurden. Aus diesen Gründen wurde *Gleichdruckspeicherung* gewählt (siehe Abb. 142) und zwar wurde ein vorhandener Flammrohrkessel von etwa 3 m (8 ft 6 in) bei etwa 10 m (30 ft) Länge dafür benutzt. Die Ausgleichswirkung ist im Verbrauchsdiagramm eingezeichnet und kennzeichnet einen guten, wenn auch nicht vollständigen Ausgleich der Schwankungen. Die Speicherfähigkeit ergibt sich zu etwa 4500 kg Dampf (9000 lb) bei einer maximalen Leistungsfähigkeit von etwa 6 t/h (12000 lb/hr). Der Speicher ist im Freien neben dem Kesselhaus aufgestellt, wodurch sich kurze Rohrleitungen ergeben. Verdrängungsspeicherung war nicht nötig, da ein ausreichender Speisewasserbehälter vorhanden und, außerdem der horizontale Speicher nicht ohne weiteres dafür verwendbar war.

3. Speicherwirkung

Der weitgehende Ausgleich der Spitzen ermöglicht eine fast völlig konstante Feuerführung, die sich insbesondere bei den hier vorhandenen Rauchrohrkesseln günstig auswirkte. Ebenso ergab die Speisung der Kessel mit hoch vorgewärmtem Speisewasser betriebliche Vorteile.

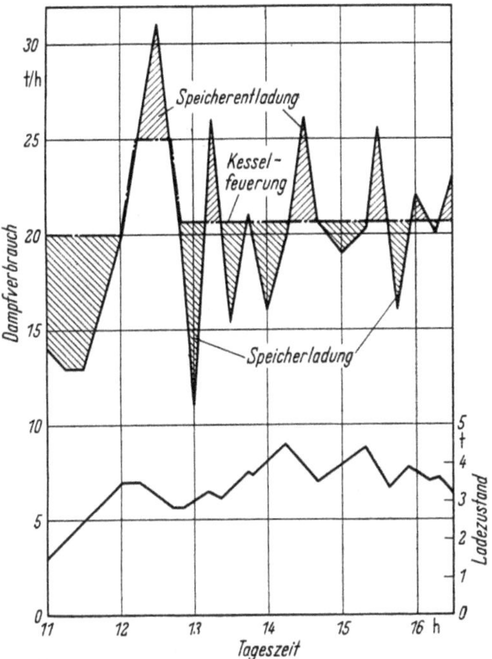

Abb. 141. Ausgleichswirkung und Ladezustand eines Gleichdruckspeichers

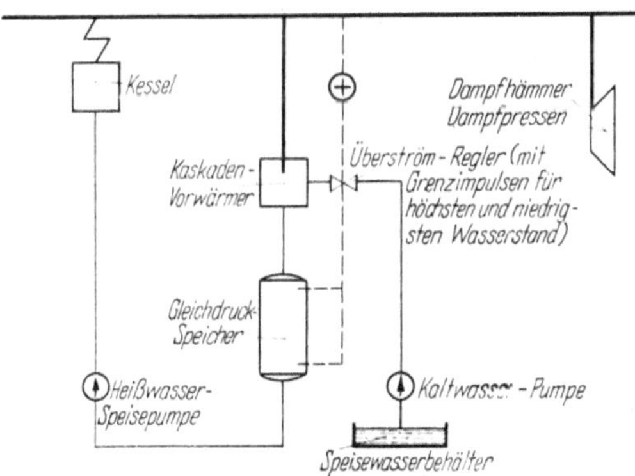

Abb. 142. Schaltschema eines Stahlwerks mit Gleichdruckspeicher

Ausführungsbeispiel 5: Stahlwerk
(England)

1. Bestehende Anlage

Zur Ausnutzung der Abgaswärme in LD-Konvertern werden vielfach Abhitzekessel aufgestellt. Dabei ergeben sich Schwierigkeiten infolge des unregelmäßigen Betriebs des Konverters, dessen Abwärme nur während der Blasperiode von 10 bis 30 Minuten Dauer verfügbar ist. In der darauf folgenden Blaspause von 30 bis 60 Minuten, oder länger, fällt keine Abwärme an. Ein typisches Diagramm der Abdampflieferung eines solchen Werkes ist in Abb. 143 dargestellt. Grundsätzlich möglich ist ein völliger Ausgleich durch *Gefällespeicherung*; jedoch führt diese Lösung zu sehr umfangreichen Anlagen, die insbesondere bei Abgabe von HD-Dampf zur Krafterzeugung äußerst kostspielig wird. Andererseits kann in den Blaspausen die Dampferzeugung in den Abhitzekesseln durch Zusatzfeuerung fortgesetzt und teilweise oder gänzlich auf Speicherung verzichtet werden.

2. Speicheranlage

Im vorliegenden Fall wurde eine wirtschaftliche Zwischenlösung gefunden, deren Schaltung in Abb. 144 gezeigt ist. Die Zusatzfeuerung der Abhitzekessel, für etwa 30 atü (450 psig) und etwa 370 °C (700 °F), ist so ausgelegt, daß eine gleichmäßige und dauernde Dampfleistung von etwa 50 t/h (110000 lb/hr) an das Werk abgegeben werden kann. Die darüber hinaus anfallenden Dampfmengen werden in einem Gefällespeicher von etwa 2,5 m (8 ft) Durchmesser und etwa 12 m (40 ft) Länge gespeichert, in einem Druckbereich von etwa 18 atü (250 psig) und 5 atü (70 psig). Während den Blaspausen wird der Dampf entladen und dient zur Vorwärmung des Speisewassers von etwa 50 °C (120 °F) auf etwa 140 °C (280 °F); sowie verschiedenen anderen ND-Verbrauchern. Während der höchsten Spitze wird der Speicher mit einer maximalen Ladeleistung von über 55 t/h (120000 lb/hr) aufgeladen, wofür eine Ladeeinrichtung mit 24 Ladedüsen vorgesehen ist.

3. Speicherwirkung

Die Wirtschaftlichkeit der Speicheranlage ist in der Verwertung der anfallenden Spitzendampfmengen gegeben. In jeder Blasperiode nimmt der Speicher etwa 5000 kg (11000 lb) Dampf auf, die sonst unbenutzt verloren gingen. Auf das Jahr berechnet, ergibt sich eine Dampfmenge von über 30000 t, die selbst bei billigen Brennstoffen, die Kosten für die Errichtung der Speicheranlage in etwa 1 Jahr decken können.

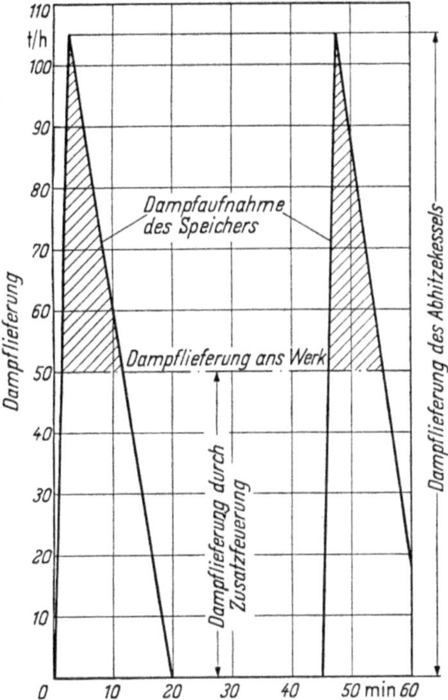

Abb. 143. Ausgleich der Dampflieferung von Abhitzekesseln nach LD-Konvertern

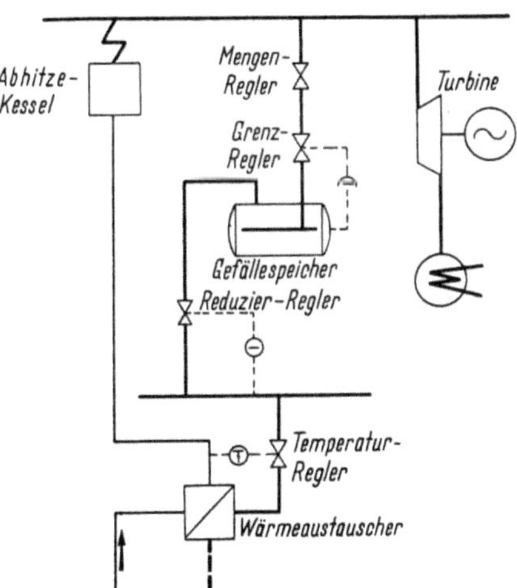

Abb. 144. Schaltung eines Gefällespeichers in Stahlwerk mit LD-Konverter

Ausführungsbeispiel 6: Kalibergwerk
(Deutschland)

1. Bestehende Anlage

Die La Mont-Kesselanlage mit Zonenwanderrost liefert 25 t/h Dampf von 38 ata (max 41 ata) und 450 °C (max 500 °C). Der Kesseldampf wird in einer Gegendruckturbine auf 1,8 ata bei 160 °C entspannt, ferner für eine Dampffördermaschine benutzt, die auf das gleiche 1,8 ata Netz arbeitet, aber Sattdampf abgibt. In der Leitung zur Fördermaschine ist ein Heißdampfkühler eingeschaltet, der die Dampftemperatur auf 340 °C (max 360 °C) erniedrigt. Der Betrieb der Fördermaschine bedingt erhebliche, kurzzeitige Schwankungen im Dampfverbrauch, die sich auf die gesamte Dampfanlage ungünstig auswirken. Der Verbrauch ist durch das Diagramm (Abb. 145) einer Periode von etwa 100 sek gekennzeichnet, wobei die volle Leistung für 45 sek benötigt wird und die mittlere Dauerleistung 6,3 t/h beträgt.

2. HD-Speicheranlage

Zum teilweisen Ausgleich der Lastschwankungen ist ein *Gefällespeicher* vorgesehen, der mit dem Kessel parallel arbeitet, d. h. er ist durch Rückschlagventile in der Lade- und Entladeleitung so mit dem Kessel verbunden, daß sich die Druckschwankungen auf den Speicher übertragen. Da ein Druckgefälle von 38 auf 36 ata zugelassen wird, erzielt man mit dem Speicher von 10 m³ (bei 1,6 m Durchmesser und 4,6 m zylindrischer Länge) eine Speicherkapazität von 60 kg Dampf. Die maximale Ladeleistung ist 7 t/h, die maximale Entladeleistung 3,5 t/h. Die Spitze beinhaltet 54 kg Dampf, die durch die gemeinsame Speicherwirkung von Kessel und Speicher ausgeglichen wird. Der Wasserinhalt des Kessels beträgt 3,5 t; er wird also durch den Speicher insgesamt etwa vervierfacht, wodurch sich die Druckschwankungen entsprechend reduzieren.

3. ND-Speicheranlage

Die Verbrauchsspitzen der Fördermaschine wirken sich in ähnlicher Weise im Abdampfnetz von 1,8 ata aus. Dadurch schwankt auch hier der Druck in relativ weiten Grenzen, zwischen 2,2 und 1,5 ata. Auch hier kann durch Einbau eines *Gefällespeichers*, der wie das Schaltschema (Abb. 146) zeigt, ebenfalls über Rückschlagventile geladen und entladen wird, ein Ausgleich des unregelmäßig anfallenden Abdampfes erzielt werden. Die nötige Speicherfähigkeit kann mit einem Druckgefälle von nur 0,1 at erzielt werden, wodurch die Änderungen des Abdampfdruckes auf ein Minimum reduziert werden. Die Lade- und Entladeleistungen sind hier umgekehrt für 3,5 t/h bzw. 7 t/h vorgesehen. Dadurch läßt sich eine bessere Ausnutzung sowohl des Abdampfes als auch der Krafterzeuger erzielen.

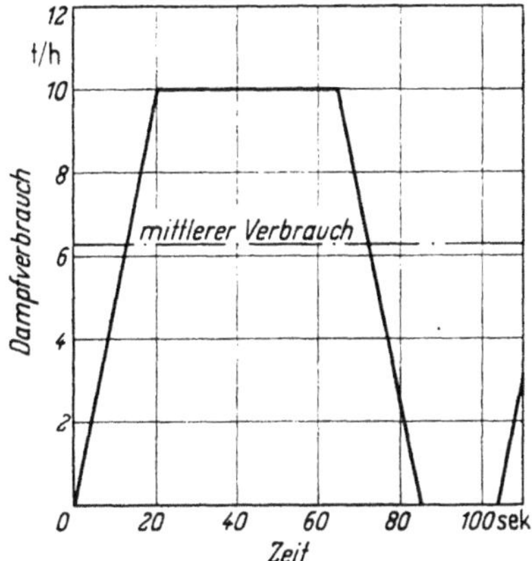

Abb. 145. Dampfverbrauch einer Fördermaschine mit Speicherausgleich

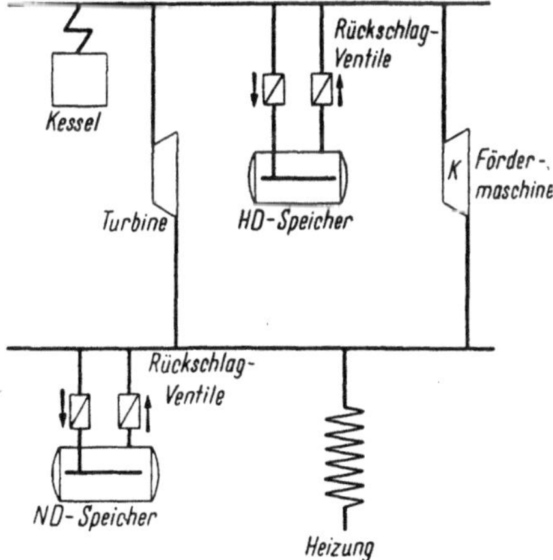

Abb. 146. Schaltung eines Bergwerks mit HD- und ND-Gefällespeicher

Ausführungsbeispiel 7: Gaswerk
(England)

1. Vorhandene Anlage

Die Ausnutzung der Abwärme in Wassergas-Anlagen ermöglicht eine rationelle Kraft- und Wärmewirtschaft. Der in den Abhitzekesseln erzeugte Dampf dient zunächst zur Krafterzeugung in Gegendruckturbinen und wird dann zur Gaserzeugung benutzt. Durch Übergang zu höheren Drücken kann u. U. auf Brennstoff-gefeuerte Kessel ganz verzichtet werden, es ergibt sich aber das Problem des zeitlichen Ausgleichs. Im Verlauf einer Produktionsperiode, die im allgemeinen etwa 3 bis 6 Minuten dauert, wird Abgaswärme während eines beschränkten Zeitanteils verfügbar, der nur zum kleinen Teil mit dem Zeitanteil des Dampfbedarfs zum Antrieb der Dampfkompressoren zusammenfällt. Ein typisches Beispiel der verfügbaren und benötigten Dampfmengen zeigt Abb. 147.

2. Speicheranlage

Durch *Gefällespeicherung* kann ein völliger Ausgleich erzielt werden. Der Gegendruckdampf der Turbinen strömt mit etwa 1,5 atü (20 psig) zum Speicher. Für die Speicherung wird ein möglichst kleines Druckgefälle gewählt, damit eine maximale Kraftausbeute erzielt werden kann. Im vorliegenden Falle wurde eine untere Grenze von etwa 1,0 atü (15 psig) vorgesehen, die durch ein Reduzierventil eingehalten wird (Abb. 148). Die Druckschwankungen im Speicher übertragen sich zwar auf das Gegendrucknetz der Turbine, sind aber verhältnismäßig so gering, daß auf ein Überströmventil verzichtet werden kann. Im Druckgefälle von etwa 1,5 auf 1,0 atü (20 auf 15 psig) ergibt sich zwar nur eine spezifische Speicherfähigkeit von etwa 10 kg/m³ (0,6 lb/cu. ft). Andererseits ist aber auch die zu speichernde Dampfmenge nur etwa 130 kg (280 lb), so daß sich ein Speichervolumen ergibt, das durchaus wirtschaftlich ausgeführt werden kann. Dies ist besonders auch dadurch möglich, daß vielfach in den Gaswerken alte Großwasserraum-Kessel vorhanden sind, die mit sehr geringen Kosten zu Dampfspeichern umgebaut werden können.

3. Speicherwirkung

Durch die Einschaltung von ND-Speichern hinter der mit dem Kompressor gekuppelten Gegendruckturbine, kann der Anfall an Abwärme mit dem Dampfbedarf in vollständige Übereinstimmung gebracht werden.

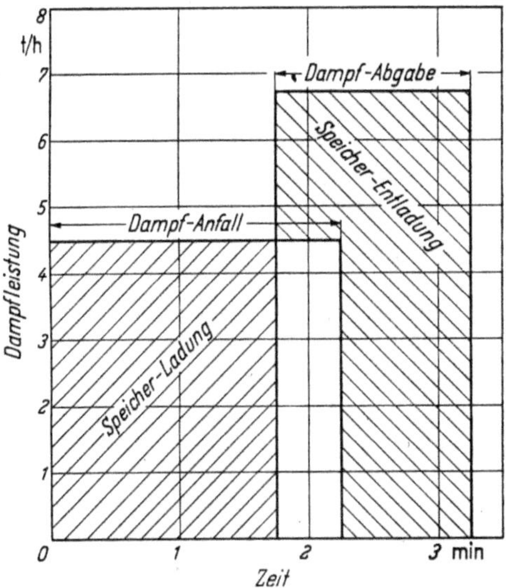

Abb. 147. Dampf-Anfall und -Bedarf einer Wassergas-Anlage mit Speicher-Angleichung

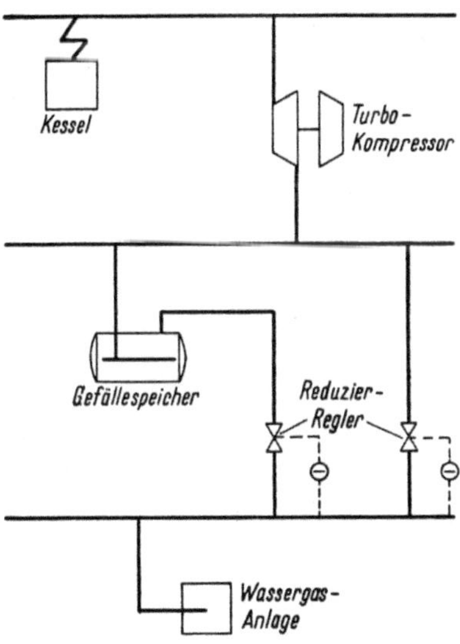

Abb. 148. Schaltung einer Wassergas-Anlage mit Gefällespeicher

Ausführungsbeispiel 8: Linoleumfabrik
(England)

1. Vorhandene Anlage

Die Speicheranlage wurde im Rahmen einer vollständigen Neuanlage
für die Kraft- und Wärmeversorgung der Fabrik geplant, die als größtes
Werk der Welt in diesem Produktionsgebiet gilt [91]. Zur Erzeugung
von Linoleum und ähnlichen Stoffen werden große Dampfmengen,
besonders für Trockenprozesse, benötigt. Der ebenfalls beträchtliche
Bedarf an elektrischer Energie ist jedoch im zeitlichen Verlauf vom
Dampfverbrauch verschieden; der höchste Kraftverbrauch tritt während
des Tages auf, während der Wärmeverbrauch den Maximalwert in den
Abendstunden erreicht. Vor Errichtung der neuen Kraftzentrale wurde
der Strom von den öffentlichen Werken bezogen, während der Dampf
in Flammrohrkesseln erzeugt wurde.

2. Speicheranlage

Im Hinblick auf die Art und Größe der Bedarfsschwankungen und
auf die hier vorliegende Aufgabe der Angleichung von Kraft und Wärme
wurde *Gleichdruckspeicherung* gewählt. Zur Dampferzeugung wurden
4 Wasserrohrkessel mit Kohlenfeuerung für eine Dampfleistung von
etwa 20 t/h (40000 lb/hr) aufgestellt, bei einem Dampfdruck von etwa
45 atü und einer Dampftemperatur von etwa 400 °C (650 psig und 750 °F)
— siehe Schaltung Abb. 149. Ein Teil des Fabrikationsdampfes wird
auf etwa 15 atü (220 psig) reduziert, während der Hauptteil in zwei
Gegendruckturbinen je 3000 kW zur Krafterzeugung herangezogen wird.
Bei überwiegendem Kraftbedarf werden noch zwei Kondensations-
turbinen von je 500 kW eingesetzt. Während des Tages ist, wie aus dem
Verbrauchsdiagramm Abb. 150 hervorgeht, der Anfall an Gegendruckdampf von etwa 4 bis 8 atü (60 bis 120 psig) wesentlich größer als für
Fabrikationszwecke benötigt wird. Der Überschuß wird in den Speicher
geleitet und dient zur Vorwärmung des Speisewassers von etwa 90 °C
auf etwa 170 °C (200 auf 350 °F). In bekannter Weise wird das Heiß-
wasser im oberen Teil des Verdrängungsspeicher (s. S. 87) gespeichert.
Der Behälter hat einen Durchmesser von etwa 3,5 m (12 ft) und eine
Länge von etwa 23 m (77 ft) und speichert etwa 30 t (70000 lb) Dampf.
Die Regelung erfolgt hier durch ein ferngesteuertes Ventil, das vom
Kontrollstand geöffnet und geschlossen werden kann, von wo aus auch
der gesamte Speicherbetrieb mit Hilfe von Fernanzeiger für Wasserstand,
Temperaturen und Durchflußmengen überwacht und gesteuert wird.
Der Ladezustand des Speichers wird durch Gewichtsvergleich der Wasser-
säule im Speicher mit dem Gewicht des nicht vorgewärmten Wassers
als Druckanzeige sichtbar gemacht.

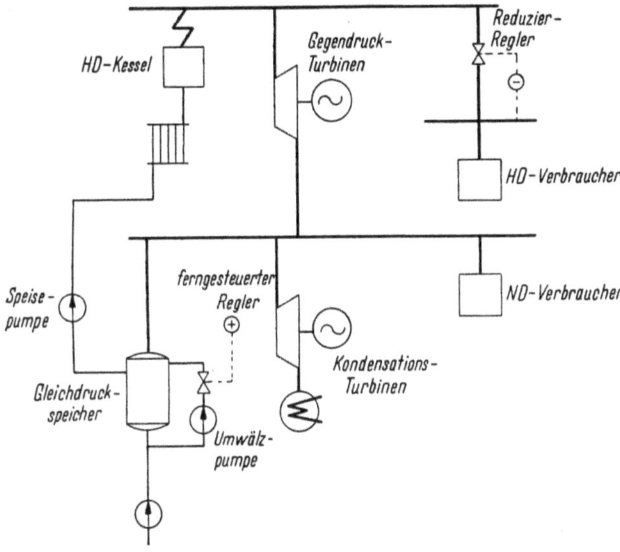

Abb. 149. Schaltung eines Gleichdruckspeichers in einer Linoleumfabrik

3. Speicherwirkung

Der Dampfspeicherung kommt hier eine entscheidende Rolle im Rahmen der Kraft- und Wärmeversorgung zu. Die vollständige Angleichung des anfallenden Gegendruckdampfes an den Wärmebedarf der Produktion und damit der volle Erfolg des Gegendruckbetriebes mit seinem hohen Wirkungsgrad werden dadurch erst ermöglicht. Die Kohlenersparnis der Neuanlage wird auf 20 000 t Kohle im Jahr geschätzt.

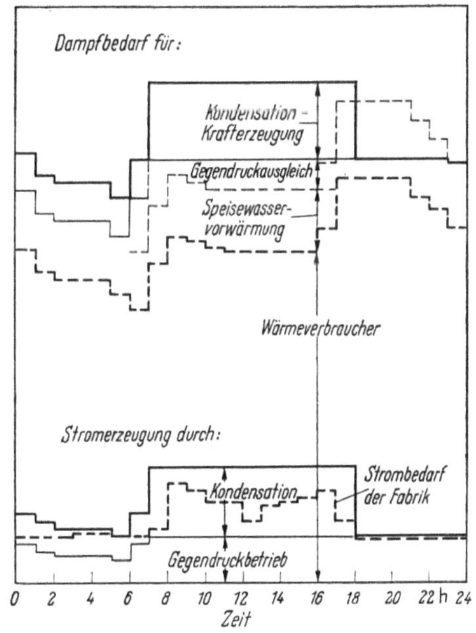

Abb. 150. Kraft- und Wärmebedarf mit Angleichung durch Gleichdruckspeicherung

Ausführungsbeispiel 9: Flugzeugmotoren-Fabrik
(England)

1. Bestehende Anlage

Zur Entwicklung und Prüfung moderner Düsenmotoren werden Bedingungen künstlich erzeugt, die den gewaltigen Geschwindigkeiten, bis über 3 Mach, und Höhen bis zu 30000 m (90000 ft) entsprechen. Hierzu werden in einem bekannten englischen Werk Strahlapparate, sog. Dampf-Ejektoren benutzt, die im Versuchsraum einen entsprechenden Unterdruck erzeugen [94]. Der Dampfverbrauch solcher Ejektoren nimmt kurzzeitig außerordentlich hohe Werte an, wie in Abb. 151 gezeigt ist. Für einen Zeitraum von 7 bis 8 Minuten erreicht die Dampfleistung bis zu 500 t/h (1000000 lb/hr). Die benötigten Dampfmengen werden in einer verhältnismäßig kleinen Kesselanlage von 3 Flammrohr-Rauchrohrkesseln mit zusammen nur etwa 18 t/h (37 800 lb/hr) bei einem Dampfdruck von etwa 18 atü (250 psig) erzeugt. Die Kessel sind ölgefeuert und haben vollautomatische Druckregelung.

2. Speicheranlage

Wie im Verbrauchsdiagramm dargestellt, können die Kessel in 2 bis 3 Stunden genügend Dampf liefern, um die Speicher wieder aufzuladen. Die *Gefälle*-Speicheranlage umfaßt 4 Behälter von etwa 3,5 m (12 ft) Durchmesser und etwa 20 m (64 ft) Länge. Die Speicherfähigkeit beträgt etwa 50 t Dampf (100000 lb), die bei Entladung von einem Höchstdruck von etwa 18 atü (250 psig) auf etwa 7 atü (105 psig) abgegeben werden können. Die Schaltung der Anlage zeigt Abb. 152. Bei Erreichen des Speicherhöchstdrucks werden 2 Kessel automatisch ausgeschaltet und der dritte Kessel in nur einem Flammrohr mit geringer Leistung gefeuert, um die Wärmeverluste der Anlage zu decken. Die Speicher werden über ein Überströmventil geladen, das den Druck in der Kesselsammelleitung konstant hält. Der Dampf wird durch je drei Entladestutzen an jedem Speicher entnommen und über Absperrschieber von etwa 300 mm (12 in) in eine Sammelleitung von 500 mm (20 in) geführt. Diese vier Leitungen werden zunächst in einem Behälter vereinigt, von wo der Dampf wiederum durch vier Leitungen über elektrische Schnellschlußventile und Reduzierreglern, die den Dampfdruck auf etwa 7 atü (100 psig) konstant halten, in einen zweiten Behälter gelangt. An diesem Behälter sind dann die sechs Leitungen zu den Ejektoren angeschlossen, die mittels elektrisch betriebener Ventile vom Versuchs-Kontrollraum aus betätigt werden.

3. Speicherwirkung

Die Dampfleistung der Kessel von etwa 18 t/h (37 800 lb/hr) wird auf etwa 500 t/h (1 000 000 lb/hr), also auf das fast 30fache gesteigert.

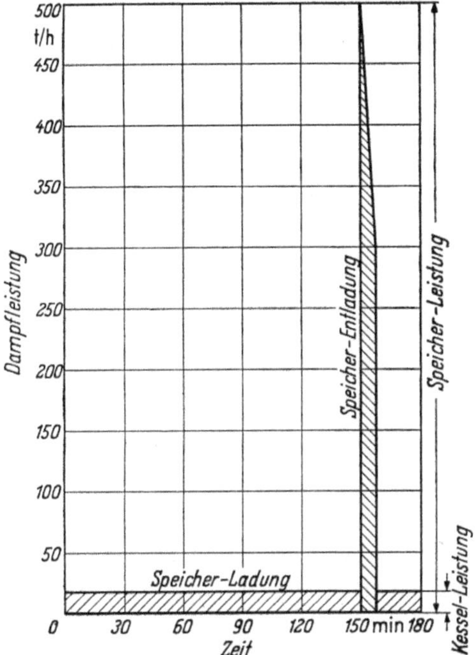

Abb. 151. Speicherwirkung und Dampfbedarf der Ejektoren

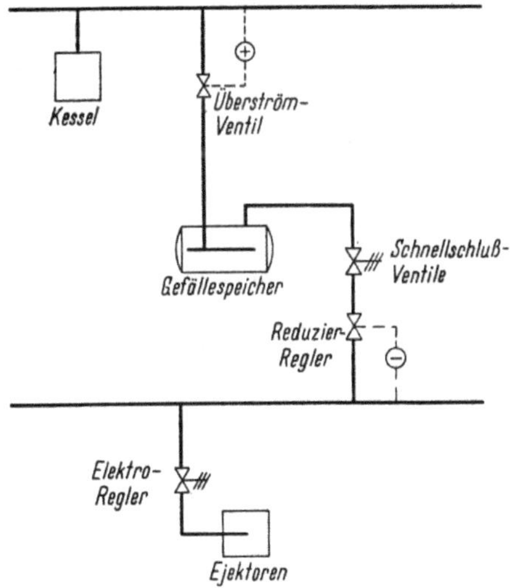

Abb. 152. Schaltung eines Gefällespeichers für Ejektoren

11*

Ausführungsbeispiel 10: Druckerei
(England)

1. Vorhandene Anlage

Eine bedeutende Zeitungsdruckerei im Zentrum einer Großstadt versorgte ihre umfangreiche Heizanlage durch kohlegefeuerte Flammrohrkessel. Das Luftreinhaltungsgesetz (Clean Air Act) erforderte die Umstellung auf rußfreie Brennstoffe. Im Hinblick auf die fortschrittliche Einstellung und weite Verbreitung der hier gedruckten Zeitungen wurde beschlossen, auf gefeuerte Kessel überhaupt zu verzichten und die benötigten Dampfmengen elektrisch zu erzeugen. Der Bedarf ist in Abb. 153 für die Zeit der kältesten Wintertage dargestellt; wobei die hohe Nachtbelastung sich dadurch erklärt, daß die Druckereimaschinen besonders bei Nacht für die Morgenblätter betrieben werden. Für die Dampferzeugung wurden zwei Elektrokessel von je 2000 kW Leistung aufgestellt, die etwa 3000 kg/h (6000 lb/hr) bei etwa 10 atü (150 psig) Druck erzeugen.

2. Speicheranlage

Um einen wirtschaftlichen Heizbetrieb mit elektrischer Wärmelieferung zu erreichen, ist es nötig, keinen Strom während der Spitzenzeit zu verbrauchen. Von 8 bis 12 Uhr und von 16 bis 18 Uhr werden die Elektrokessel automatisch abgestellt. Die Wärmeversorgung der Heizanlage wird während dieser Zeiten durch Dampfentnahme aus der *Gefälle*-Speicheranlage aufrechterhalten. Die Anlage wurde, wie das Bild Abb. 154 zeigt, durch Umbau der vorhandenen Flammrohrkessel gebildet; wodurch nicht nur die Kosten neuer Behälter, sondern auch die schwierige Aufstellung mehrerer Stockwerke tief unter dem Straßenniveau erspart wurden. Die drei Speicher von etwa 2,5 m (8 ft) Durchmesser und etwa 10 m (30 ft) Länge arbeiten in einem Druckgefälle von etwa 10 atü (150 psig) und etwa 0,7 atü (10 psig). Die Ladung erfolgt über·einen Überströmregler, der einen Mindestdruck von etwa 7 atü (100 psig) in den Elektrokessel einhält, die Entladung über zwei Reduzierreglern in getrennte Zweige des umfangreichen Heizsystems und der Heißwasserversorgung.

3. Speicherwirkung

Die Speicher werden bei Nacht ziemlich gleichmäßig mit überschüssigem Dampf aufgeladen, indem die Elektrokessel mit entsprechend höherer Leistung (als dem jeweiligen Heizdampfbedarf entspricht) betrieben werden. Vor Beginn der Spitzenzeit, um 8 Uhr, ist die Speicheranlage voll aufgeladen und übernimmt dann, wie Abb. 153 zeigt, die Dampfversorgung des Werkes. Bei vollständiger Entladung bis Ende

der Sperrzeit um 12 Uhr, können etwa 2500 kg/h (5250 lb/hr) abgegeben
werden. Zwischen 12 und 16 Uhr werden die Elektrokessel wieder betrieben und die Speicher aufgeladen, wodurch sie für die Abendsperrzeit zur
Verfügung stehen. Ohne die Dampfspeicheranlage wären die Strom-
kosten wesentlich höher und würden bereits in zwei Jahren Mehrkosten
verursachen, die die gesamten Anlagekosten der Speicherung übersteigen.

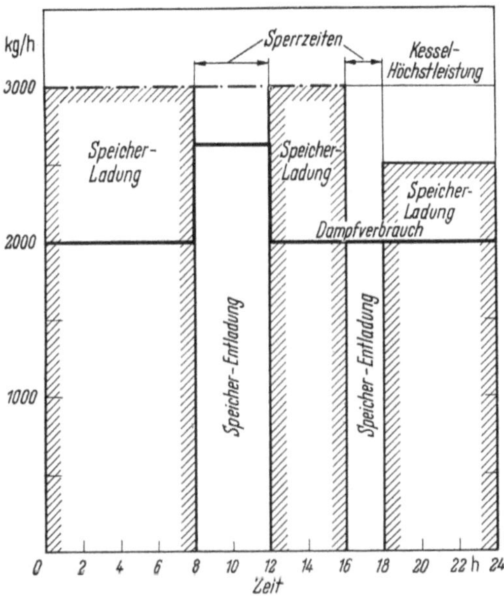

Abb. 153. Wirkung eines Gefällespeichers mit Elektrokessel

Abb. 154. Ansicht der als Speicher umgebauten Flammrohrkessel

11 B   Goldstern, Dampfspeicheranlagen, 2. Aufl.

Literaturverzeichnis

[1] BAINBRIDGE: Heat Accumulator (Wärmespeicher). Mod. Power & Eng. 1951 S. 59.

[2] BALCKE: Wärmespeicher für Großheizungs- und Heißwasser-Bereitungs-Anlagen. Gesundh.-Ing. 1927 S. 550.

[3] BERON: Die Wiener städtischen Elektrizitätswerke in ihrer technischen und wirtschaftlichen Entwicklung. Elektrotechn. u. Masch.-Bau 1937 S. 545.

[4] BEUTHNER: Erweiterung des Kraftwerks Oberlungwitz. Elektrizitätswirtsch. 1929 S. 407.

[5] BURGHARDT: Die Ruths-Speicher-Anlage des Bahnkraftwerks Mittelsteine. Siemens-Z. 1927 S. 402.

[6] CLARK: Steam and Power in the Gas and Coking Industries (Dampf und Kraft in Gaswerken und Kokereien). J. Inst. Fuel 1956 S. 106.

[7] CLEVE: Das Schäumen der Dampfkessel. BWK 1949 S. 209.

[8] DONKIN, MARGOLIS and CARROTHERS: Pimlico District Heating Undertaking (Die Pimlico Fernheizung). Inst. Civ. Eng. Proc. 1954 S. 259.

[9] EBERLE: Das Mitreißen von Wasser aus dem Dampfkessel. Arch. Wärmew. 1929 S. 329.

[10] EWALD: Die Hochdruck-Dampfspeicher-Lokomotive. VDI-Z. 1954 S. 176.

[11] FARMAKOWSKY: Das Verdampfungsvermögen der Hochdruck-Wärmespeicher feuerloser Lokomotiven (Gilli-Lok.). Lokomotive 1944 S. 1.

[12] FÖHL: Ruths-Turbinen. Arch. Wärmew. 1928 S. 243.

[13] FÖHL: Über die Ladung von Ruths-Speichern. Ing.-Arch. 1930 H. 4.

[14] GIESEL-GISLINGEN: Die Gilli-Lokomotive. Progressus 1939 S. 171.

[15] GILLI: Die Hochdruckdampf-Speicherlokomotive im Gaswerk Leopoldau. Gas Wasser Wärme 1948 S. 63.

[16] GINSBERG: Warmwasserspeicher. Heizg. u. Lüftg. 1933 S. 153.

[17] GOLDSTERN: The Steam Demand for Dying (Der Dampfverbrauch der Färberei). Soc. Dyers & Colour 1946 S. 301.

[18] GOLDSTERN: Ausführungsbeispiele der industriellen Wärmespeicherung. Energie 1957 S. 456.

[19] GOLDSTERN: Schwankungen und Speicherung im Dampfbetrieb. Techn. Mitt. 1959 S. 390.

[20] GRUNEWALD: Abdampfverwertungsanlagen. Z. VDI 1911 S. 247.

[21] GUTSGESELL: Ruths-Gefällespeicher in Höchstdruck-Kraftwerken. Allg. Wärmetechn. 1954 S. 73.

[22] HALLE u. SCHMIDT: Wasserstandsanzeiger für stehende Ruths-Speicher. Arch. Wärmew. 1930 S. 301.

[23] HALLE u. SCHMIDT: Die Dampfspeicheranlage im Kraftwerk Charlottenburg. Wärme 1931 S. 925.

[24] HELLER: Das Rateausche Verfahren zur Verwertung des Dampfes von Maschinen mit unterbrochenem Betrieb. Z. VDI 1906 S. 355.

[25] HOECHERL: Krauß-Maffei-Hochdruckspeicherlokomotive. Glasers Ann. 1951 S. 304.

[26] HOEWERT: Temperaturmessungen an einer feuerlosen Lokomotive. Technik 1954 S. 435.

[27] HOISTENDAHL: Thermal Power Plants for Peak-Load and Emergency Service (Wärmekraftanlagen für Spitzen und Notfall). J. Instn. electr. Engrs. 1938.

[28] KINKELDEI: Die Wirtschaftlichkeit des Hochdruckdampfspeichers. Energie 1950 S. 79.

[29] KINKELDEI: Näherungsweise Berechnung der Speicherfähigkeit eines Ruths-Gefällespeichers. BWK 1954 S. 313.

[30] KNOPF: Beitrag zur Theorie des Dampfspeichers von Ruths. Diss. Dresden 1925.

[31] KOCH: Ausgleich durch Speisewasserspeicherung. Arch. Wärmew. 1927 S. 394.

[32] KOCH: Einfluß der Betriebsverhältnisse auf Ausgestaltung und Ausbaukosten von Dampfkraftanlagen. Wärme 1929 S. 955.

[33] KONEJUNG: Schäumen, Überwerfen und das Salz im Dampf. Mitt. Ver. Großkesselbes. 1950 S. 57.

[34] KULMER: How to calculate Accumulator Capacity of Boilers (Berechnung des Speichervermögens von Kesseln). Pwr. Plant Engng. 1946 S. 98.

[35] KUNDT: Das Gesetz der Speisewasserspeicherung. Arch. Wärmew. 1929 S. 207.

[36] LAMB: Use of Steam Accumulators for Fuel Economy (Dampfspeicher zur Brennstoffersparnis). Air Treatment Eng. 1950 S. 265.

[37] LANDAU: Ruths-Turbine, Entwicklung und Aufbau. Wärme 1930 S. 409.

[38] LEPPIN: Betriebserfahrungen und Bedeutung des Ruths-Speichers für die Färberei. Wärme 1931 S. 615.

[39] MARGUERRE: Über ein neues Verfahren zur Aufspeicherung elektrischer Energie. Elektrizitätswirtsch. 1924 S. 27.

[40] MARGUERRE u. KOCH: Gleichdruckspeicher als Ausgleich in Vorschalt- und Heizkraftanlagen. Wärme 1929 S. 334.

[41] MARGUERRE: Anwendung der Wärmespeicherung in nuklearen und konventionellen Kraftwerken. Weltkraftkonferenz 1960.

[42] MATTERSDORF: Ruths Speicher im elektrischen Schnellbahnbetrieb. Arch. Wärmew. 1927 S. 375.

[43] MAY: Gleichdruckspeicher in Papierfabriken. Wbl. Papierfabr. 1930.

[44] MAYER: Wärmespannungen in Gleichdruckspeichern. VDI-Forsch.-Heft 346.

[45] MAYR-HARTUNG: Näherungsweise Berechnung der Speicherfähigkeit von Ruths-Gefälle-Speichern. Masch. u. Wärmew. 1953 S. 193.

[46] MELAN: Speicherdampfturbinen für Spitzenkraftwerke. Siemens-Z. 1927 S. 417.

[47] MOKESCH: Die 120 at — Dampfspeicheranlage der Wiener städtischen Elektrizitätswerke. Arch. Wärmew. 1938 S. 87.

[48] MOLIN: Die Reservekraftanlage im städtischen Elektrizitätswerk zu Malmö. Elektrizitätswirtsch. 1923 S. 46.

[49] MÜNZINGER: Dampfkraft, 3. Aufl., Berlin/Göttingen/Heidelberg: Springer 1949.

[50] MUSIL: Die Wirtschaftlichkeit der Energiespeicherung für Elektrizitätswerke, Berlin: Springer 1930.

[51] MUSIL: Die Speicherung in Heizkraftwerken. Wärme 1931.

[52] MUSIL: Der neue Höchstdruck-Dampfspeicher und seine Bedeutung für die Bereitschaftshaltung in der Elektrizitätsversorgung. VDE-Fachber. 1936.

[53] MUSIL: Die Regelfähigkeit von Höchstdruck-Dampfanlagen. Mitt. Ver. Großkesselbes. 88 S. 61.

[54] NESSELMANN u. DARDIN: Ausdampfversuche an Ruths-Speichermodellen. Wiss. Veröff. Siemens-Werk 1930 S. 369.

[55] Ölschläger: Verbilligung der Dampfkraftanlagen durch Kiesselbach-Speicher. Wärme 1929 S. 918.

[56] Ölschläger: Gekuppelter Gleichdruck- und Gefällespeicher für Belastungsausgleich in Dampfkraftwerken. Wärme 1930 S. 469.

[57] Pauer: Energiespeicherung, Steinkopf 1928.

[58] Peschon: Stromerzeugung in der Hüttenindustrie. Energie 1958 S. 485.

[59] Plummer: Wet Accumulator for Naval Steam Catapult (Mittelbarer Speicher für Marine-Dampf-Katapult). Engineer, Lond. 1959 S. 741.

[60] Praetorius: Ursachen und Folgen der Belastungsschwankungen im Kesselbetrieb. Z. bayer. Rev.-Ver. 1930 S. 91.

[61] Praetorius: Strahlungs- und Abkühlungsverluste von Kesseln und Wärmespeichern. Arch. Wärmew. 1932 S. 157.

[62] Reubold-Mühlhausen: Wirtschaftlichkeit einer Verdrängungsspeicheranlage im Kraftwerk Braunschweig. Arch. Wärmew. 1935 S. 171.

[63] Ritchie: Steam Peaks in Industrial Plants (Dampfverbrauchspitzen in industriellen Anlagen). Combustion 1949 S. 11.

[64] Roentsch: 20000 kW Ruths-Speicheranlage im Gemeinschaftswerk Hattingen. AEG 1931 S. 669.

[65] Ruths: Der Ruths-Speicher. Z. VDI 1922 S. 509.

[66] Ruths: Spitzendeckung in Großkraftwerken. ETZ 1927 S. 916.

[67] Schult: Wirtschaftlichkeit der Gleichdruckspeicherung bei Dampfkraftanlagen (in „Forschung und Technik"), Berlin: Springer 1930.

[68] Schultes: Berechnung der Dampfabgabe von Ruths-Gefällespeichern. Energie 1956 S. 171.

[69] Schulz u. Gropp: Ruths-Speicher für Spitzenkrafterzeugung. Elektrizitätswirtsch. 1930 S. 153.

[70] Severin u. Scupin: Betriebserfahrungen mit einem Ruths-Speicher in einem Textilbetrieb. Arch. Wärmew. 1927 S. 369.

[71] Severin: Heißwasserspeicher in Stahl- und Walzwerk. Siemens-Z. 1929 S. 632.

[72] Stein, Th.: Regelung und Ausgleich in Dampfanlagen, Berlin: Springer 1926.

[73] Stein, M.: Flüssigkeits-Wärmespeicher zum Ausgleich von Dampfkraftschwankungen in Industrieanlagen. Energie 1958 S. 477.

[74] Stender: Wärmeverbrauch von Ruths-Kraftanlagen. Arch. Wärmew. 1930 S. 335.

[75] Stipernitz: Schnellbereitschafts-Kraftanlage mit 120 at-Dampfspeicher. Z. VDI 1937 S. 1039.

[76] Stremmel: Accumulator plus Controls evens out Steam Peaks (Speicher und Regelung gleichen Dampfspitzen aus). Power 1950 S. 94.

[77] Swoboda: Momentanreserve mit Ruths-Speichern in Leipzig. Elektrizitätswirtsch. 1930 S. 312.

[78] Vacek: Abhitzeverwertung im Donawitzer LD-Stahlwerk. Berg- und Hüttenm. M. 1959 S. 21.

[79] Vorkauf: 20 Jahre La Mont-Kesselbau. BWK 1951 S. 105.

[80] Wade: Feedwater Thermal Storage (Speisewasser-Speicherung). Colliery Eng. 1946 S. 291.

[81] Walder: Ausnutzung elektrischer Überschußenergie durch Wärmespeicherung. Arch. Wärmew. 1927 S. 390.

[82] Wellmann: Untersuchungen an einer 50000 kW-Ruths-Anlage. Z. VDI 1930 S. 743.

[83] Westhoff: Spitzenausgleich in Industriebetrieben durch Wärmespeicher. Technik 1950 S. 9.

[84] WICHTENDAHL: Die Dampferzeugung im Heißwasserspeicher durch Drucksenkung, insbesondere bei Lokomotiven. Arch. Wärmew. 1927 S. 13.

[85] WILLIAMS: Colliery Steam Storage (Dampfspeicherung in Bergwerken). Min. Mag., Lond. 1950 S. 274.

[86] WITZ: Die Entwicklung der Dampfspeicher und deren Verwendung. ETZ 1925 S. 1797.

[87] —: Wärmespeicher nach Druitt-Halpin in englischen Kraftwerken. Z. VDI 1904 S. 1396.

[88] —: Dampfspeicher mit unveränderlichem Rauminhalt. Z. VDI 1921 S. 498.

[89] —: Gleichdruck-Wärmespeicher der Schachtanlage Fürst Hardenberg. ETZ 1931 S. 593.

[90] —: Thermal Storage for Peak Steam Demand (Wärmespeicherung für Dampfbedarfspitzen). Engg. & Boiler H. R. 1948 S. 325.

[91] —: Lune Mills Thermal Electric Generating Station (Lune Mills Dampfkraftanlage). Engineering 1949 18.3.

[92] —: Sugar Plant combats Steam Peaks (Zuckerfabrik bekämpft Dampfspitzen). Power & W. Engr. 1950 S. 49.

[93] —: The Thermal Storage Boiler (Der Wärmespeicher-Kessel). Steam Engr. 1956 S. 82.

[94] —: 3 Economic Boilers and Accumulators can produce steam at the rate of 1,000,000 lb. per hr. (3 Rauchrohrkessel mit Speichern liefern Dampfleistung von ca. 500 t/h). Power & W. Engr. 1958 S. 86.

Namen- und Sachverzeichnis

MIX
Papier aus verantwortungsvollen Quellen
Paper from responsible sources
FSC® C105338

If you have any concerns about our products,
you can contact us on
ProductSafety@springernature.com

In case Publisher is established outside the EU,
the EU authorized representative is:
Springer Nature Customer Service Center GmbH
Europaplatz 3, 69115 Heidelberg, Germany

Printed by Libri Plureos GmbH
in Hamburg, Germany